中央高校教育教学改革基金(本科教学工程)资助
普通高等教育"十三五"规划教材

大学物理学

（下册）

主　编	陈琦丽	郭　龙	张光勇	
副主编	汤型正	马　科	魏有峰	杜秋姣
编　委	罗中杰	刘忠池	陈洪云	肖华林
	陈　玲	吴　妍	张自强	郑安寿
	韩艳玲	苑新喜	万珍珠	万　淼
	卢　成			

华中科技大学出版社
中国·武汉

内 容 简 介

本书根据教育部高等学校物理学与天文学教学指导委员会审定的《理工科类大学物理课程教学基本要求》(2010 年版)和教育部《普通高等学校本科专业类教学质量国家标准》对各专业大学物理课程要求,结合编者多年的教学教改经验编写而成,同时兼顾大学、中学物理的衔接。全书共分上、下两册,上册包括力学、狭义相对论基础和电磁学,下册包括热学、振动和波、光学和近现代物理学。本书另配有学习指导与题解等辅导教材。

本书可作为高等学校大学物理课程的教材,也可作为中学物理教师教学或其他读者自学的参考书。

图书在版编目(CIP)数据

大学物理学. 下册/陈琦丽,郭龙,张光勇主编. —武汉:华中科技大学出版社,2020.8(2022.8 重印)
ISBN 978-7-5680-6382-1

Ⅰ.①大…　Ⅱ.①陈…　②郭…　③张…　Ⅲ.①物理学-高等学校-教材　Ⅳ.①O4

中国版本图书馆 CIP 数据核字(2020)第 133034 号

大学物理学(下册)
Daxue Wulixue(Xiace)

陈琦丽　郭　龙　张光勇　主编

策划编辑:周芬娜
责任编辑:周芬娜　李　昊
封面设计:刘　卉
责任校对:张会军
责任监印:徐　露
出版发行:华中科技大学出版社(中国·武汉)　　　电话:(027)81321913
　　　　　武汉市东湖新技术开发区华工科技园　　　邮编:430223
录　　排:武汉市洪山区佳年华文印部
印　　刷:武汉科源印刷设计有限公司
开　　本:710mm×1000mm　1/16
印　　张:15.75
字　　数:314 千字
版　　次:2022 年 8 月第 1 版第 3 次印刷
定　　价:46.00 元

前　　言

　　本书依据《普通高等学校本科专业类教学质量国家标准》对各专业大学物理课程的要求和教育部高等学校物理学与天文学教学指导委员会审定的《理工科类大学物理课程教学基本要求》(以下简称"基本要求"),结合编者多年的教学经验和教学实践编写而成。在编写过程中充分吸收了多种优秀教材的长处,同时兼顾了当前大学物理教育教学实际。本书具有以下主要特色:

　　1. 贯彻基本要求,力求简洁、经典。本书在基本要求的框架下对内容进行遴选和编排,对基本要求中做不同要求的内容进行了差异化处理。抓主要问题,有详有略,突出对物理学中的重要物理概念、物理定理定律的理解、应用,以及所蕴含的物理思想和方法。本书旨在激发学生的学习兴趣,在例题和习题的精选中注重科学性和规范性。

　　2. 以史为鉴,追求"真、善、美"。物理学的发展体现了人类探索自然、认识世界过程中呈现出的伟大魅力。在每一篇的开篇,我们在充分研读讨论的基础上编写了相关知识模块的发展简史,介绍了相关知识发展中的物理事件及相关物理学家的成长经历,期望引导学生树立科学的世界观,激发学生的求知热情、探索精神、创新欲望以及敢于向旧观念挑战的精神。

　　3. 大中衔接,顺承自然。在每一篇的开篇,紧随发展简史,我们简要梳理了高中阶段对物理学习的内容及要求,引导学生对高中所学知识进行回顾,帮助他们在大学物理学习过程中有意识地进行知识体系的比较和再认识。"温故而知新",使学生在大学物理学习过程中能对物理知识进行有效的知识架构,培养其自主学习能力。

　　4. 兼顾知识传授与能力培养。在人类追求真理、探索未知世界的过程中,物理学呈现了一系列科学的世界观和方法论。本书在编写过程中以物理知识为载体培养学生独立获取知识的能力,发现问题、分析问题和解决问题的能力;也充分考虑培养学生的探索精神和创新意识。

　　本书编写的初衷里期望帮助学生通过大学物理课程的学习能有效地理解和掌握物理学中的基本理论以及思想和方法,并为学生所用。充分发挥大学物理课程学习的基础性、必要性和重要性地位,提高自身的自主学习能力和创新能力,提升自身的科学素养。

　　本书分为上下册,共六篇,二十五章。上册由郭龙、汤型正、罗中杰负责统稿,下册由陈琦丽、郭龙、张光勇负责统稿。参与编写的人员还有:张自强、吴妍、郑安寿、马科、万珍珠、韩艳玲、杜秋姣、陈洪云、刘忠池、苑新喜等。

在编写过程中,我们得到了来自同行们的许多很好的意见和建议,并得到了中国地质大学(武汉)教务处、数理学院、大学物理教学部以及华中科技大学出版社的大力支持和帮助,在此一并表示真诚的感谢。

由于编者水平有限,错误和不妥之处在所难免,还请广大师生和同行批评指正,以便今后逐步完善和提高,在此致以诚挚的谢意。

编　者

2020 年 6 月

目 录

第三篇 热 学

第 13 章 热力学基础 ·· (5)

13.1 平衡态 ··· (5)

  13.1.1 热力学系统 ··· (5)

  13.1.2 平衡态与热动平衡 ·· (5)

  13.1.3 宏观量与微观量 状态参量 ·· (6)

  13.1.4 热力学第零定律(热平衡定律) ··· (6)

13.2 理想气体的物态方程 ·· (7)

  13.2.1 物态方程 ··· (7)

  13.2.2 气体的实验定律 ··· (8)

  13.2.3 理想气体 理想气体物态方程 ·· (9)

  13.2.4 混合理想气体的物态方程 ·· (10)

13.3 热力学第一定律 ·· (11)

  13.3.1 准静态过程 ·· (11)

  13.3.2 内能、热量和功 热力学第一定律 ·· (12)

  13.3.3 准静态过程的功 ·· (13)

  13.3.4 热量和热容 ··· (14)

  13.3.5 功和热量的联系与差异 能量守恒原理 ·· (14)

13.4 理想气体的内能和热容 ·· (15)

  13.4.1 焦耳实验 理想气体的内能 ·· (15)

  13.4.2 理想气体的摩尔热容 迈耶公式 ··· (16)

13.5 典型准静态过程 ·· (18)

  13.5.1 等体、等压和等温过程 ·· (18)

  13.5.2 绝热过程 ·· (20)

13.6 循环过程 卡诺循环 ·· (22)

  13.6.1 循环过程 准静态循环过程 ·· (22)

  13.6.2 热机及效率 ··· (23)

  13.6.3 制冷机及制冷系数 ··· (25)

  13.6.4 卡诺循环 ·· (26)

13.7　热力学第二定律 ……………………………………………………… (28)

　　13.7.1　热力学第二定律的两种表述 ……………………………… (29)

　　13.7.2　两种表述的等效性 ………………………………………… (29)

　　13.7.3　不可逆过程和可逆过程 …………………………………… (30)

　　13.7.4　热力学第二定律的统计意义和熵 ………………………… (31)

　思考题 …………………………………………………………………… (34)

　习题 ……………………………………………………………………… (35)

第 14 章　气体动理论 ………………………………………………………… (38)

　14.1　气体分子热运动与统计规律 ……………………………………… (38)

　　14.1.1　对物质微观结构的基本认识 ……………………………… (38)

　　14.1.2　分子热运动的统计规律 …………………………………… (39)

　14.2　理想气体的压强和温度 …………………………………………… (41)

　　14.2.1　理想气体的微观模型 ……………………………………… (41)

　　14.2.2　理想气体的压强 …………………………………………… (41)

　　14.2.3　理想气体的温度 …………………………………………… (44)

　14.3　能量按自由度均分定理 …………………………………………… (44)

　　14.3.1　分子运动的自由度 ………………………………………… (45)

　　14.3.2　能量按自由度均分定理 …………………………………… (46)

　　14.3.3　理想气体的内能和摩尔热容 ……………………………… (47)

　14.4　麦克斯韦速率分布律 ……………………………………………… (49)

　　14.4.1　分布的概念和速率分布函数 ……………………………… (49)

　　14.4.2　麦克斯韦速率分布函数和分布曲线 ……………………… (50)

　　14.4.3　三种统计速率 ……………………………………………… (52)

　　14.4.4　麦克斯韦速率分布律的实验验证 ………………………… (54)

　　*14.4.5　麦克斯韦速度分布律和速率分布律 …………………… (55)

　*14.5　玻尔兹曼分布 ……………………………………………………… (57)

　　14.5.1　玻尔兹曼分布律 …………………………………………… (57)

　　14.5.2　重力场中粒子按高度的分布 ……………………………… (58)

　*14.6　气体分子的平均自由程 …………………………………………… (59)

　　14.6.1　平均碰撞频率 ……………………………………………… (60)

　　14.6.2　平均自由程 ………………………………………………… (60)

　思考题 …………………………………………………………………… (61)

　习题 ……………………………………………………………………… (62)

第四篇　振动和波动

第 15 章　简谐振动及其描述 ·· (70)

　15.1　简谐振动的运动学描述 ································· (70)

　15.2　简谐振动的旋转矢量表示法 ························· (73)

　15.3　简谐振动的动力学规律 ······························· (75)

　15.4　简谐振动的能量 ··· (78)

　15.5　简谐振动的合成 ··· (80)

　15.6　阻尼振动　受迫振动　共振 ························· (84)

　思考题 ··· (87)

　习题 ··· (87)

第 16 章　波动学基础 ··· (89)

　16.1　机械波的产生和传播 ··································· (89)

　16.2　平面简谐波的波函数 ··································· (92)

　16.3　波的能量 ··· (95)

　16.4　惠更斯原理 ·· (97)

　16.5　波的干涉及驻波 ·· (97)

　16.6　声波 ·· (102)

　16.7　多普勒效应 ·· (103)

　思考题 ··· (104)

　习题 ··· (105)

第五篇　波动光学

第 17 章　光的干涉 ·· (114)

　17.1　光的相干性 ·· (114)

　　17.1.1　光的电磁理论 ··································· (114)

　　17.1.2　普通光源发光特点 ···························· (115)

　　17.1.3　光的相干条件 ································· (116)

　　17.1.4　相干光的获得 ································· (116)

　17.2　光的相干叠加和非相干叠加 ························· (117)

　17.3　光程和光程差 ··· (119)

　17.4　分波阵面干涉——杨氏双缝干涉 ··················· (121)

　　17.4.1　杨氏双缝干涉实验 ···························· (121)

　　17.4.2　洛埃镜实验 ····································· (124)

　　17.5　分振幅干涉-等厚干涉 ……………………………………………… (124)

　　　　17.5.1　劈尖干涉 ……………………………………………………… (125)

　　　　17.5.2　牛顿环干涉 …………………………………………………… (127)

　　17.6　分振幅干涉-等倾干涉 ……………………………………………… (129)

　　　　17.6.1　等倾干涉 ……………………………………………………… (129)

　　　　17.6.2　增透膜与增反膜 ……………………………………………… (132)

　　17.7　迈克尔逊干涉仪 …………………………………………………… (133)

　　思考题 ……………………………………………………………………… (135)

　　习题 ………………………………………………………………………… (135)

第 18 章　光的衍射 ………………………………………………………… (137)

　　18.1　光的衍射现象　惠更斯-菲涅耳原理 ……………………………… (137)

　　　　18.1.1　光的衍射现象 ………………………………………………… (137)

　　　　18.1.2　惠更斯-菲涅耳原理 …………………………………………… (138)

　　18.2　单缝的夫琅禾费衍射 ……………………………………………… (139)

　　　　18.2.1　实验装置及衍射图样 ………………………………………… (139)

　　　　18.2.2　菲涅耳半波带理论及明暗条件 ……………………………… (139)

　　　　18.2.3　条纹宽度 ……………………………………………………… (141)

　　　　*18.2.4　振幅矢量法 …………………………………………………… (143)

　　18.3　光学仪器的分辨本领 ……………………………………………… (145)

　　18.4　光 栅 衍 射 …………………………………………………………… (147)

　　　　18.4.1　光栅及其衍射图样 …………………………………………… (147)

　　　　18.4.2　光栅方程　缺级现象 ………………………………………… (148)

　　　　*18.4.3　光栅衍射光强分布公式 ……………………………………… (151)

　　　　18.4.4　光栅光谱 ……………………………………………………… (152)

　　18.5　X 射线衍射 ………………………………………………………… (154)

　　思考题 ……………………………………………………………………… (155)

　　习题 ………………………………………………………………………… (156)

第 19 章　光的偏振 ………………………………………………………… (158)

　　19.1　光的偏振状态 ……………………………………………………… (158)

　　　　19.1.1　光的偏振现象 ………………………………………………… (158)

　　　　19.1.2　光的偏振态 …………………………………………………… (159)

　　19.2　起偏与检偏　马吕斯定律 ………………………………………… (161)

　　　　19.2.1　偏振片　起偏与检偏 ………………………………………… (161)

　　　　19.2.2　马吕斯定律 …………………………………………………… (162)

　　19.3　布儒斯特定律及其应用 …………………………………………… (163)

19.3.1　布儒斯特定律···(163)

19.3.2　布儒斯特定律的应用——玻璃堆·······················(164)

19.4　双折射现象···(165)

19.4.1　寻常光和非寻常光···(165)

19.4.2　单轴晶体中 o 光和 e 光的波面·····························(167)

19.4.3　惠更斯原理在双折射现象中的应用······················(168)

19.4.4　波片···(169)

19.5　椭圆偏振光和圆偏振光··(170)

19.5.1　圆偏振光和椭圆偏振光的描述······························(170)

19.5.2　椭圆偏振光和圆偏振光的获得······························(170)

*19.6　偏振光的干涉···(171)

*19.7　人工双折射···(173)

19.7.1　应力双折射··(173)

19.7.2　光电效应···(174)

*19.8　旋光现象··(175)

19.8.1　旋光现象的原理··(175)

19.8.2　法拉第效应··(176)

思考题···(178)

习题··(178)

第六篇　近现代物理学基础

第20章　早期量子论···(185)

20.1　黑体辐射和普朗克能量子假设·······································(185)

20.1.1　热辐射···(185)

20.1.2　黑体辐射···(186)

20.1.3　普朗克量子假设··(188)

20.2　光电效应　爱因斯坦的光子理论·····································(189)

20.2.1　光电效应及其实验规律·······································(189)

20.2.2　爱因斯坦光子理论（包含光的波粒二象性）·············(191)

20.3　康普顿散射··(193)

20.3.1　康普顿散射及其实验规律·····································(193)

20.3.2　康普顿散射的理论解释··(195)

20.4　氢原子光谱　玻尔氢原子理论·······································(196)

20.4.1　氢原子光谱··(196)

20.4.2　α 粒子散射实验··(198)

20.4.3　玻尔氢原子理论……………………………………（199）

思考题……………………………………………………（202）

习题………………………………………………………（202）

第21章　量子力学初步 …………………………………（204）

21.1　德布罗意波　微观粒子的波粒二象性 …………………（204）

21.1.1　德布罗意波 ……………………………………（204）

21.1.2　德布罗意假设的实验验证　微观粒子的波粒二象性……（205）

21.2　不确定关系 ……………………………………………（207）

21.3　波函数及其统计解释 …………………………………（210）

21.4　薛定谔方程 ……………………………………………（212）

21.5　一维定态薛定谔方程的应用 …………………………（214）

21.5.1　一维无限深势阱中的粒子 ……………………（214）

21.5.2　一维势垒中的粒子 ……………………………（217）

*21.6　一维谐振子 …………………………………………（218）

思考题……………………………………………………（219）

习题………………………………………………………（220）

第22章　原子中的电子 ……………………………………（221）

22.1　氢原子的量子理论 ……………………………………（221）

22.1.1　氢原子的薛定谔方程 …………………………（221）

22.1.2　量子化条件和量子数 …………………………（222）

22.1.3　电子在核外空间的概率分布 …………………（224）

22.2　电子自旋 ………………………………………………（225）

22.3　原子的壳层结构 ………………………………………（228）

思考题……………………………………………………（230）

习题………………………………………………………（230）

第23章　固体中的电子 ……………………………………（231）

23.1　固体的能带结构 ………………………………………（231）

23.2　导体　绝缘体　半导体 ………………………………（234）

23.3　半导体 …………………………………………………（235）

23.3.1　半导体的导电机制 ……………………………（235）

23.3.2　本征半导体和杂质半导体 ……………………（236）

思考题……………………………………………………（238）

计算题……………………………………………………（239）

第三篇

热学

热学源于人们对冷热现象的探索,而温度计的制造和温标的选定推动了热力学的发展。迈尔、焦耳和亥姆霍兹等先后十余位科学家从不同学科和方向开展研究,提出热就是传递的能量,能量满足守恒定律。特别是焦耳测定了热功当量,亥姆霍兹证明了普遍的能量守恒原理,并由此得到热力学第一定律。它揭示了热、机械、电和化学等各种运动形式之间的统一性,从而实现了物理学的第二次理论大综合。热力学第一定律是与热现象有关的能量守恒定律。在卡诺对蒸汽机的热功转换进行研究的基础上,克劳修斯和开尔文分别在 1850 年和 1851 年提出了热力学第二定律。1865 年,克劳修斯引入熵的概念并用于阐述热力学第二定律。熵可以理解为一个物理系统的无序度,表示系统的能量耗散程度。熵的概念和热力学第二定律的建立,在化学、天文学以及一切与热现象有关的科学门类中起了不可轻视的作用。随着热力学的建立和发展,分子运动论和热现象的统计方法也逐步建立起来。早在 1811 年阿伏伽德罗提出了著名的假说"在相同的物理条件下,具有相同体积的气体,含有相同数目的分子。"1857 年克劳修斯提出了平均自由程概念,麦克斯韦提出了速度分布定律,并在此基础上给出平均自由程的比较准确的计算公式。分子运动论的发展也奠定了统计物理学的基础。"几率"(概率)的概念被引进物理学之中。统计方法几乎可以处理分子运动论的所有问题,并可以导出能量均分定理,解决原子比热的问题。玻耳兹曼于 1887 年指出了熵与状态几率的联系,从而沟通了热力学系统的宏观与微观之间的关联,并发现分子热运动的微小涨落现象。爱因斯坦于 1905 年对此涨落现象进行了研究,并被佩兰实验所证实,这也证明了原子是确实存在的。

经典统计物理在解释热容量理论和黑体辐射能谱分布规律时表现出其局限性。普朗克于 1900 年提出了能量量子化的假设,这不仅成功解释了黑体辐射问题,也成功解释了气体比热和固体比热随温度变化的规律。它促使经典统计物理学向量子统计物理学方向发展。

从宏观和微观视角对热现象的研究和分析延伸出热力学和统计物理学两个分支。其中,热力学是宏观理论,是根据观察和实验总结出宏观热现象所遵循的基本规律,运用严密的逻辑推理方法,来研究热运动规律。它没有涉及热现象的微观本质,而是以观察和实验为基础,因此具有较高的准确性和可靠性。统计物理学是微观理论,是从组成物质的微观粒子的运动以及粒子之间的相互作用出发,用统计的方法阐述热运动的规律。它虽然深入到热运动的微观本质,但是它采用了简化的模型对微观粒子的运动以及相互作用进行描述。对热现象的宏观描述和微观解释起到桥梁作用的是玻尔兹曼常数。

【温故知新】

高中阶段,我们在"热力学定律"和"固体、液体和气体"两个模块中学习了关于热力学基础和分子动理论相关知识。

在"热力学定律"模块中,我们把气体这一简单系统作为研究对象,学习了对热力学系统描述的宏观物理量——温度、体积和压强。其中,**温度**是描述处于平衡态系统的一个必要的状态参量,一切达到热平衡的系统都具有相同的温度。描述温度的两种常用温标——摄氏温标(t,单位为℃)和热力学温标(T,单位为 K)之间的关系为 $T=t+273.15$;**体积**是系统所占据的容积,**压强**是系统作用在容器壁单位面积上的压力。它们之间存在的函数关系,称为**状态方程**。通过大量的实验得到的气体实验定律(玻意耳定律、查理定律、盖-吕萨克定律)揭示了三者之间的关系。在任何条件下始终遵守气体实验定律的气体被称为**理想气体**;一定质量的理想气体的状态方程为 $\dfrac{pV}{T}=C$(常数)。这里的理想气体是一个理想模型。在宏观上压强不太大、温度不太低的条件下的实际气体可视为理想气体。而在微观上,理想气体不考虑分子间的作用力,即理想气体的内能只包含分子热运动的动能,而没有分子间的相互作用势能。

内能是描述系统内部能量状态的函数。实验表明,通过做功和热传递都可以改变系统的内能。宏观上的内能与系统的温度和体积有关;微观上,内能是构成系统所有分子热运动的动能之和分子势能的总和。但对理想气体而言,内能只与系统的温度有关。一个热力学系统与外界作用时遵循能量守恒定律,这就是热力学第一定律,即系统所吸收的热量一部分对外做功,另一部分转化为系统的内能。故"第一类永动机"(违背了能量守恒定律)是不可能制成的。

在"固体、液体和气体"模块中,我们学习了有关分子动理论的基本观点及其相关的实验证据;通过实验,了解扩散现象,观察并能解释布朗运动。我们知道物质是由大量分子组成的,分子永不停息地做无规则运动,分子间同时存在引力和斥力。气体的内能是所有分子热运动动能和势能的总和。每一个分子的无规则运动都具有相应的动能,而温度是分子热运动的平均动能的标志。同时,由于分子间存在着引力和斥力,故分子具有由它们的相对位置决定的势能。但理想气体的内能只包含内部所有分子热运动的动能之和,只与温度有关。从分子动理论的角度来看,宏观参量压强的微观本质是大量分子无规则碰撞器壁的运动,形成对器壁各处均匀、持续的压力,因此气体压强取决于分子的平均动能和分子的密集程度。

【过关斩将】

1. 对一定质量的气体来说,下列热力学过程能做到的是(　　)。

A. 保持压强和体积不变而改变它的温度

B. 保持压强不变,同时升高温度并减小体积

C. 保持温度不变,同时增加体积并减小压强

D. 保持体积不变,同时增加压强并降低温度

2. (多选)对内能的理解,下列说法正确的是(   )。

A. 系统的内能是由系统的状态决定的

B. 做功可以改变系统的内能,但是单纯地对系统传热不能改变系统的内能

C. 不计分子间的分子势能,质量和温度相同的氢气和氧气具有相同的内能

D. 1 g 100 ℃水的内能小于 1 g 100 ℃水蒸气的内能

3. 一定质量的理想气体在某一过程中,外界对气体做功 7.0×10^4 J,气体内能减少 1.3×10^5 J,则此过程(   )。

A. 气体从外界吸收热量 2.0×10^5 J

B. 气体向外界放出热量 2.0×10^5 J

C. 气体从外界吸收热量 6.0×10^4 J

D. 气体向外界放出热量 6.0×10^4 J

4. (多选)下列现象中能够发生的是(   )。

A. 一杯热茶在打开杯盖后,茶会自动变得更热

B. 蒸汽机把蒸汽的内能全部转化成机械能

C. 桶中混浊的泥水在静置一段时间后,泥沙下沉,上面的水变清,即泥、水自动分离

D. 电冰箱通电后把箱内低温物体的热量传到箱外高温物体

5. 根据分子动理论,下列说法正确的是(   )。

A. 一个气体分子的体积等于气体的摩尔体积与阿伏伽德罗常数之比

B. 显微镜下观察到的墨水中的小炭粒所做的不停地无规则运动,就是分子的运动

C. 分子间的相互作用的引力和斥力一定随分子间的距离增大而增大

D. 分子势能随着分子间距离的增大,可能先减小后增大

6. 一定质量的水在 100 ℃时沸腾汽化成相同质量的水蒸气,在此过程中,(   )。

A. 分子热运动动能增加,分子间势能不变,系统吸热

B. 分子热运动动能增加,分子间势能增加,系统吸热

C. 分子热运动动能不变,分子间势能增加,系统吸热

7. 容器中一定质量的气体处于温度为 T 的平衡态,以下说法错误的是(   )。

A. 每一个气体分子对容器壁都有压强

B. 气体对容器壁的压强处处相等

C. 体积不变的情况下,气体对容器壁的压强随温度升高而增大

答案:1. C; 2. AD; 3. B; 4. CD; 5. D; 6. C; 7. A

第13章 热力学基础

在本章中,我们首先会在深入理解热力学系统平衡态的基础上,引入准静态过程的概念;然后定义热容量,用状态参量来具体描述功、内能和热量,定量阐述在热力学过程中三者之间的关系,进一步阐明热力学第一定律;并以理想气体为研究对象,学习热力学第一定律在理想气体的准静态过程中的运用,从而对运用宏观热力学方法来研究热现象的基本规律有一个基本认识;最后在此基础上通过对热机循环过程的理论研究,揭示提高热机效率的基本途径,对热力学第二定律作简单介绍。

13.1 平 衡 态

13.1.1 热力学系统

在热学中,我们把作为研究对象的物体或物体系称为**热力学系统**,简称系统。系统以外的物质称为**外界**。系统与外界之间可以发生能量交换与物质交换。与外界既无能量交换,又无物质交换的系统称为**孤立系**;与外界有能量交换,但无物质交换的系统称为**封闭系**;与外界既有能量交换,又有物质交换的系统称为**开放系**。还可以根据系统所包含物质的化学成分进行分类,如单元系和多元系,以及根据系统所包含物质的形态进行分类,如单相系和多相系。

严格的孤立系是理想模型,如保温瓶中的水只是近似孤立系。当保温瓶中装满了水时,则是一个单元单相系;当保温瓶中没装满水时,瓶内液态的水与气态的水共存,则是一个单元二相系。

13.1.2 平衡态与热动平衡

实验表明,一个孤立系,不管它的初始状态如何,经过足够长的时间,系统的各个部分将趋于均匀一致,并且将保持宏观性质恒定的状态,我们称系统达到了平衡态。**热力学系统的平衡态指一个孤立系最终达到的宏观性质且不再随时间变化的状态。**比如一定质量的气体置于绝热封闭容器中,可以视为孤立系,假定该气体自身没有发生化学反应,经过一段时间,气体会表现出各处均匀的状态,并且将长时间保持这一状态。但是完全不受外界影响的孤立系在实际中是不存在的,因此平衡态只是一种理想状态。在实际问题中,常常把实际状态近似为平衡态来处理,这是物理方法的一种简化。

当系统处于平衡态时,组成系统的大量微观粒子仍然不停地做热运动,但其整体效果不随时间变化,在宏观上表现为系统的宏观性质恒定不变。因此热力学系统的平衡态是一种动态平衡,称为**热动平衡**。

13.1.3 宏观量与微观量 状态参量

在热学中用于描述系统宏观性质的物理量是**宏观量**。处于平衡态的系统可以用一些确定的宏观量来描述系统的状态,这些宏观量称为**状态参量**。对于处于某一平衡态的一定质量的气体,一般可以用体积 V、压强 p 和温度 T 三个状态参量来进行描述。

体积是气体分子所能达到的空间,如果忽略气体分子本身的大小,气体的体积也就是容器的体积。体积的常用单位为立方米(m^3)。

压强可以看作是气体分子对容器壁碰撞的平均效果,是气体作用于单位面积容器壁的正压力。压强的常用单位为帕斯卡(Pa),$1\ Pa = 1\ N \cdot m^{-2}$。

温度表示物体的冷热程度,其微观本质是微观粒子热运动的剧烈程度。物理学中常用的温度的分度方法(温标)有两种:开氏温标,用 T 表示,单位为开尔文(K);摄氏温标,用 t 表示,单位为摄氏度(℃),两者的关系为

$$T = t + 273.15 \tag{13-1}$$

与宏观量对应,微观量就是描述组成系统的微观粒子的性质的物理量,如粒子的质量、动量、动能等。

13.1.4 热力学第零定律(热平衡定律)

如图 13-1 所示,如果将两个与外界保持孤立的、各自处于平衡态的系统 A 和系统 B 之间放置一绝热壁,它们之间将不发生任何影响,各自的状态参量也不会发生变化;若将绝热壁换成导热壁,A、B 之间会发生热接触,产生热交换,它们的状态参量也相互影响,发生变化;经过一段时间后,两个系统的状态参量将不再变化,两个系统会重新达到各自的平衡态,我们称两个系统互为热平衡,此时 A 和 B 具有相同的温度。

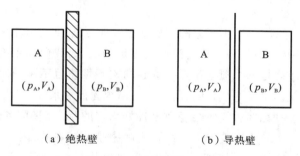

图 13-1　绝热壁与导热壁

如图 13-2(a)所示,有三个与外界保持孤立的系统 A、B 和 C,先将 A 和 B 用绝热壁隔开,使它们都与 C 通过导热壁进行热接触,经过足够长的时间,A 和 B 将分别与 C 达到热平衡,此时 A、B 和 C 具有相同的温度。接下来如果将 A、B 与 C 之间用绝热壁隔开,将 A 和 B 之间的绝热壁换成导热壁,使 A 和 B 进行热接触,如图 13-2(b)所示,那么我们会发现此时 A 和 B 的状态不会发生变化,说明 A、B 已经是互为热平衡了。该实验现象说明:**如果两个热力学系统中的每一个都与第三个热力学系统的同一平衡态互为热平衡,那么这两个热力学系统的平衡态也必定互为热平衡**。这一结论称为**热力学第零定律**,或热平衡定律。

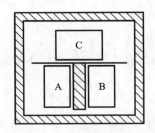 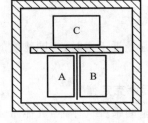

（a）系统 A、B 分别与 C 进行热接触　　　（b）系统 A、B 进行热接触

图 13-2　三个系统的热平衡

实验表明,**一切互为热平衡的系统具有相同的温度**。所以,温度是决定一系统是否与其他系统互为热平衡的物理量。热力学第零定律为温度概念的科学定义提供了实验基础,也为温度的测量提供了理论依据。从微观来看,温度是构成系统的大量分子无规则热运动剧烈程度的表现,代表了分子平均平动动能的大小。

13.2　理想气体的物态方程

13.2.1　物态方程

处于平衡态的热力学系统,可以用一组状态参量来描述。在一定的平衡态中,热力学系统具有确定的温度。实验表明,温度与其他状态参量之间存在一定的函数关系。对于一定质量的某种气体,当其处于温度为 T 的平衡态时,在无外场情况下只需要两个独立变量:压强 p 和体积 V,就可以完全确定系统的一个平衡态。温度 T 与 p、V 之间存在的函数关系可以表示为

$$T = T(p, V)$$

或

$$f(p, V, T) = 0 \qquad (13-2)$$

这就是物质的**状态方程**,或称**物态方程**。一定质量的某种液体或各向同性固体的物

态方程都具有这样的形式。

13.2.2　气体的实验定律

从 17 世纪到 18 世纪,科学家们发现了关于气体的四个实验定律:玻意耳-马略特定律、查理定律、盖-吕萨克定律,以及阿伏伽德罗定律。这些定律各自从不同的侧面描述了气体的共性,可以由以上四个实验定律导出理想气体的物态方程。

1. 玻意耳-马略特定律

给定质量的某种气体,当气体温度不变时,气体的压强和体积的乘积等于一个常数,表示为

$$pV = C(T) \tag{13-3}$$

当气体的压强趋近于零时,相同物质的量的所有气体的压强和体积的乘积趋于同一个常数。

2. 盖-吕萨克定律

给定质量的某种气体,当气体压强不变时,气体的体积 V 与摄氏温度 t 呈线性关系,表示为

$$V = V_0(1 + \alpha t) \tag{13-4}$$

其中,V 和 V_0 分别为 t 和 0 ℃时气体的体积,α 为气体的体膨胀系数。

3. 查理定律

给定质量的某种气体,当气体体积不变时,气体的压强 p 与摄氏温度 t 呈线性关系,表示为

$$p = p_0(1 + \beta t) \tag{13-5}$$

其中,p 和 p_0 分别为 t 和 0 ℃时气体的压强,β 为气体的压强系数。

实验研究表明,当气体的压强趋近于零时,所有气体的体膨胀系数 α 和压强系数 β 趋于同一个数值 $\dfrac{1}{273.15}$。将该值代入式(13-4)和式(13-5),分别可得

$$V = V_0 \frac{273.15 + t}{273.15}, \quad p = p_0 \frac{273.15 + t}{273.15}$$

可见,如果用开氏温标 T 替换查理定律和盖-吕萨克定律中的摄氏温标 t,即 $T = 273.15 + t$ (K)、$T_0 = 273.15$ K,则这两个定律可分别表示为

盖-吕萨克定律

$$\frac{V}{T} = \frac{V_0}{T_0} \tag{13-6}$$

查理定律

$$\frac{p}{T} = \frac{p_0}{T_0} \tag{13-7}$$

4. 阿伏伽德罗定律

相同温度和压强下，1 mol 任何气体的体积都相等。

13.2.3　理想气体　理想气体物态方程

实验表明，不论何种实际气体，在压强不太高（与大气压强相比）、温度不太低（与室温相比）时，都近似遵守气体实验定律；当气体的压强趋近于零时，任何一种实际气体都严格遵守气体实验定律。此时，所有气体的个性差异消失，气体的状态取决于气体的共同性质。为了反映这一共性并研究其遵循的规律，我们引入**理想气体**的概念。这是热学中的一个理想模型，任何气体在压强趋于零的极限情况下都可视为理想气体，此时所有气体的状态参量所遵守同一个状态方程，就是理想气体物态方程。根据气体实验定律和阿伏伽德罗定律可以推出理想气体物态方程。

一定质量的理想气体初始状态为 (p_1, V_1, T_1)，在保持系统的温度 T_1 不变的情况下。令系统的体积从 V_1 变为 V_2，此时系统的压强为 p，由玻意耳-马略特定律可得 $p = \dfrac{p_1 V_1}{V_2}$。

然后，保持系统的体积 V_2 不变，令系统的温度从 T_1 变为 T_2，则系统的压强变为 p_2，根据查理定律，式 (13-7) 可写成 $\dfrac{p_2}{T_2} = \dfrac{p}{T_1}$，将 $p = \dfrac{p_1 V_1}{V_2}$ 代入，整理得

$$\frac{p_1 V_1}{T_1} = \frac{p_2 V_2}{T_2} \tag{13-8}$$

已知 1 mol 任意气体在标准状态下的压强、体积与温度分别为 $p_0 = 1.013 \times 10^5$ Pa、$V_{om} = 22.4 \times 10^{-3}\ m^3$、$T_0 = 273.15\ K$，则对于处于状态 (p, V, T) 的 ν mol 理想气体有

$$\frac{pV}{T} = \nu\, \frac{p_0 V_{om}}{T_0} = \nu R$$

其中，R 为**普适气体常量**，又称摩尔气体常量，是 1 mol 气体在标准状态下压强、体积的乘积与温度的比值：

$$R = \frac{p_0 V_{om}}{T_0} = 8.31\ (J \cdot mol^{-1} \cdot K^{-1}) \tag{13-9}$$

则可得到理想气体的物态方程为

$$pV = \nu RT \tag{13-10}$$

用 m 表示气体的质量，M 表示气体的摩尔质量，N 表示气体的总分子数，N_A 为 1 mol 气体的分子数，即阿伏伽德罗常量 $N_A = 6.02 \times 10^{23}\ mol^{-1}$，则气体摩尔数可以表示为

$$\nu = \frac{m}{M} = \frac{N}{N_A}$$

理想气体物态方程还可以表示为

$$pV = \frac{m}{M}RT \quad \text{或} \quad pV = \frac{N}{N_A}RT \tag{13-11}$$

还可以将理想气体物态方程写成

$$p = \frac{N}{V}\frac{R}{N_A}T = nkT \tag{13-12}$$

其中，$n = \dfrac{N}{V}$ 表示单位体积气体分子数，称为气体的**分子数密度**；$k = \dfrac{R}{N_A} = 1.38 \times 10^{-23}(J \cdot K^{-1})$，称为**玻尔兹曼常量**。

例 13-1 容积为 0.001 m^3 的压缩气瓶内装有一定质量的氢气。假定在气焊过程中温度保持 27 ℃不变，问当瓶内压强由 49.1×10^5 Pa 降为 9.81×10^5 Pa 时，共用掉多少克氢气？

解 氢气用理想气体处理，瓶内氢气对应两个状态——气焊前和气焊后，已知气焊前后瓶内氢气的压强分别为 $p = 49.1 \times 10^5$ Pa 和 $p' = 9.81 \times 10^5$ Pa，温度和体积均为 $T = 27 + 273 = 300$ K，$V = 0.001$ m^3。设瓶内氢气的质量气焊前为 m，气焊后为 m'，针对这两个状态应用理想气体物态方程，则气焊前后有

$$pV = \frac{m}{M}RT, \quad p'V = \frac{m'}{M}RT$$

其中，M 为氢气的摩尔质量，则用去氢气的质量为

$$m - m' = \frac{MV}{RT}(p - p') = \frac{2 \times 10^{-3} \times 0.001}{8.31 \times 300}(49.1 - 9.81) \times 10^5 (kg)$$

$$= 3.15 \times 10^{-3}(kg) = 3.15 \ (g)$$

13.2.4 混合理想气体的物态方程

若混合理想气体由 n 种不同化学组分的理想气体混合而成，当它处于温度为 T 的平衡态时，体积为 V，压强为 p。设其中第 i 种气体的摩尔数为 ν_i，当第 i 种理想气体以体积为 V、温度为 T 的平衡态单独存在时，其压强为 p_i，根据理想气体物态方程可知

$$p_i V = \nu_i RT$$

将所有组分的理想气体对应的物态方程相加，可得

$$(p_1 + p_2 + \cdots + p_n)V = (\nu_1 + \nu_2 + \cdots + \nu_n)RT$$

实验表明混合理想气体的压强为 $p = p_1 + p_2 + \cdots + p_n$，且总摩尔数为 $\nu = \nu_1 + \nu_2 + \cdots + \nu_n$，所以混合理想气体的物态方程仍然可以表示为

$$pV = \nu RT \tag{13-13}$$

式(13-13)表明，混合理想气体的物态方程与化学成分单一的理想气体的物态方程是完全一致的，这也反映了理想气体不存在气体的个性差异，只有气体的共同性质。混合气体的摩尔质量与气体的组成有关，是平均摩尔质量，它等于混合气体总质量除

以总摩尔数。

例 13-2 一个容积为 25×10^{-3} m³ 的容器内有 1.0 mol 的氮气,另一个容积为 20×10^{-3} m³ 的容器内盛有 2.0 mol 的氧气,两者用带阀门的管道相连,并且置于冰水槽中。现打开阀门将两者混合,求平衡后混合气的压强是多少?此时混合气的平均摩尔质量是多少?

解 气体用理想气体处理。混合后的总体积为 $V=(25+20)\times10^{-3}$ m³ $=45\times10^{-3}$ m³,温度为冰水槽的温度 $T=273$ K,总摩尔数 $\nu=(1.0+2.0)$ mol $=3.0$ mol。根据混合理想气体的物态方程 $pV=\nu RT$,平衡后混合气的压强为

$$p=\frac{\nu RT}{V}=\frac{3\times8.31\times273}{45\times10^{-3}}\ (\mathrm{Pa})=1.51\times10^{5}\ (\mathrm{Pa})$$

混合理想气体的平均摩尔质量为

$$M=\frac{\nu_{N_2}M_{N_2}+\nu_{O_2}M_{O_2}}{\nu_{N_2}+\nu_{O_2}}=\frac{1\times28+2\times32}{3}\ (\mathrm{g\cdot mol^{-1}})=30.7\ (\mathrm{g\cdot mol^{-1}})$$

13.3 热力学第一定律

13.3.1 准静态过程

当系统处于平衡态时,系统的各个状态参量将保持不变;如果系统与外界有能量交换,系统的平衡状态就会被破坏,从而发生改变。系统的状态随时间的变化就称系统经历了一个热力学过程,简称过程。

实际的热力学过程中,因为系统内部性质使之不能处处均匀,如膨胀和压缩过程中系统的密度和压强不能处处均匀,系统在加热过程中温度不能处处均匀,系统在过程中的每一个时刻都是非平衡的,因此无法用确定的宏观状态参量描述系统在过程中的状态,也就无法定量地研究热力学过程。但是如果过程进行得足够缓慢,也就是说系统在过程中受到外界的影响是以微小的、一步一步的进行着,其中每一步对系统状态的改变非常有限,造成内部性质的不均匀性也就非常微小,可以通过系统内部的热运动迅速得以消除。因此,系统在过程的每一时刻的状态都非常接近平衡态,则该过程可以视为**准静态过程**。

准静态过程是一个理想过程。在准静态过程中,系统经历的每一个状态都是平衡态,因而准静态过程也称平衡过程。系统在准静态过程中的每一个状态都可以用确定的一组状态参量来描述,也就使得定量地研究热力学过程成为可能。

对于一定质量的气体,因为其状态参量 p、V、T 中只有两个独立变量,因此给定两个参量的数值就确定了系统的一个平衡态。若以 p 为纵坐标、V 为横坐标作 p-V 图,则 p-V 图中的任何一点都对应着系统的一个平衡态,任意两点之间的任一条平

滑曲线就代表了一个准静态过程,如图 13-3 所示。

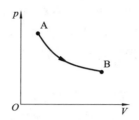

图 13-3　p-V 图中的平衡态和准静态过程

13.3.2　内能、热量和功　热力学第一定律

当系统的平衡状态发生改变时,系统与外界之间通常存在着能量的交换。做功和传递热量都可以使系统与外界之间发生能量交换,比如一杯水,可以通过加热,即外界向系统传递热量的方式,达到更高的温度;也可以通过不断地搅拌,即外界向系统做机械功的方式,达到同样的温度。以上两个过程中能量交换的方式虽然不同,但是它们导致相同的状态变化。历史上著名的焦耳热功当量实验(见图 13-4),实验表明做功和传递热量的等效性。

实验研究表明,只要系统的始、末状态给定,不管中间经历怎样的过程,外界向系统传递热量与外界向系统做功的总和总是不变的。这说明热力学系统只存在着一种由始、末状态决定,而与中间过程无关的能量函数。就好比力学中的势能一样,质点在保守力场中的势能只与始、末位置有关,而与中间路径无关。这个状态函数称为内能,用 E 表示。内能是由热力学系统内部状态所决定的一种能量,是系统状态

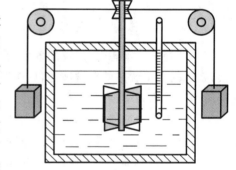

图 13-4　焦耳热功当量实验

的单值函数,比如一定质量的气体的内能是体积和温度的函数,即

$$E=E(T,V) \tag{13-14}$$

如果有一系统,外界向系统传递的热量为 Q,系统的内能从初态的 E_1 变为末态的 E_2,同时系统向外界做功为 A,那么

$$Q=E_2-E_1+A$$

用 $\Delta E=E_2-E_1$ 表示系统从初态到末态的内能的增量,上式可写为

$$Q=\Delta E+A \tag{13-15}$$

式(13-15)即为**热力学第一定律**的数学表达。该式说明:外界向系统传递的热量,一部分使系统的内能增加,另一部分则用于系统向外界做功。显然,热力学第一定律就

是包括热量在内的**能量转换和守恒定律**。同时热力学第一定律也表明热量、功与能量的单位完全一致,均为 J(焦耳)。

符号规定:系统从外界吸收热量时 Q 为正,向外界放出热量时 Q 为负;系统向外界做功时 A 为正,外界向系统做功时 A 为负;系统内能增加时 ΔE 大于零,系统内能减少时 ΔE 小于零。

13.3.3 准静态过程的功

以封闭在气缸中的一定质量的气体在准静态膨胀过程中对外做的功为例,如图 13-5 所示。设气缸内气体压强为 p,活塞面积为 S,当活塞在气体压力作用下缓慢移动了距离 $\mathrm{d}l$,气体体积增加了 $\mathrm{d}V = S\mathrm{d}l$,气体对外界做的元功为

$$\mathrm{d}A = F\mathrm{d}l = pS\mathrm{d}l = p\mathrm{d}V \qquad (13\text{-}16)$$

当气体体积从 V_1 变化到 V_2 时,气体对外做的总功为

$$A = \int_{V_1}^{V_2} p\mathrm{d}V \qquad (13\text{-}17)$$

还可以在 $p\text{-}V$ 图中表示准静态过程中的功。图 13-6 中的实线表示气体变化的一个准静态过程 1,系统从 V 到 $V+\mathrm{d}V$ 的微小膨胀过程中对外做的元功 $\mathrm{d}A$ 可以用阴影部分的窄条面积表示;系统的功 A 的大小对应着过程 1 的曲线(实线)下方的面积。如果系统沿着虚线表示的过程 2 进行的,那么 A 的大小则对应着虚线下方的面积。可见,功是一个过程量。系统由一个状态变化到另一个状态,系统做功不仅与系统的始、末状态有关,而且与系统经历的过程有关。

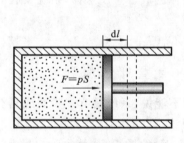

图 13-5　气体膨胀时对外做功

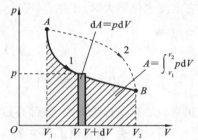

图 13-6　准静态过程的功

当气体膨胀时,$\mathrm{d}V>0$,气体对外界做正功,过程曲线下方的面积为正;当气体被压缩时,$\mathrm{d}V<0$,气体对外界做负功,也就是外界对气体做功,过程曲线下方的面积为负。

对气体在准静态过程中的微小变化,热力学第一定律可以写为

$$\mathrm{d}Q = \mathrm{d}E + p\mathrm{d}V \qquad (13\text{-}18)$$

在气体体积从 V_1 变化到 V_2 的整个准静态过程中,热力学第一定律可以写为

$$Q = \Delta E + \int_{V_1}^{V_2} p\mathrm{d}V \qquad (13\text{-}19)$$

13.3.4　热量和热容

除做功外,热传递也是系统与外界之间传递能量的一种方式。在热传递过程中,系统与外界交换的能量就是热量。对于一个不做功的过程,由热力学第一定律有 $Q=E_2-E_1$。可见,热量就是在不做功的纯传热过程中系统内能变化的量度。

不同物质在不同过程中,温度每升高 1 K 所吸收的热量是不同的。为了表明物质的这一特点,我们引入热容的概念。若一定质量的热力学系统吸收热量 $\mathrm{d}Q$ 时,温度升高 $\mathrm{d}T$,则该过程的**热容** C 定义为

$$C=\frac{\mathrm{d}Q}{\mathrm{d}T} \tag{13-20}$$

以上定义的热容与物质的质量有关,为了表明一定种类的物质在某过程中吸、放热的特性,有必要引入比热容和摩尔热容的概念。

某物质的**比热容** c 定义为质量为 m 的该物质的热容与质量 m 的比值:

$$c=\frac{C}{m}=\frac{1}{m}\frac{\mathrm{d}Q}{\mathrm{d}T} \tag{13-21}$$

某物质的**摩尔热容** C_m 定义为 $\nu(\mathrm{mol})$ 的该物质的热容与物质的量 ν 的比值:

$$C_m=\frac{C}{\nu}=\frac{1}{\nu}\frac{\mathrm{d}Q}{\mathrm{d}T} \tag{13-22}$$

热容的单位为 $\mathrm{J\cdot K^{-1}}$,比热容和摩尔热容的单位分别为 $\mathrm{J\cdot kg^{-1}\cdot K^{-1}}$ 和 $\mathrm{J\cdot mol^{-1}\cdot K^{-1}}$。

在温度变化不大时,比热容、摩尔热容可以近似看成常量。这样,系统吸收的热量可以写为

$$Q=mc(T_2-T_1)\quad 或\quad Q=\nu C_m(T_2-T_1) \tag{13-23}$$

13.3.5　功和热量的联系与差异　能量守恒原理

热量和功都与过程有关,且都是过程量,因而不能说"系统具有多少功或具有多少热量",而只能说"系统做了多少功或吸收了多少热量"。

内能是状态的函数,可以写成态函数 $E=E(T,V)$ 的形式,其微分形式写为 $\mathrm{d}E$;热量 A 和功 Q 不是态函数,因此不存在它们的微分形式 $\mathrm{d}A$ 和 $\mathrm{d}Q$;对于元过程中发生的微小做功和传热,我们用 $\mathrm{d}A$ 和 $\mathrm{d}Q$ 表示。即严格来讲,对于系统所发生的微小变化,热力学第一定律写为

$$\mathrm{d}Q=\mathrm{d}E+\mathrm{d}A \tag{13-24}$$

我们知道做功和传热都可以使系统内能发生改变。需要指出的是,做功和传热是两种不同能量的作用方式。做功总是与宏观位移相联系(如气体膨胀或压缩时发生的体积功都是与活塞的位移相联系),常伴随着热运动与其他运动形态(如机械运动等)之间的转化;传热则是与温度差的存在相联系,没有运动形态的转化,只是能量

(内能)的转移。

热力学第一定律体现了普遍的**能量转换和守恒原理**:能量可以从一种运动形态转化为另一种运动形态做功,可以由一个系统传递给另一个系统(传热),在转化和传递中总能量保持不变。

例 13-3 一热力学系统分别经历如图 13-7 所示的 abc 和 adc 两个过程,已知 adc 过程中系统吸热为 Q_0,并对外做功 A_0,如果图中 abc 和 adc 之间包围的面积与 adc 和横轴之间包围的面积大小一致,试求系统经历 abc 过程吸热是多少?

解 系统经 adc 过程中吸热 Q_0,对外做功 A_0,根据热力学第一定律,系统内能的增量为

$$\Delta E = Q_0 - A_0$$

因为内能是态函数,与中间过程无关,因此系统经 abc 过程内能的增量仍为

$$\Delta E = Q_0 - A_0$$

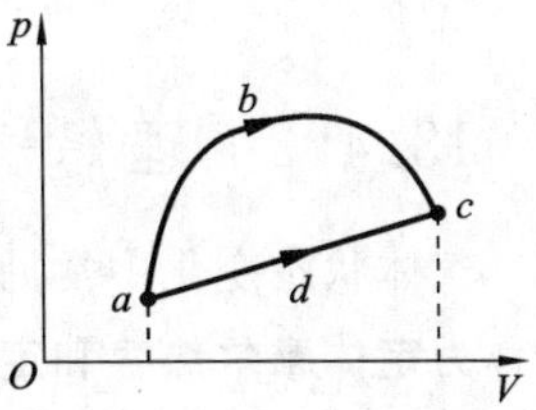

在 $p\text{-}V$ 图中系统对外做功为过程曲线与横轴之间包围的面积,因此经 abc 过程系统对外做功为

$$A = 2A_0$$

根据热力学第一定律,系统吸热为

$$Q = \Delta E + A = Q_0 - A_0 + 2A_0 = Q_0 + A_0$$

图 13-7 例 13-3 图

13.4 理想气体的内能和热容

13.4.1 焦耳实验 理想气体的内能

1845 年焦耳为了研究气体的内能,设计了气体的绝热自由膨胀实验,如图13-8 所示。

容器 A、B 置于绝热水槽中,A 中充满气体,B 为真空,打开活栓 C,A 中气体向 B 中膨胀,最后充满整个容器。因为气体没有受到任何阻力作用,膨胀是自由的,气体对外界不做功,即 $A=0$;同时由于气体膨胀迅速,来不及与外界(水槽中的水)交换热量,可以认为是绝热的,即 $Q=0$,因此根据热力学第一定律,$\Delta E=0$,说明气体经过绝热自由膨胀过程中内能不变。

焦耳测量了自由膨胀前后气体与水的热平衡温度,发现没有改变。显然,自由膨胀前后气体的体积发生了变化,而温度不变,且内能亦没有变化,说明气体

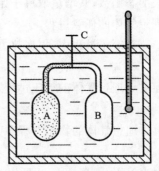

图 13-8 气体的绝热自由膨胀实验装置示意图

的内能只与温度有关,与体积无关,也与压强无关。

焦耳实验是比较粗糙的。因为水的热容较大,容器中气体自由膨胀所产生的微弱温度变化引起水槽中水温的变化极小,这很难精确测定。通过进一步精确的实验表明,气体的内能不仅与温度有关,而且与体积有关,但在压强趋于零的情形下,气体的内能只是温度的函数,即**理想气体的内能只是温度的函数**,亦即

$$E = E(T)$$

而实际气体的内能是温度和体积的函数:

$$E = E(T, V)$$

13.4.2 理想气体的摩尔热容 迈耶公式

气体状态变化中常见的有等体过程和等压过程,这两个过程对应的摩尔热容分别称为**定体摩尔热容**和**定压摩尔热容**,分别用 $C_{V,m}$ 和 $C_{p,m}$ 表示,其定义式分别为

$$C_{V,m} = \frac{1}{\nu} \left(\frac{dQ}{dT} \right)_V \tag{13-25}$$

$$C_{p,m} = \frac{1}{\nu} \left(\frac{dQ}{dT} \right)_p \tag{13-26}$$

其中,下角标 V、p 分别表示气体在过程中保持体积或压强不变。

在等体过程中,$dV = 0$,从而有 $dA = pdV = 0$,根据热力学第一定律,有

$$(dQ)_V = dE$$

根据 $C_{V,m}$ 的定义: $(dQ)_V = \nu C_{V,m} dT$,可得

$$dE = \nu C_{V,m} dT \tag{13-27}$$

若 $C_{V,m}$ 可视为常量,则

$$\Delta E = \nu C_{V,m} \Delta T \tag{13-28}$$

虽然式(13-28)是通过等体过程推导而来,但是,理想气体的内能是仅与温度有关的态函数,其增量取决于始、末状态的温度增量,与中间过程无关,因此该式适用于理想气体的任意过程。

在等压过程中,根据热力学第一定律,有

$$(dQ)_p = dE + pdV$$

而对于理想气体的等压过程,根据 $C_{p,m}$ 的定义以及式(13-27),可得

$$\nu C_{p,m} dT = \nu C_{V,m} dT + pdV \tag{13-29}$$

再由理想气体的物态方程 $pV = \nu RT$ 的微分形式:

$$pdV + Vdp = \nu RdT \tag{13-30}$$

因为等压,则有 $dp = 0$,所以 $pdV = \nu RdT$,代入式(13-29),可得

$$\nu C_{p,m} dT = \nu C_{V,m} dT + \nu RdT$$

即

$$C_{p,m} = C_{V,m} + R \qquad (13\text{-}31)$$

此即为**迈耶公式**,它表明理想气体的定压摩尔热容是定体摩尔热容和摩尔气体常量 R 的和。又因为 R 恒为正,因此 $C_{p,m} > C_{V,m}$。

定压摩尔热容与定体摩尔热容的比值称为比热比,用 γ 表示,则有

$$\gamma = \frac{C_{p,m}}{C_{V,m}} \qquad (13\text{-}32)$$

实验测量和理论计算都表明,在常温中,当温度处于比较大的范围内,理想气体的热容为常数,只与气体种类有关,而与气体温度无关。

例 13-4 如图 13-9 所示,理想气体经历以下三个过程 $a \rightarrow d$、$b \rightarrow d$ 和 $c \rightarrow d$,已知过程 $b \rightarrow d$ 是绝热的(即与外界无热量交换),试分析三个过程中热容量的正负,其中状态 a、b、c 的温度均为 T_1,状态 d 的温度为 T_2。

解 已知过程 $b \rightarrow d$ 是绝热的,且被压缩,外界对气体做功为 $-A_{bd}$,因此根据热力学第一定律,气体内能增加,温度升高,即

$$\Delta E_{bd} = -A_{bd} > 0, \qquad T_2 > T_1$$

因为理想气体的内能只与温度有关,因此

$$\Delta E_{ad} = \Delta E_{cd} = \Delta E_{bd} = -A_{bd} > 0$$

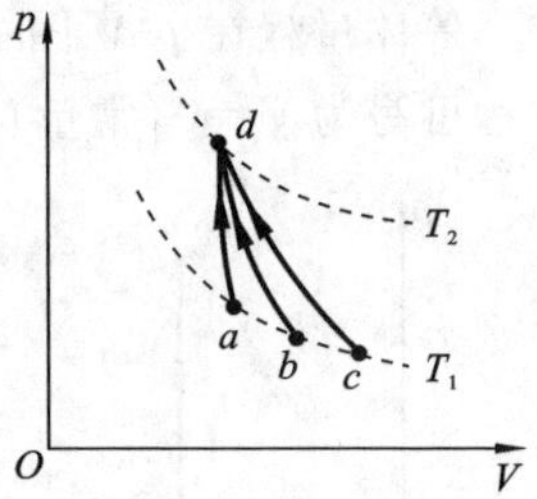

(1) 过程 $a \rightarrow d$:根据热力学第一定律,有

$$Q_{ad} = \Delta E_{ad} + A_{ad} = -A_{bd} + A_{ad}$$

比较 A_{ad} 和 A_{bd} 的大小(即比较过程曲线 $a \rightarrow d$、$b \rightarrow d$ 下的面积),有

$$|A_{bd}| > |A_{ad}|$$

则

$$Q_{ad} = -A_{bd} + A_{ad} > 0$$

说明在过程 $a \rightarrow d$ 中气体吸热,则热容量为

$$C_{ad} = \left(\frac{\mathrm{d}Q}{\mathrm{d}T}\right)_{ad} > 0$$

(2) 过程 $b \rightarrow d$:因为它是绝热过程,有 $Q_{bd} = 0$,因此该过程的热容量为

$$C_{bd} = \left(\frac{\mathrm{d}Q}{\mathrm{d}T}\right)_{ad} = 0$$

(3) 过程 $c \rightarrow d$:根据(1)的分析,比较过程曲线 $c \rightarrow d$、$b \rightarrow d$ 下的面积,可知

$$|A_{bd}| < |A_{cd}|$$

因此

$$Q_{cd} = \Delta E_{cd} + A_{cd} = -A_{bd} + A_{cd} < 0$$

这说明在过程 $c \rightarrow d$ 中气体放热,则热容量为

$$C_{cd} = \left(\frac{\mathrm{d}Q}{\mathrm{d}T}\right)_{cd} < 0$$

图 13-9 例 13-4 图

13.5 典型准静态过程

在本节中我们将利用热力学第一定律讨论理想气体在几种典型准静态过程中的状态变化和能量转化,以帮助我们认识热功转化问题。

13.5.1 等体、等压和等温过程

1. 等体过程

等体过程中系统的体积保持不变,准静态的等体过程可以固定气体所处的容器体积,使气体通过导热壁与一系列温度相差极小的恒温热源接触,并交换热量。系统经过缓慢地吸、放热过程,其温度和压强也缓慢地增大或减小。

等体过程在 p-V 图中对应一条与 p 轴平行的线段,如图 13-10(a)所示,其过程方程可写为 $V=C$(常量)。

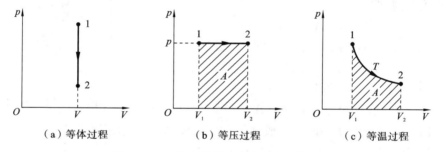

（a）等体过程　　　　（b）等压过程　　　　（c）等温过程

图 13-10　理想气体的几个典型准静态过程

等体过程中,由于 $dV=0$,$dA=pdV=0$,系统不做功,因而 $Q=\Delta E$,表示等体过程中系统吸收的热量全部用于系统内能的增量。对于一个元过程,有

$$dQ=dE=\nu C_{V,m}dT$$

当系统经过等体过程,其温度增加 ΔT 时,若 $C_{V,m}$ 为常量,则有

$$Q=\Delta E=\nu C_{V,m}\Delta T$$

2. 等压过程

等压过程中系统的压强保持不变,准静态的等压过程可以将置于带有活塞的汽缸中的气体在固定外界压强的同时,通过导热壁与一系列温度相差极小的恒温热源接触,从而交换热量。系统经过缓慢地吸、放热过程,温度和体积缓慢地增大或减小。

等压过程在 p-V 图中对应一条与 V 轴平行的线段,称为等压线,如图 13-10(b)所示,其过程方程可写为 $p=C$(常量)。

系统经等压过程体积从 V_1 变为 V_2,温度从 T_1 变为 T_2,系统对外界做的功为

$$A = \int_{V_1}^{V_2} pdV = p(V_2 - V_1) \tag{13-33}$$

在 p-V 图中，A 的大小为等压线下方的面积。

若 $C_{p,m}$ 为常量，系统吸收的热量为

$$Q = \nu C_{p,m} \Delta T$$

并且由热力学第一定律，有

$$\Delta E = Q - A = \nu C_{p,m}(T_2 - T_1) - p(V_2 - V_1)$$

再根据理想气体的物态方程 $pV = \nu RT$，可得

$$p(V_2 - V_1) = \nu R(T_2 - T_1)$$

我们得到系统经过等压过程的内能增量为

$$\Delta E = Q - A = \nu C_{p,m}(T_2 - T_1) - \nu R(T_2 - T_1)$$

即

$$\Delta E = \nu C_{V,m} \Delta T$$

该式与等体过程中得到内能增量的表达形式是一致的，这是因为理想气体的内能是仅与温度有关的态函数，因此再次强调，只要始、末两态对应的温度相同，不管中间过程如何，理想气体的内能的改变量都是相同的，均为 $\Delta E = \nu C_{V,m} \Delta T$。

3. 等温过程

等温过程中系统的温度保持不变，准静态的等温过程可以使系统与一恒温热源接触，系统与恒温热源的温度始终保持一致。系统经过缓慢地吸、放热，压强和体积均发生改变。

理想气体在等温过程中遵守的过程方程是 $pV = C$（常量）。

在 p-V 图中对应一条双曲线，称为等温线，如图 13-10(c) 所示。

等温过程中，$dT = 0$，则 $dE = 0$，系统内能不变，因而 $Q = A$，表示等温过程中系统吸收的热量全部用于系统对外做功。

系统经等温过程体积从 V_1 变为 V_2，系统对外界做的功为

$$A = \int_{V_1}^{V_2} p\,dV = \int_{V_1}^{V_2} \frac{\nu RT}{V}\,dV = \nu RT \ln \frac{V_2}{V_1} \tag{13-34}$$

在 p-V 图中，A 的大小为等温线下方的面积。

例 13-5 1 mol 双原子分子理想气体，在 1 atm（标准大气压）、27 ℃时，气体体积为 $V_1 = 6.0 \times 10^{-3}$ m³，分别经历以下过程后，气体体积膨胀到 $V_2 = 12.0 \times 10^{-3}$ m³。若经历的过程为（1）准静态等温；（2）准静态等压；（3）自由膨胀，求各过程中的功、热量和内能增量。已知双原子分子理想气体的 $C_{V,m} = \frac{5}{2}R$ 和 $C_{p,m} = \frac{7}{2}R$。

解 （1）准静态等温过程：由于 $\Delta T = 0$，因此 $\Delta E = 0$，系统内能不变；系统吸收的热量等于系统对外做功，由式(13-34)知

$$Q = A = \nu RT \ln \frac{V_2}{V_1} = 8.31 \times (27 + 273) \ln \frac{12.0 \times 10^{-3}}{6 \times 10^{-3}} \text{ (J)} = 1728 \text{ (J)}$$

（2）准静态等压过程：由式(13-33)知，系统对外做功为

$$A = p(V_2 - V_1) = 1.01 \times 10^5 \times (12.0 - 6.0) \times 10^{-3} (\text{J}) = 606 \ (\text{J})$$

系统吸收热量为

$$Q = \nu C_{p,m}(T_2 - T_1) = \nu C_{p,m} \frac{pV_2 - pV_1}{\nu R} = \frac{C_{p,m}}{R}(pV_2 - pV_1)$$

系统的内能增量为

$$\Delta E = \nu C_{V,m}(T_2 - T_1) = \nu C_{V,m} \frac{pV_2 - pV_1}{\nu R} = \frac{C_{V,m}}{R}(pV_2 - pV_1)$$

代入双原子分子理想气体的 $C_{V,m} = \frac{5}{2}R$ 和 $C_{p,m} = \frac{7}{2}R$，以及相关物理量，得

$$Q = \frac{7}{2} \times 1.01 \times 10^5 \times (12.0 - 6.0) \times 10^{-3} (\text{J}) = 2121 \ (\text{J})$$

$$\Delta E = \frac{5}{2} \times 1.01 \times 10^5 \times (12.0 - 6.0) \times 10^{-3} (\text{J}) = 1515 \ (\text{J})$$

（3）自由膨胀过程：自由膨胀过程是非准静态过程，因为气体膨胀时不受任何阻力作用，因此气体不做功，即 $A = 0$；又因为过程进行非常迅速，气体来不及与外界交换热量，即 $Q = 0$；根据热力学第一定律可知，气体的内能不变，即 $\Delta E = 0$。

13.5.2 绝热过程

1. 绝热过程方程

绝热过程中系统与外界之间无热量交换，与等体、等压和等温过程不同，系统的三个状态参量 p, V, T 都会发生改变。如果过程进行得足够迅速，以至于系统来不及与外界交换热量，同时相对于系统从平衡态被破坏到恢复平衡所需时间来讲，该过程进行得又足够缓慢，这样的实际过程就可以视为准静态的绝热过程。因为热量的传递通常是比较缓慢的，所以许多实际过程都可用准静态的绝热过程来处理的。比如蒸汽机、内燃机汽缸中气体的膨胀或压缩过程。

绝热过程中，由于 $Q = 0$，则 $\Delta E + A = 0$，说明绝热过程中因为系统不吸收热量，因此系统内能的改变完全取决于系统与外界之间的做功。若系统绝热膨胀，系统对外界做功，则系统内能减少；若系统被绝热压缩，外界对系统做功，则系统内能增加。

下面我们将通过热力学第一定律和理想气体物态方程来推导理想气体准静态绝热过程方程。

根据 $\Delta E + A = 0$ 及理想气体的内能表达式 $\Delta E = \nu C_{V,m} \Delta T$，可得 $\nu C_{V,m} \Delta T + A = 0$，对于一个元过程有

$$\nu C_{V,m} \mathrm{d}T + p\mathrm{d}V = 0$$

结合理想气体物态方程的微分形式：

$$p\mathrm{d}V + V\mathrm{d}p = \nu R \mathrm{d}T$$

两式消去 $\mathrm{d}T$，有

$$(C_{V,m}+R)p\mathrm{d}V+C_{V,m}V\mathrm{d}p=0$$

引入比热比 $\gamma=\dfrac{C_{p,m}}{C_{V,m}}$，代入上式可得

$$\frac{\mathrm{d}p}{p}+\gamma\frac{\mathrm{d}V}{V}=0$$

在温度变化较小的范围内，γ 可视为常量，因此对上式积分可得

$$\ln p+\gamma\ln V=C, \quad C \text{ 为常量}$$

即

$$pV^{\gamma}=C, \quad C \text{ 为常量} \tag{13-35}$$

这就是用压强和体积表示的理想气体准静态的**绝热过程方程**，又称泊松(Poisson)方程。在 $p\text{-}V$ 图中对应的曲线，称为绝热线。如图 13-11 所示的绝热线 a，图中也画了一条等温线 i 与之进行比较。

比较两个过程曲线交点的斜率。

等温过程的过程方程为

$$pV=C, \quad C \text{ 为常量}$$

可知等温线的斜率为

$$\frac{\mathrm{d}p}{\mathrm{d}V}=-\frac{p}{V}$$

绝热过程的过程方程为

$$pV^{\gamma}=C, \quad C \text{ 为常量}$$

可知绝热线的斜率为

$$\frac{\mathrm{d}p}{\mathrm{d}V}=-\gamma\frac{p}{V}$$

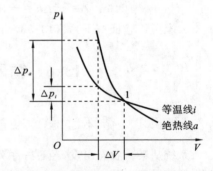

图 13-11　绝热线与等温线

因为 $\gamma=\dfrac{C_{p,m}}{C_{V,m}}>1$，可见绝热线比等温线陡峭。

我们也可以从能量角度出发来分析。根据热力学第一定律，在绝热过程中，由于 $Q=0$，则 $\Delta E+A=0$。对理想气体来说，因为理想气体的内能只与温度有关，因此当气体绝热膨胀时，由于 $A>0$，则 $\Delta E<0$，气体温度降低，如图 13-11 中绝热线与等温线的交点 1 的右侧所示，绝热线位置低于等温线；当气体被绝热压缩时，由于 $A<0$，则 $\Delta E>0$，气体温度升高，如图 13-11 中交点 1 的左侧所示，绝热线位置高于等温线。

结合式(13-35)及理想气体物态方程，绝热过程方程还可以用压强和温度表示为

$$p^{1-\gamma}T^{\gamma}=C, \quad C \text{ 为常量} \tag{13-36}$$

以及用体积和温度表示为

$$TV^{\gamma-1}=C, \quad C \text{ 为常量} \tag{13-37}$$

2. 绝热过程的功

根据绝热过程方程可以得到绝热过程的功的表达式。

设系统初态为(p_1,V_1,T_1),经准静态绝热过程后,系统末态为(p_2,V_2,T_2),则在过程中的任一时刻,有

$$pV^{\gamma}=p_1V_1^{\gamma}=p_2V_2^{\gamma}=C, \quad C \text{ 为常量}$$

将$p=\dfrac{p_1V_1^{\gamma}}{V^{\gamma}}$代入准静态过程的功的计算式$A=\displaystyle\int_{V_1}^{V_2}p\mathrm{d}V$中,可得

$$A=\int_{V_1}^{V_2}p\mathrm{d}V=\int_{V_1}^{V_2}\frac{p_1V_1^{\gamma}}{V^{\gamma}}\mathrm{d}V=\frac{p_1V_1^{\gamma}}{1-\gamma}(V_2^{1-\gamma}-V_1^{1-\gamma})$$

再由$p_1V_1^{\gamma}=p_2V_2^{\gamma}$,上式可改写为

$$A=\frac{1}{\gamma-1}(p_1V_1-p_2V_2) \tag{13-38}$$

根据热力学第一定律$\Delta E+A=Q$,由$Q=0$,则$\Delta E+A=0$,说明绝热过程的功等于内能的减少,即

$$A=-\Delta E=-\nu C_{V,m}\Delta T=\nu C_{V,m}(T_1-T_2) \tag{13-39}$$

大家可以验证一下,式(13-38)与式(13-39)是否一致?

13.6 循环过程 卡诺循环

13.6.1 循环过程 准静态循环过程

系统从某一状态出发,经过一系列状态变化后,又回到初始状态的整个变化过程叫作**循环过程**。若一个循环过程经历的所有热力学过程都是准静态过程,则该循环过程是一个准静态循环过程,可以在p-V图上用一条闭合曲线$abcda$来表示,如图13-12所示。

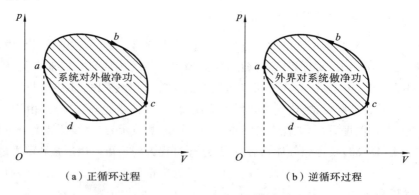

（a）正循环过程 （b）逆循环过程

图 13-12　在 p-V 图上的循环过程

参与循环的工作物质简称**工质**。图 13-12（a）为正循环,通过工质的每一次循环,可以将从高温热源吸收的热量一部分转化为对外所做的机械功,这样的装置称为

热机,如蒸汽机、内燃机等。图 13-12(b)为逆循环,通过工质的每一次循环做功,可以从低温热源吸收热量,释放到高温热源,这样的装置称为**制冷机**,如冰箱、空调机等。研究循环过程的目的就是为了探求提高功热转换的效率和途径。

13.6.2　热机及效率

1. 热机和正循环

以蒸汽机为例,来说明热机的工作原理。图 13-13 所示的是蒸汽机的循环示意图。

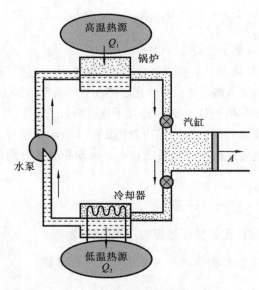

图 13-13　蒸汽机的循环示意图

蒸汽机是以水为工质来完成正循环过程的,首先工质(水)在锅炉(高温热源)中吸收热量,变成高温高压的水蒸气;然后水蒸气进入汽缸,推动活塞对外做功;完成做功的水蒸气因为内能减少,温度和压强降低,进入冷凝器中向周围的空气或水(低温热源)放出热量,并凝结成水,再由水泵抽回锅炉中,接着开始下一次循环。

在每一次循环过程中,工质至少与两个热源交换热量。工质从高温热源(锅炉)吸收热量,对外做功,同时向低温热源(空气或水)放出热量。

一般将工质从高温热源吸收热量的大小用 Q_1 表示,向低温热源放出热量的大小用 Q_2 表示。由于在一个循环完成后,工质都会回到初始状态,所以工质内能不变,即 $\Delta E=0$。由热力学第一定律,工质在一次循环过程中对外做净功为

$$A=Q_1-Q_2 \tag{13-40}$$

工质进行的准静态正循环过程,可以在 p-V 图上用顺时针方向的封闭曲线来表示。如图 13-12(a)所示,工质通过 $a \rightarrow b \rightarrow c$ 过程对外做正功,大小等于曲线 abc

下方的面积;工质通过 $c \to d \to a$ 返回初态的过程中,工质对外做负功,大小等于曲线 cda 下方的面积。由于曲线 abc 下方的面积大于曲线 cda 下方的面积,可见,工质在一个正循环过程中对外做的净功为正,且其大小等于封闭曲线 $abcda$ 所包围的面积。

2. 热机的效率 η

效率是衡量热机性能的重要标志之一。在消耗同样多的燃料,即 Q_1 相同的情况下,一个热机对外做的功 A 越大,则热机的性能就越好。**热机的效率 η** 定义为做功与吸热的比值,即

$$\eta = \frac{A}{Q_1} \quad \text{或} \quad \eta = 1 - \frac{Q_2}{Q_1} \tag{13-41}$$

因为 $Q_1 = A + Q_2$,A 总是小于 Q_1,所以 $\eta < 1$。

η 不可能大于 1,如果大于 1,则 $A > Q_1$,工质对外做功大于工质吸收的热量,违反了热力学第一定律,也就是能量守恒与转化定律;η 也不可能等于 1,如果等于 1,则 $A = Q_1$,工质吸收的热量全部用于对外做功,违反了热力学第二定律(见 13.7 节)。

例 13-6 一定质量的理想气体经历如图 13-14 所示的循环过程,其中 ab、cd 是等压过程,bc、da 为绝热过程。已知系统在 b、c 两态的温度分别为 T_b 和 T_c,求该循环的效率。

解 根据式(13-41),$\eta = \frac{A}{Q_1}$ 或 $\eta = 1 - \frac{Q_2}{Q_1}$,当循环过程的功比较容易计算时(比如循环过程对应闭合曲线为一规则图形,可以通过图形面积求 A),效率用 $\eta = \frac{A}{Q_1}$ 计算较好;当循环过程中含有绝热过程时,效率用 $\eta = 1 - \frac{Q_2}{Q_1}$ 计算更为方便。图 13-14 所示的循环过程中有两个绝热过程,因此,我们用第二个公式计算效率。

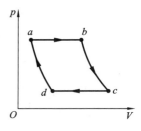

图 13-14 例 13-6 图

ab 是等压膨胀过程,吸热的值为

$$Q_1 = \nu C_{p,m}(T_b - T_a)$$

cd 是等压压缩过程,放热的值为

$$Q_2 = \nu C_{p,m}(T_c - T_d)$$

bc、da 均为绝热过程,与外界无热量交换,因此

$$\eta = 1 - \frac{Q_2}{Q_1} = 1 - \frac{T_c - T_d}{T_b - T_a} = 1 - \frac{T_c\left(1 - \dfrac{T_d}{T_c}\right)}{T_b\left(1 - \dfrac{T_a}{T_b}\right)}$$

对于绝热过程 bc,由绝热方程,可得

$$p_b^{\gamma-1} T_b^{-\gamma} = p_c^{\gamma-1} T_c^{-\gamma} \qquad ①$$

对于绝热过程 da，由绝热方程，可得

$$p_a^{\gamma-1} T_a^{-\gamma} = p_d^{\gamma-1} T_d^{-\gamma} \qquad ②$$

因为 $p_b = p_a$，$p_c = p_d$，将①、②两式相比可知

$$\frac{T_d}{T_c} = \frac{T_a}{T_b}$$

则效率为

$$\eta = 1 - \frac{T_c}{T_b}$$

13.6.3　制冷机及制冷系数

1. 制冷机和逆循环

以冰箱为例来说明一个制冷循环的工作过程，如图 13-15 所示的冰箱中制冷剂的循环示意图。

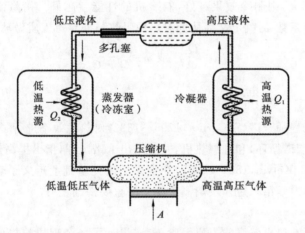

图 13-15　冰箱中制冷剂的循环示意图

冰箱中的工质一般是易于液化的制冷剂，如氨（NH_3）在标准大气压下的沸点为 $-33.35\ ℃$，在室温条件下呈蒸气状态。首先蒸气状态的工质被压缩为高温高压状态，经冷凝器向周围的空气或水（高温热源）散热，温度降低至室温，并凝结成高压液态，然后经多孔塞降压进入冷冻室中的蒸发器，液态工质从冷冻室（低温热源）中通过热接触吸收大量的汽化热，使冷冻室温度降低，同时液态工质在蒸发器中沸腾，回到蒸气状态的工质再次进入压缩机，开始下一次循环。

在每一次制冷循环过程中，工质至少与两个热源交换热量。工质从低温热源（如冷冻室）吸收热量，向高温热源（如空气）放出热量，同时外界（压缩机）对工质做功，实现制冷目的。

同正循环一样,逆循环中工质向高温热源放出热量的大小用 Q_1 表示,从低温热源吸收热量的大小用 Q_2 表示,由于在一个循环完成后,工质都会回到初始状态,所以工质内能不变,即 $\Delta E = 0$。由热力学第一定律,在一次循环过程中外界对工质做净功大小为

$$A = Q_1 - Q_2$$

若工质进行的是准静态逆循环过程,可以在 $p\text{-}V$ 图上用逆时针方向的封闭曲线来表示。如图 13-12(b)所示,工质通过 $a \rightarrow d \rightarrow c$ 过程中对外做正功,大小等于曲线 adc 下方的面积;工质通过 $c \rightarrow b \rightarrow a$ 返回初态的过程中,工质对外做负功,大小等于曲线 cba 下方的面积。由于曲线 adc 下方的面积小于曲线 cba 下方的面积,可见,工质在一个逆循环过程中对外做的净功为负,说明外界对工质做了净功,功的大小等于封闭曲线 $adcba$ 所包围的面积。

2. 制冷机的制冷系数 ω

在外界做了同样多的功,即 A 相同的情况下,一个制冷机从低温热源吸收的热量越多,即 Q_2 越大,则制冷效果越好,制冷机的性能就越好。衡量制冷机性能优劣的标志——**制冷系数 ω**,就定义为从低温热源吸热与外界对工质做功的比值,即

$$\omega = \frac{Q_2}{A} \quad \text{或} \quad \omega = \frac{Q_2}{Q_1 - Q_2} \tag{13-42}$$

13.6.4 卡诺循环

法国青年工程师卡诺(S. Carnot,1796—1832)对热机效率进行了一系列研究,提出了理想循环(卡诺循环)和理想热机,并总结出卡诺定理,指出提高热机效率的关键所在。开尔文(L. Kelvin,1824—1907)在卡诺的研究基础上定义了热力学温标。卡诺的研究也是热力学第二定律及熵概念建立的重要基础之一。

1. 卡诺循环

为了找到影响热机效率的主要因素,卡诺设计了一个理想热机(不存在摩擦、散热、漏气等)的准静态循环过程。在该循环过程中,工质只与两个恒温热源 T_1 和 T_2 ($T_1 > T_2$)交换热量,因为热源的温度恒定,因此工质与恒温热源交换热量的过程是等温过程。工质从 T_1 状态到 T_2 状态,以及从 T_2 状态回到 T_1 状态没有与任何热源接触,这是两个绝热过程。这样由两个等温过程和两个绝热过程构成的准静态循环就是**卡诺循环**,以卡诺循环工作的理想热机就称为**卡诺热机**。

2. 以理想气体为工质的卡诺循环的效率

图 13-16 所示的是以一定质量的理想气体为工质的正向卡诺循环,由两条等温线和两条绝热线构成。

由状态 $a(p_1, V_1, T_1)$ 到状态 $b(p_2, V_2, T_1)$ 是等温膨胀过程,气体从高温热源 T_1 吸热,热量大小 Q_1 为

$$Q_1 = \nu R T_1 \ln \frac{V_2}{V_1}$$

由状态 $c(p_3, V_3, T_2)$ 到状态 $d(p_4, V_4, T_2)$ 是等温压缩过程,气体向低温热源 T_2 放热,热量大小 Q_2 为

$$Q_2 = \nu R T_2 \ln \frac{V_3}{V_4}$$

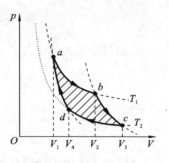

图 13-16　卡诺循环

由状态 $b(p_2, V_2, T_1)$ 到状态 $c(p_3, V_3, T_2)$ 是绝热膨胀过程,气体与外界无热量交换,气体对外界做功,气体内能减少,温度降低到 T_2。

由状态 $d(p_4, V_4, T_2)$ 到状态 $a(p_1, V_1, T_1)$ 是绝热压缩过程,气体与外界无热量交换,外界对气体做功,气体内能增加,温度升高到 T_1。

气体完成一个循环,其内能不变,气体对外界做的净功为

$$A = Q_1 - Q_2 = \nu R T_1 \ln \frac{V_2}{V_1} - \nu R T_2 \ln \frac{V_3}{V_4}$$

该循环的效率可以表示为

$$\eta = 1 - \frac{Q_2}{Q_1} = 1 - \frac{\nu R T_2 \ln \dfrac{V_3}{V_4}}{\nu R T_1 \ln \dfrac{V_2}{V_1}}$$

再根据绝热过程方程,因为状态 b、c 在一条绝热线上,可得

$$T_1 V_2^{\gamma-1} = T_2 V_3^{\gamma-1}$$

又因为状态 d、a 在一条绝热线上,可得

$$T_1 V_1^{\gamma-1} = T_2 V_4^{\gamma-1}$$

两式比较可得

$$\frac{V_2}{V_1} = \frac{V_3}{V_4}$$

则

$$\eta = 1 - \frac{T_2}{T_1} \tag{13-43}$$

该式表明理想气体正向卡诺循环的效率仅取决于热源的温度(开氏温标)。

式(13-43)说明提高卡诺循环效率的方法是提高高温热源和低温热源的温差,由于热机中的低温热源一般是周围环境,所以 T_2 是固定的,因此提高热机效率的有效手段是提高高温热源的温度。

3. 逆向卡诺循环的制冷系数

将图 13-16 所示卡诺循环逆向,即沿 $adcba$ 方向进行,外界将对气体做净功 A,气体从低温热源吸热,热量大小 Q_2,向高温热源放热,热量大小 Q_1,且

$$A = Q_1 - Q_2 = \nu R T_1 \ln \frac{V_2}{V_1} - \nu R T_2 \ln \frac{V_3}{V_4}$$

根据制冷系数的定义式(13-42)，可以得到理想气体的逆向卡诺循环的制冷系数为

$$\omega = \frac{Q_2}{A} = \frac{\nu R T_2 \ln \dfrac{V_3}{V_4}}{\nu R T_1 \ln \dfrac{V_2}{V_1} - \nu R T_2 \ln \dfrac{V_3}{V_4}} = \frac{T_2}{T_1 - T_2} \qquad (13\text{-}44)$$

该式说明逆向卡诺循环的制冷系数的大小取决于高温热源和低温热源的温差，由于制冷机中的高温热源一般是周围环境，所以 T_1 是固定的。可见，当从低温热源吸收相同热量时，低温热源的温度越接近高温热源，消耗外界的功越小，即越节能。因此夏季使用空调时，室内外温差不要设置过大，可以有效节能。

可以证明，在相同高温热源和相同低温热源之间的卡诺循环的效率都与工质无关，且相同高温热源和相同低温热源之间的任意循环的效率都不可能大于卡诺循环效率。对于逆向卡诺循环来说，我们可以得出相同的结论。这一结论告诉了我们热机工作的最大效率，即

$$\eta = 1 - \frac{Q_2}{Q_1} \leqslant 1 - \frac{T_2}{T_1} \qquad (13\text{-}45)$$

以及制冷机工作的最大制冷系数：

$$\omega = \frac{Q_2}{Q_1 - Q_2} \leqslant \frac{T_2}{T_1 - T_2} \qquad (13\text{-}46)$$

根据式(13-45)和式(13-46)，可以求出实际热机所能输出的最大功或实际制冷机所需输入的最小功。

如蒸汽机锅炉的温度为 200 ℃，冷凝器的温度为 20 ℃，则该蒸汽机可以达到的最大效率为

$$\eta = \left(1 - \frac{20 + 273.15}{200 + 273.15}\right) \times 100\% = 38\%$$

但实际的循环过程不是卡诺循环，且存在摩擦散热等损耗，因此实际蒸汽机的效率要远小于该数值。

13.7　热力学第二定律

热力学第一定律是能量转换和守恒定律。那么，是不是只要满足热力学第一定律的热力学过程都能实现呢？不一定。一切热力学过程都有方向性，热力学第二定律就是热力学过程进行的方向性规律。它与热力学第一定律一起构成了热力学的主要理论基础。热力学第二定律有两种表述形式，下面对其进行介绍。

13.7.1 热力学第二定律的两种表述

1. 开尔文表述

1851年开尔文指出,**不可能从单一热源吸收热量并使之全部转化为功而不引起其他变化**。其中,"单一热源"是指温度均匀的热源,如果热源的温度不均匀,工质可以从温度较高的部分吸热而向温度较低的部分放热,这就相当于两个热源了;"其他变化"是指除了工质吸热做功以外的工质本身或工质与外界之间所发生的任何变化,比如理想气体经等温膨胀,内能不变,因而根据热力学第一定律,气体从单一热源吸收的热量全部转化为功,但是气体的状态——体积发生了改变。这就是说,如果可以从单一热源吸收热量并使之全部转化为功的话,一定发生了"其他变化",否则是不可能发生的。

开尔文表述是在研究热机效率的基础上产生的。热机效率公式为

$$\eta = \frac{A}{Q_1} = 1 - \frac{Q_2}{Q_1}$$

如果开尔文表述不成立的话,那么就可以将从高温热源吸收的热量全部转化为功,而不需要向低温热源放热,即 $Q_2 = 0$,$\eta = 1$,这样单热源的热机称为第二类永动机。第一类永动机是指不消耗能量就能持续对外做功的机器($\eta > 1$),违反热力学第一定律。开尔文表述说明第二类永动机是不可能实现的,热机的效率只能小于1,它必须工作在两个及以上的热源之间。

2. 克劳修斯表述

克劳修斯(R. Clausius,1822—1888)在1850年指出,**不可能将热量从低温物体传给高温物体而不引起其他变化**。

我们知道,通过制冷机,如空调、电冰箱,是可以将热量从低温物体传给高温物体的,但是外界对工质是做了功,也就是引起了"其他变化"。

13.7.2 两种表述的等效性

我们用反证法来证明热力学第二定律的两种表述的等效性。

首先,假设克劳修斯表述不成立,我们可以在高温热源 T_1 和低温热源 T_2 之间通过一个制冷机 M 将热量从低温热源传到高温热源而不引起其他变化。设计一个卡诺热机 N 工作在两个热源之间,如图 13-17(a)所示,该热机从高温热源吸热 Q_1,对外做功 A,同时向低温热源放热 Q_2,这一部分热量可以通过 M 直接传到高温热源而没有引起其他变化。因此这一联合循环完成后的最终效果就是从高温热源吸收了热量 $Q_1 - Q_2$,并全部用于对外做功,从而违反了开尔文表述。因此,如果克劳修斯表述不成立,开尔文表述也不成立。

其次,假设开尔文表述不成立,我们可以在高温热源 T_1 和低温热源 T_2 之间通

过一个热机 M 从高温热源吸热 Q,并且全部用于对外做功 $A=Q$,而不引起其他变化。利用这个功推动一个卡诺制冷机 N,如图 13-17(b)所示,使其从低温热源吸热 Q_2,并向高温热源放热 $Q_1=Q_2+A$。这样一个联合循环完成后的最终效果就是热量 Q_2 从低温热源传到高温热源而没有引起其他变化,从而违反了克劳修斯表述。因此,如果开尔文表述不成立,克劳修斯表述也不成立。

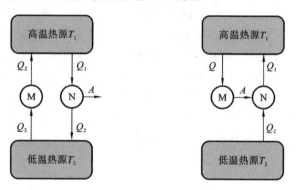

（a）如果克劳修斯表述不成立,　　　　（b）如果开尔文表述不成立,
　　开尔文表述也不成立　　　　　　　　克劳修斯表述也不成立

图 13-17　热力学第二定律的两种表述的等效性

不难发现,热力学第二定律的两种表述实际上说明了生活中常见的两种热现象进行过程的方向性。开尔文表述说明,生活中常见的自发产生的摩擦生热,即"功变热"现象,其逆过程"热变功"的产生是需要付出"引起其他变化"这一代价的;而克劳修斯表述指的是"热传导"(热量从高温物体直接传给低温物体)这一自发现象,其逆过程——热量从低温物体传给高温物体,也是需要付出"引起其他变化"这一代价的。这两种表述的等效性实际上说明了它们反映的是一个共同的规律,即自然过程的方向性——**自然界中一切与热现象有关的宏观过程都是具有方向性的。**

13.7.3　不可逆过程和可逆过程

自然界的宏观过程的方向性就是说这些过程都是自发沿某一方向进行,其反方向不能自发进行,或反方向可以进行但一定伴随有其他过程。这种方向性可以用过程的不可逆性来描述。

不可逆过程是指:如果一个过程发生以后,无论通过何种途径都不能使系统和外界回到原来状态而没有引起任何变化。例如摩擦生热,即"功变热"是自发的机械功转化为系统的内能的过程,一旦发生,是不可能通过热机的循环,使全部的"热"重新转化为"功",必然有一部分热量被系统释放到外界。因此,摩擦生热是不可逆的。"热传导"是高温物体自发向低温物体传递热量的过程。其逆过程,即低温物体向高温物体传递热量是可以通过制冷机的循环实现的,但是制冷机的循环必然伴随着外界对系统做功的过程。因此,"热传导"也是不可逆的。

　　还有气体对真空的自由膨胀,即绝热自由膨胀,也是一个不可逆过程。如图13-18所示的一个长方形容器,中间有一隔板,把它分成左右相等的两个部分,左边充满气体,右边是真空。抽掉隔板后,左边的气体向真空自由膨胀,最后气体均匀分布在整个容器中,温度与原来温度相同。因为气体向真空自由膨胀,所以气体不做功,即 $A=0$;同时整个过程进行迅速,来不及与外界热交换,因而可视为绝热,即 $Q=0$;又根据热力学第一定律,膨胀前后内能不变,即 $\Delta E=0$。气体膨胀后,我们可以用等温压缩的方式让膨胀的气体回到初始状态。但是等温压缩过程必须要外界对气体做功,这些功会转化为气体向外界释放的热量。根据热力学第二定律,我们无法通过循环过程将这些释放的热量全部转化为功。因此,气体的自由膨胀不可逆。

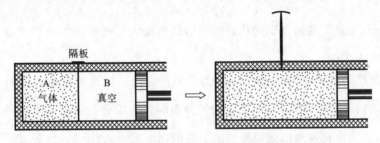

图 13-18　气体向真空自由膨胀

　　相对不可逆过程,**可逆过程**是指:如果一个过程发生以后,可以反向进行,同时使系统和外界回到原来状态而没有引起任何变化。

　　从不可逆过程的讨论中可见,凡是伴随有摩擦(功变热)或存在有限大小的温差(热传导)的过程都是不可逆过程。只有无摩擦的(不存在功变热),而且系统经历的变化过程中的每一个状态与热源(外界)之间的温差无限接近(不存在热传导),才是可逆过程。因此,只有**无摩擦的准静态过程才是可逆过程**。

　　一切自然过程都是不可逆的。可逆过程是理想过程。研究可逆过程的目的是可以掌握实际过程的基本规律,并由此进一步探究实际过程的更精准的规律。

13.7.4　热力学第二定律的统计意义和熵

1. 热力学第二定律的统计意义

　　从微观上看,热力学系统是包含大量分子的,这些分子都在做着无规则的运动。热力学过程也就是这些大量分子无规则运动状态(无序度)的变化过程。热力学第一定律解决了分子热运动的能量转化关系;而热力学第二定律限定了分子运动无序度变化的方向问题。我们以气体的自由膨胀过程为例来阐述热力学第二定律的微观意义。

　　设想有一隔板把长方形容器分为左右体积相等的两室,如图13-18所示,左室充满气体,右室是真空。对于气体中的任一个分子(分子之间具有可分辨性),既可以处于左室,也可以处于右室,称之为一个分子的两个状态,分别用符号 L(左室)和 R(右室)表示。

当然,在抽掉隔板前,这些分子只能在左室活动;而抽掉隔板后,每一个分子既可能出现在左室,也可能出现在右室。假设该热力学系统(气体)中有 4 个分子,在抽掉隔板前,它们都处于左室,状态为"LLLL"(可称之为有序态),即出现的概率为 1;但抽掉隔板后,每一个分子都可能处于左室或右室,因此,它们的状态组合有五种分布:"LLLL""LLLR""LLRR""LRRR""RRRR"。每种组合的可能状态数为 1、4、6、4、1,共 16 种。分子集中出现在左室的概率为 $\frac{1}{16}=\frac{1}{2^4}$;而分子均匀分布在左右两室的概率为 $\frac{6}{16}=\frac{6}{2^4}$。这表明:只有 4 个分子时,气体自由膨胀后气体分子回到碰撞前的概率为 $\frac{1}{16}=\frac{1}{2^4}$,而处于均匀分布的状态组合的概率最大。概率大小与系统处于该种组合的状态数成正比。

我们推广到含有 N 个分子数的热力学系统。该系统经过自由膨胀后自发地回到膨胀前的状态的概率为 $\frac{1}{2^N}$,而处于均匀分布的状态组合的概率最大。随着分子数 N 的增加,该系统自发地回到碰撞前的状态的概率减小,如图 13-19 所示。

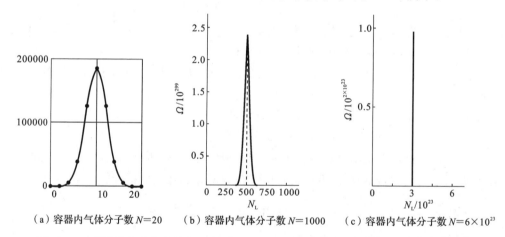

(a)容器内气体分子数 $N=20$　(b)容器内气体分子数 $N=1000$　(c)容器内气体分子数 $N=6\times10^{23}$

图 13-19　系统的各个宏观状态(用容器左边的气体分子数 N_L 表示)包含的微观状态数

然而,一个热力学系统中的分子数 N 是很大的,一般可与阿伏伽德罗常数(6.02214076×10^{23})相当。这样的一个热力学系统经过自由膨胀后自发回到膨胀前的概率为 0,而处于均匀分布的状态的微观数趋于 1。这说明:**一个热力学系统经自由膨胀后是不可能自发地回到膨胀前的状态**。这从微观上阐述了热力学过程的方向性,即热力学第二定律。

从微观上看,气体分子运动的状态可用其位置和动量来描述。所有分子的运动状态组合成热力学系统的一个微观态,当其中一个分子的运动状态变化都会引起系统微观态的变化。在气体自由膨胀过程中,气体分子整体从所占有较小空间的初态变到占有较大空间的末态,从分子运动状态(尤其是分子的空间位置分布)来说变得更加无序了。综上分析可知,**一切自然过程总是沿着分子热运动的无序性增加的方向进行**。这阐述了不可逆性的微观本质,即热力学第二定律的微观意义。

那么,如何量化热力学系统的微观态呢?我们仍以气体自由膨胀过程中分子所在的空间位置(处于左室或右室)的分布为例来阐述。设气体分子总数为 N,则有 n 个分子处于左室的微观态数等于

$$\Omega(n)=\frac{N!}{n!\ (N-n)!}$$

从上式可以看到,在气体自由膨胀后,左右两室分子数相等的微观态数为

$$\Omega\left(n=\frac{N}{2}\right)=\frac{N!}{\left[\left(\frac{N}{2}\right)!\right]^2}$$

这一分布的概率最大,即微观态数最多。

注意:在分析系统的微观态时,不仅要考虑其位置,还要考虑其动量。统计物理学中,常常在动量空间中对系统微观态进行描述。

2. 熵和熵增原理

最早把热力学第二定律的微观本质用数学形式表示出来的是玻尔兹曼。根据统计理论的一个基本假设,孤立系的各个微观状态出现的概率相同。将一定宏观条件下系统的一个宏观状态包含的微观状态数用 Ω 表示。1877 年玻尔兹曼用关系式 $S\propto\ln\Omega$ 表示系统的无序度。1900 年普朗克引入比例系数 k,即玻尔兹曼常数,因此熵 S 定义为

$$S=k\ln\Omega \tag{13-47}$$

式(13-47)也称为**玻尔兹曼熵公式**。

系统的一个宏观状态,都有一个微观状态数 Ω 与之对应,也就有一个 S 值与之对应。因而 S 是系统的状态函数,其微观意义为**系统内分子无规则热运动的无序度的量度**。其单位与 k 一致,为 J·K^{-1}。这样,对熵的本质认识也就突破了分子的运动领域,它适用于任何做无序运动的粒子系统。

由式(13-47)可知,熵具有可加性。例如,当一个系统由两个子系统组成,该系统的熵 S 等于两个子系统的熵 S_1 与 S_2 的和,即 $S=S_1+S_2$。这一性质也称为熵的广延性,故熵是广延熵。

引入熵函数后,热力学第二定律可以用**熵增加原理**表述为**孤立系统的一切实际过程总是向着熵增大的方向进行,平衡态的熵最大**。用数学形式表示就是**不可逆过程 $\Delta S>0$**。因为在可逆过程中,系统始终处于平衡态——熵最大的状态,因此孤立系

统的可逆过程 $\Delta S = 0$。

3. 热力学第二定律的适用范围

热力学第二定律是在有限时间和空间的宏观系统中由大量实验总结而来。热力学第二定律不适用于少量原子或分子组成的系统,它们遵循的是经典力学或量子力学的可逆的运动规律,不存在方向性问题。热力学第二定律也不能任意推广到无限的宇宙。历史上有过所谓"热寂说"的观点。1867 年克劳修斯表示"宇宙的熵永远增大",一旦宇宙达到熵的极限状态,"宇宙就会进入一个死寂的永恒状态"。这种对宇宙演化的悲观看法源于把热力学第二定律的适用范围推广到了整个宇宙,认为宇宙是个孤立系统。到目前为止,人们也没有找到丝毫能够表明整个宇宙趋于平衡的证据。广义相对论的研究结果认为,由于引力场的存在,宇宙的不可逆过程无论如何都不会导致达到熵的极限。因此,"热寂说"是不成立的。

有限时空的宏观系统中也存在着大量的、远离平衡的有序现象,尤其是在生物系统中。1969 年以比利时科学家普里高津为首的布鲁塞尔学派建立的耗散结构理论为之提供了理论基础,发现这样的无序-有序的、远离平衡的过程同样受到了热力学第二定律的支配。因而,自然界中除了趋于平衡的热力学过程,也存在着"达尔文"式的物质进化过程。

思 考 题

13-1 什么是热力学系统? 什么是孤立系统?

13-2 什么是热力学系统的平衡态? 为什么热力学系统的平衡态称为热动平衡?

13-3 什么是准静态过程、循环过程、可逆过程? p-V 图中的一条曲线和一条闭合曲线分别表示什么过程?

13-4 内能和热量的概念有何不同? 下面两种说法正确吗?

(1) 物体的温度越高,则热量越大。

(2) 物体的温度越高,则内能越大。

13-5 "任何没有体积变化的过程就一定不对外做功",这种说法正确吗?

13-6 "系统含有×××焦耳的热量(功)",这种说法正确吗?

13-7 热力学第一定律 $Q = \Delta E + A$ 可以写成 $Q = \Delta E + \int_{V_1}^{V_2} p dV$ 的形式吗?二者等价吗?在什么情况下热力学第一定律可以写成 $Q = \nu C_{V,m} \Delta T + \int_{V_1}^{V_2} p dV$ 的形式呢?

13-8 下面两种说法正确吗? 为什么?

(1) 气体膨胀时对外做功,则内能必然减小。

(2) 气体吸热,则内能必然增加。

13-9 一定质量的理想气体分别通过等压过程和等体过程升高相同的温度,哪一个过程中气体吸热较多? 为什么?

13-10 一定质量的理想气体对外做功 500 J。(1) 如果过程是等温的,气体吸热是多少?

(2) 如果过程是绝热的,气体内能改变是多少?

13-11 在夏天,能否将门窗紧闭,打开电冰箱,使室内降温?

13-12 若两个卡诺热机工作所对应的 $p\text{-}V$ 图上的循环曲线包围的面积相同,那么这两个卡诺热机的效率相同吗?

13-13 理想气体的绝热线和等温线能否相交两次?理想气体的两条绝热线能否相交?试用反证法说明你的结论。

习　题

13-1 有一瓶 10 L 的氢气,由于开关损坏导致漏气,在温度为 7.0 ℃时,瓶上压强计的读数为 50 atm,过了一段时间,温度升高了 20 ℃,压强计的读数未变,试问瓶中漏去了多少质量的氢气?

13-2 一打气筒的体积为 4.0 L,每次打气可以将压强为 1.0 atm、温度为 -3 ℃的空气压缩到容器中,设容器的容积为 100 L,原来贮有压强为 0.5 atm、温度为 7 ℃的空气,问需要打气筒打多少次气才能够使容器中的空气温度为 27 ℃,压强为 2.0 atm?

13-3 屋内升起炉子后,温度从 7.0 ℃升高到 27.0 ℃,问屋内的空气分子数变成原来的百分之几?

13-4 200 g 氮气等压地从 20 ℃加热到 100 ℃,问要吸收多少热量?内能增加了多少?气体对外做了多少功?

13-5 气筒中贮有 10 mol 单原子分子气体,假设在压缩气体的过程中,外力做功为 209 J,气体温度升高 1 ℃,试计算此过程中(1) 气体内能增量是多少?(2) 气体的热容量是多少?

13-6 证明理想气体做准静态绝热膨胀时气体对外做功为 $A = \dfrac{1}{\gamma - 1}(p_1 V_1 - p_2 V_2)$,其中 γ 为气体的比热比,气体的始、末状态分别为 (p_1, V_1) 和 (p_2, V_2)。

13-7 如图 13-20 所示,已知系统由状态 a 沿 acb 到达状态 b,有 335 J 的热量传入系统,而系统做功为 126 J,问

(1) 当沿 adb 时,系统做功为 42 J,问有多少热量传入系统?若 $E_d - E_a = 167$ J,问系统沿 ad 及 db 各吸收热量多少?

(2) 当系统由状态 b 沿 ba 返回状态 a,沿 adb 时,外界对系统做功为 84 J,问系统是吸热还是放热?传递热量是多少?

13-8 3 mol 氧气在压强为 2 atm 时体积为 40 L,先将气体绝热压缩到一半体积,再令气体等温膨胀到原来的体积,(1) 在 $p\text{-}V$ 图中画出该过程曲线;(2) 求该过程中的气体的最大压强和最高温度;(3) 求该过程中的气体吸收的热量、对外做功以及内能改变分别是多少?

13-9 1 mol 理想气体经如图 13-21 所示过程由状态 1 分别经不同过程 1-3-2 和 1-4-2 到达状态 2,已知状态 1 的状态参量 (p_1, V_1),该理想气体的定容摩尔热容为 $\dfrac{3}{2}R$,求气体在这两个过程中吸收的热量分别是多少?

13-10 1 mol 单原子分子理想气体做如图 13-22 所示的循环 $abcda$,求该循环的效率。(单原

子分子理想气体的定容摩尔热容为 $\frac{3}{2}R$。）

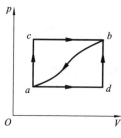

图 13-20 题 13-7 图

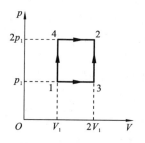

图 13-21 题 13-9 图

13-11 一定质量的理想气体做如图 13-23 所示的循环 $abca$，已知 bc 为绝热过程，证明该循环

的效率为 $\eta = 1 - \gamma \dfrac{\dfrac{V_2}{V_1} - 1}{\left(\dfrac{V_2}{V_1}\right)^{\gamma} - 1}$，其中 γ 为气体的比热比。

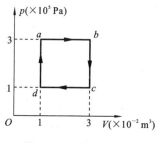

图 13-22 题 13-10 图

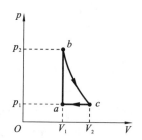

图 13-23 题 13-11 图

13-12 奥托循环的内燃机的工质是汽油与空气的混合气体，如图 13-24 所示，首先混合气体进入气缸，处于状态 a，经过绝热压缩到达状态 b，此时点火燃烧（因为燃烧迅速，气体来不及膨胀，可以认为该升温过程是等体过程），到达状态 c，然后气体经绝热膨胀对外做功，到达状态 d，再经等体放热回到状态 a，证明该循环的效率为 $\eta = 1 - \dfrac{1}{(V_1/V_2)^{\gamma-1}}$，其中 γ 为气体的比热比。

13-13 如图 13-25 所示，一金属圆筒中装有 1 mol 双原子分子理想气体，用可移动活塞封住，且圆筒浸在冰水混合物中。迅速推动活塞，使气体从标准状态（活塞位置Ⅰ）压缩到体积为原来的

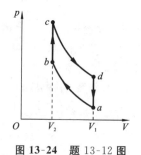

图 13-24 题 13-12 图

图 13-25 题 13-13 图

一半(活塞位置Ⅱ),此时维持活塞位置不变,待气体温度下降为 0 ℃,再让活塞缓慢上升到位置Ⅰ,完成一次循环。(1) 在 p-V 图中画出相应的理想循环曲线;(2) 若将 100 次循环放出的总热量全部用于熔解冰,问可以熔解多少千克冰(已知冰的熔解热 $H=3.35\times10^5$ J·kg^{-1})?

13-14 一卡诺热机的低温热源的温度为 7 ℃,效率为 40%,若将效率提高到 50%,则高温热源的温度需提高多少度?

13-15 在夏季,室内的温度保持为 20 ℃,空调机从室内吸收热量,并释放到温度为 37 ℃ 的大气中,若将该空调机视为卡诺机,问(1)每消耗 1 kJ 的功,空调机最多可以从室内取出多少热量?(2) 若室内的温度提高为 25 ℃,取出相同的热量,空调机需消耗多少功? 以上结果说明什么问题?

第 14 章　气体动理论

在本章中,我们将进一步深入理解物质微观结构的基本特点和分子动理论的基本观点;初步认识对大量粒子组成的系统分析中采用统计方法的必要性;然后引入统计方法,理解统计平均值的概念,具体推导压强、温度以及内能等热力学宏观量与分子热运动的微观量之间的定量关系,深刻认识气体热运动的宏观规律的微观本质。

14.1　气体分子热运动与统计规律

14.1.1　对物质微观结构的基本认识

我们无法肉眼直接观察到物质的微观结构,但是通过许多实验现象可以帮助我们认识物质微观结构的特性。

1. 一切宏观物体都是由大量粒子——分子或原子构成的

由于气体是很容易被压缩,这说明气体分子间有很大的间隙。水与酒精混合后的体积会减小说明液体分子间也有空隙,用高分辨率的电子显微镜可以观察到晶体的原子排列。以最松散的聚集态——气态为例,1 mol 的气体在 0 ℃和 1.01×10^5 Pa 时的体积约为 22.4×10^{-3} m^3,表明标准状态下,1 cm^3 约有 3×10^{19} 个分子,足以说明宏观热力学系统所包含的分子数量是庞大的。

2. 所有分子都在不停地做无规则运动

由于大量分子的无规则运动的剧烈程度与温度有关,所以被称为**热运动**。坐在客厅就可以闻到厨房里烹调的食物的美味;滴入水杯的一滴墨汁就可以将整杯水染黑;两种金属挤压在一起,时间久了就会发现它们之间可以互相渗透,这些扩散现象都说明所有分子都处在不停地做无规则运动状态之中。1827 年,英国植物学家布朗(R. Brown,1773—1858)在显微镜下观察悬浮在水中的花粉颗粒,发现它们不停地做无规则运动,称为布朗运动。布朗运动形成的原因是每一个花粉颗粒都受到多个液体分子来自各个方向不同程度的撞击,导致任意时刻花粉颗粒受到冲击作用的合力不断改变,从而形成无规则运动,如图 14-1 所示。这充分证明了液体分子热运动的无序性。而且液体温度越高,布朗运动越剧烈,同样反映了液体分子无规则热运动剧烈程度随温度的升高而升高。

3. 分子间存在相互作用力

分子之间既存在引力作用也存在斥力作用。固体和液体能够保持一定的体积或形状就是这种分子之间的引力作用。同时,固体和液体是很难被压缩的,说明分子与分子之间存在斥力作用。分子之间的引力和斥力都是短程力,分子之间距离越小表现越显著,而且斥力的作用距离要比引力的作用距离更小。对于气体来讲,因为气体分子之间的距离较大,所以气体分子之间的引力作用要比固体和液体分子小得多,因而气体不能像固体和液体一样保持一定的体积,而且很容易被压缩;气体分子之间的斥力作用也是在分子之间发生碰撞时才表现出来。

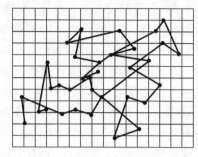

图 14-1　布朗运动(图中黑点为布朗
粒子每隔 30 s 所在的位置)

　　分子力和分子热运动之间是一种对立的关系。分子力的作用是使分子的位置靠近,形成规则有序的排列;分子热运动则是破坏这种有序性,使分子的位置分散,处于混乱无序的状态。物质分子在不同温度下表现为不同的聚集态,就是分子力和分子热运动相互竞争的结果。温度较高时,分子热运动比较活跃,分子力较弱,分子近似自由运动,表现为气态;随着温度降低,分子热运动的活跃程度降低,分子力作用相对变强,此时分子力可以束缚分子相互聚集起来,但是还不能固定分子的位置,这就是液态;当温度继续降低时,相对于愈加微弱的分子热运动,分子力作用则更加强势,此时分子力可以把分子固定在平衡位置上,分子热运动则表现为做平衡位置上的微小振动,这样便是固态了。

14.1.2　分子热运动的统计规律

1. 什么是统计规律

　　统计规律是大量偶然(随机)事件所呈现出的整体规律。偶然事件是不可预测其结果的,比如往桌上投掷硬币,结果是国徽朝上还是数字朝上,这是不可预测的;但是如果重复投掷成千上万次(或是同时掷出成千上万枚硬币),那么我们会发现国徽朝上和数字朝上的次数大约各占一半,这就是一种统计规律。重复次数越多,这种规律表现得越明显。

　　我们还可以用伽尔顿(Galton)板来直观地演示一种统计规律的现象。如图 14-2 所示,竖直放置的木板上方均匀钉上许多铁钉,下方用隔板分割成许多等宽的窄槽,木板前方及周围分别用玻璃和木条封住,顶端留一个漏斗,将玻璃小球(球的大小要与铁钉间距相适应)通过漏斗投入木板中,小球与若干铁钉碰撞后落入窄槽中。当每次投入一个小球,小球落入哪一个窄槽完全是

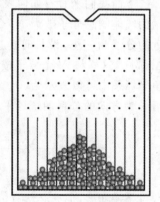

图 14-2　伽尔顿板

随机的;当我们投入少量小球,小球在槽中的分布仍然无规律可循;但是当我们投入大把的小球,会发现小球的分布都是一致的,即中间高、两边低的山峰状。该实验也说明了个体行为是偶然的,而大量偶然的个体行为整体表现出必然的规律性。

2. 分子热运动的统计规律

一定质量的气体处于平衡态时,由于热运动,气体分子间存在高频率的碰撞(标准状态下,每秒钟一个气体分子平均与其他分子碰撞的次数约为 10^{10}),这意味着每一时刻一个气体分子的运动状态,如速度、位置等都是随机的,但是大量气体分子的运动状态的整体将表现出必然的统计规律性。

首先,**大量气体分子整体按位置的分布是均匀的**。平衡态下气体的分子数密度处处相同(不考虑外力场),可以说明这一点。

其次,**大量气体分子按速度方向的分布是均匀的**。

如果在气体内部某位置取一个立方体,那么平衡态下该立方体中的分子数密度将保持恒定,说明每一时刻从上下、左右、前后 6 个方向进出该立方体的分子数量是相同的,这表明气体分子速度按方向的分布也是均匀的。

以上结论是符合概率论中的**等概率假设**。等概率假设是指如果没有理由说明哪一个事件出现的概率(机会)是更大或更小,则认为每一个事件出现的概率相同。比如一个质量分布均匀的立方体骰子,掷到桌面上哪一个面朝上? 对于 6 个面来说,其机会是均等的,因而出现的概率都是 $\frac{1}{6}$。

同样,对于处于同一平衡态且无外场作用的大量分子而言,没有哪一个分子是特殊的。因而,任一时刻的每一个分子沿任意方向运动的机会均等。对于大量分子而言,就是分子速度按方向的分布是均匀的。

根据分子热运动的这一统计规律,我们可以认为,**在每一个方向上,气体分子速度的各种统计平均值都相等**。

下面我们来看看如何表示气体分子速度的统计平均值。设处于平衡态的一定质量的气体的总分子数为 N,令速度相同和运动方向一致,或者速度及其方向非常接近的分子为一组,设具有速度为 $v_1,v_2,\cdots,v_i,\cdots$ 的分子个数分别为 $\Delta N_1,\Delta N_2,\cdots,$ $\Delta N_i,\cdots$,这样将 N 个分子按速度分成了若干组,速度矢量 $v_1,v_2,\cdots,v_i,\cdots$ 在空间直角坐标系中可以表示为 $(v_{1x},v_{1y},v_{1z}),(v_{2x},v_{2y},v_{2z}),\cdots,(v_{ix},v_{iy},v_{iz}),\cdots$,该分子速度沿 x 轴方向的分量的统计平均值可以表示为

$$\overline{v_x}=\frac{v_{1x}\Delta N_1+v_{2x}\Delta N_2+\cdots+v_{ix}\Delta N_i+\cdots}{\Delta N_1+\Delta N_2+\cdots+\Delta N_i+\cdots}=\frac{\sum\limits_i v_{ix}\Delta N_i}{N} \qquad (14\text{-}1)$$

因为气体分子按速度方向的分布是均匀的,也就是说,v_x 为正和 v_x 为负的分子数目是一样多,那么必然有 $\overline{v_x}=0$;同样可以得到 $\overline{v_y}=0$ 和 $\overline{v_z}=0$,即

$$\overline{v_x}=\overline{v_y}=\overline{v_z}=0 \qquad (14\text{-}2)$$

综上可推算

$$\bar{\boldsymbol{v}} = 0 \tag{14-3}$$

同样,分子速度沿 x 轴方向的分量的平方的统计平均值可以表示为

$$\overline{v_x^2} = \frac{v_{1x}^2 \Delta N_1 + v_{2x}^2 \Delta N_2 + \cdots + v_{ix}^2 \Delta N_i + \cdots}{\Delta N_1 + \Delta N_2 + \cdots + \Delta N_i + \cdots} = \frac{\sum_i v_{ix}^2 \Delta N_i}{N} \tag{14-4}$$

且

$$\overline{v_x^2} = \overline{v_y^2} = \overline{v_z^2}$$

因为 $v^2 = v_x^2 + v_y^2 + v_z^2$,那么

$$\overline{v^2} = \frac{\sum_i v_i^2 \Delta N_i}{N} = \frac{\sum_i (v_{ix}^2 + v_{iy}^2 + v_{iz}^2) \Delta N_i}{N} = \overline{v_x^2} + \overline{v_y^2} + \overline{v_z^2}$$

则

$$\overline{v_x^2} = \overline{v_y^2} = \overline{v_z^2} = \frac{1}{3}\overline{v^2} \tag{14-5}$$

14.2 理想气体的压强和温度

14.2.1 理想气体的微观模型

基于对物质分子结构的三个基本认识,我们对理想气体分子的微观结构有着进一步的假设。实验表明,气体凝结成液体时,体积约缩小到原来的千分之一,可以推算气体分子之间平均距离大约是分子线度的 10 倍。对于比实际气体更加稀薄的理想气体而言,分子之间平均距离要比分子的线度大得多,因此分子线度可以忽略不计,此时可以将分子视为质点处理;又因为分子力是短程力,对于分子之间平均距离较大的理想气体,分子力也可以忽略不计;此外,在平衡态下气体的状态参量 T、p 保持恒定,反映了分子经过频繁碰撞后动能没有损失,这说明碰撞是完全弹性的。因此对理想气体分子的微观结构有以下三点假设。

(1)分子可以视为质点。

(2)除碰撞的瞬间,气体分子之间以及气体分子与器壁之间无相互作用。

(3)分子之间以及分子与器壁之间的碰撞都是完全弹性的。

综上所述,**理想气体就是大量做无规则运动的相互无作用力的弹性质点的集合。**

14.2.2 理想气体的压强

1. 对理想气体压强的定性解释

压强定义为单位面积的正压力。在平衡态下,气体对容器壁的压强来源于大量气体分子对器壁的不断撞击。虽然单个分子对器壁的撞击是随机的、不连续的,但是

大量分子的撞击的整体效果是持续的、恒定的。因此**气体的压强就是无规则运动的大量分子撞击器壁时，作用于器壁单位面积上的平均冲力或单位时间作用于器壁单位面积上的平均冲量。**

2. 理想气体压强的定量推导

按照以上思路并结合前面对理想气体微观模型的讨论，来定量推导理想气体的压强。

假定一定质量的理想气体置于体积 V 的容器中，分子总数为 N，具有速度为 v_1，$v_2,\cdots,v_i,\cdots$ 的分子个数分别为 $\Delta N_1,\Delta N_2,\cdots,\Delta N_i,\cdots$，相应的分子数密度分别为 $n_1,n_2,\cdots,n_i,\cdots$，显然，总分子数和总的分子数密度分别为

$$N = \Delta N_1 + \Delta N_2 + \cdots + \Delta N_i + \cdots = \sum_i \Delta N_i \tag{14-6}$$

$$n = \frac{N}{V} = \frac{\Delta N_1}{V} + \frac{\Delta N_2}{V} + \cdots + \frac{\Delta N_i}{V} + \cdots = n_1 + n_2 + \cdots + n_i + \cdots = \sum_i n_i \tag{14-7}$$

因为平衡态下，容器壁上的气体压强处处相等，我们可以选取容器壁上任一处面积元 $\mathrm{d}A$，来求单位时间气体分子作用于 $\mathrm{d}A$ 的平均冲力。考虑到气体压强来源于分子的无规则热运动，我们以面积元 $\mathrm{d}A$ 的法线方向为 x 轴，如图 14-3 所示。

首先，单个分子的运动服从经典力学规律，根据理想气体微观模型，当一个分子（假定质量为 m）以速度 v_i 撞击面积元 $\mathrm{d}A$ 时，因为是完全弹性碰撞，碰撞后其速度分量只有 v_{ix} 变化为 $-v_{ix}$，则该分子动量的改变为

$$-mv_{ix} - mv_{ix} = -2mv_{ix} \tag{14-8}$$

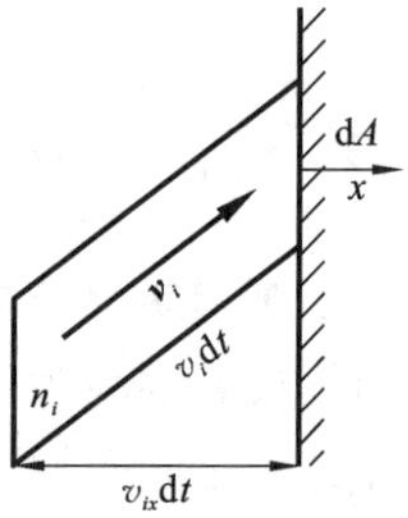

图 14-3　理想气体压强的推导示意图

接下来，我们来看 $\mathrm{d}t$ 时间内速度为 v_i 的分子对 $\mathrm{d}A$ 产生的总冲量为多少。

以 $\mathrm{d}A$ 为底，在 v_i 方向上取 $v_i\mathrm{d}t$ 长度，做一个斜柱体，该斜柱体的体积为 $v_{ix}\mathrm{d}t\mathrm{d}A$，斜柱体内速度为 v_i 的分子数为 $n_i v_{ix}\mathrm{d}t\mathrm{d}A$，其中 n_i 为速度为 v_i 的分子的数密度，因此 $\mathrm{d}t$ 时间内速度为 v_i 的分子对 $\mathrm{d}A$ 产生的总冲量为

$$(2mv_{ix})(n_i v_{ix}\mathrm{d}t\mathrm{d}A) = 2mn_i v_{ix}^2 \mathrm{d}t\mathrm{d}A \tag{14-9}$$

我们注意到上式只与速度分量 v_{ix} 有关，说明不管分子速度矢量如何，只要是分子速度分量为 v_{ix}，分子对器壁的总冲量都相等。

下面我们求一切速度矢量的分子对器壁的总冲量。

考虑到一切速度矢量的分子中，只有 $v_{ix} > 0$ 的分子才可以与器壁碰撞，因此 $\mathrm{d}t$ 时间内 $\mathrm{d}A$ 受到的所有分子的总冲量为

$$\mathrm{d}I = \sum_{i(v_{ix}>0)} 2mn_i v_{ix}^2 \mathrm{d}t\mathrm{d}A \tag{14-10}$$

按照大量无规则运动分子所遵循的统计规律，$v_{ix} > 0$ 的分子和 $v_{ix} < 0$ 的分子各

占一半,因此

$$dI = \frac{1}{2} \sum_i 2mn_i v_{ix}^2 \, dt dA = \sum_i mn_i v_{ix}^2 \, dt dA \qquad (14\text{-}11)$$

气体对器壁的压强 p 等于单位时间单位面积器壁受到的分子的总冲量,即

$$p = \frac{dI}{dA dt} = \sum_i mn_i v_{ix}^2 = m \sum_i n_i v_{ix}^2 \qquad (14\text{-}12)$$

又因为 x 轴方向速度分量的平方的统计平均为

$$\overline{v_x^2} = \frac{\sum_i \Delta N_i v_{ix}^2}{N} = \frac{\sum_i n_i v_{ix}^2}{n}$$

且按照大量无规则运动分子所遵循的统计规律,有

$$\overline{v_x^2} = \overline{v_y^2} = \overline{v_z^2} = \frac{1}{3}\overline{v^2}$$

所以

$$p = mn \overline{v_x^2} = \frac{1}{3} nm \overline{v^2} = \frac{2}{3} n\left(\frac{1}{2} m \overline{v^2}\right) \qquad (14\text{-}13)$$

式(14-14)中的 $\frac{1}{2} m \overline{v^2}$ 正是大量分子无规则热运动的平动动能的统计平均,称为分子的**平均平动动能**,用 $\overline{\varepsilon_t}$ 表示,则理想气体的压强公式为

$$p = \frac{2}{3} n \overline{\varepsilon_t} \qquad (14\text{-}14)$$

3. 理想气体压强公式的物理意义

理想气体压强公式是气体动理论的基本公式之一。该式反映了气体的宏观状态参量压强与微观量——气体分子的平均平动动能的联系,揭示了压强的微观本质——压强决定于分子数密度 n 和分子的平均平动动能 $\overline{\varepsilon_t}$(这两个量都是统计平均量),说明理想气体的压强具有统计意义,即只有对大量分子的集体,压强才有意义。

在推导理想气体压强公式的过程中,我们用到了理想气体分子的微观结构的假设以及无规则热运动的大量分子服从统计规律的假设,其结果是否正确,还需要通过实验验证。因为从该公式出发可以从微观角度解释或推证许多实验定律,也就说明了公式的正确性。

例如,我们从微观角度来解释图 13-11 中绝热线比等温线陡峭的问题。气体从相同状态 1 出发,分别经过等温压缩和绝热压缩,使气体缩小相同体积 ΔV;根据理想气体压强公式 $p = \frac{2}{3} n \overline{\varepsilon_t}$,在等温情况下,气体体积减小,分子数密度 n 增加,但温度不变,因而分子的平均平动动能 $\overline{\varepsilon_t}$ 不变,此时引起压强的改变量为 Δp_i;在绝热情况下,随着气体体积减小,分子数密度 n 同样增加,而且外界对气体做功,气体内能增加,温度升高,因而分子的平均平动动能 $\overline{\varepsilon_t}$ 也会增大,引起压强的改变量 Δp_a。显然,$\Delta p_a > \Delta p_i$。

14.2.3 理想气体的温度

比较理想气体压强公式 $p=\dfrac{2}{3}n\overline{\varepsilon_t}$ 和理想气体状态方程 $p=nkT$，可得

$$\overline{\varepsilon_t}=\frac{3}{2}kT \tag{14-15}$$

可见,理想气体的分子平均平动动能与理想气体的热力学温度成正比,**温度越高,反映分子平均平动动能越大,分子无规则热运动越剧烈,这就是温度的微观本质。**

该式也说明宏观状态参量温度具有统计意义,也就是说,只有大量分子组成的系统才可以用温度、压强描述,单个分子或者少数几个分子是不存在温度或压强的。

该式还表明分子平均平动动能仅与温度有关,与分子种类无关,因此不同种类的理想气体在温度相同时,分子平均平动动能也相同。

例 14-1 如图 14-4 所示,在分子射线的路径上,竖立着一个光滑的屏,假定射线中分子速度大小和方向都相同,射线中分子均以速率 $v=10\ \mathrm{m\cdot s^{-1}}$,且与屏的法线方向成 $60°$ 角的方向与屏发生弹性碰撞,求屏上的压强(已知分子射线的分子数密度为 $n=1.5\times10^{17}\ \mathrm{m^{-3}}$,分子质量 $m=3.3\times10^{-27}\ \mathrm{kg}$)。

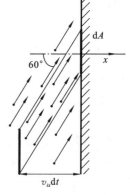

解 以屏的法线方向建立 x 轴,则每一个分子碰撞屏产生的冲量为

$$2mv_x=2mv\cos60°=mv$$

$\mathrm{d}t$ 时间内与屏上的 $\mathrm{d}A$ 面积元碰撞的分子数为

$$n(v_x\mathrm{d}t)\mathrm{d}A=n(v\cos60°\mathrm{d}t)\mathrm{d}A=\frac{1}{2}nv\mathrm{d}t\mathrm{d}A$$

产生的总冲量为

图 14-4 例 14-1 图

$$\left(\frac{1}{2}nv\mathrm{d}t\mathrm{d}A\right)(mv)=\frac{1}{2}nmv^2\mathrm{d}t\mathrm{d}A$$

对屏的压强为

$$p=\frac{\dfrac{1}{2}nmv^2\mathrm{d}t\mathrm{d}A}{\mathrm{d}t\mathrm{d}A}=\frac{1}{2}nmv^2=\frac{1}{2}\times1.5\times10^{17}\times3.3\times10^{-27}\times10^2\,(\mathrm{Pa})$$

$$=2.48\times10^{-8}\,(\mathrm{Pa})$$

14.3 能量按自由度均分定理

本节研究的是分子无规则热运动能量所遵循的统计规律,即能量按自由度均分定理,并由此导出理想气体的热容和内能。

14.3.1　分子运动的自由度

自由度指的是确定一个物体的空间位置所需要的独立坐标的个数。比如要确定一个不受约束的自由质点的空间位置,需要给出该质点在空间直角坐标系中的位置坐标(x,y,z),这说明质点的自由度数为 3。质点的自由度也称平动自由度,用 t 表示,$t=3$。当物体的运动受到限制时,自由度数减少。

气体分子按结构可以分为单原子分子(如 He、Ar 等)、双原子分子(如 H_2、O_2、N_2、HCl 等)、三原子分子或多原子分子(如 CH_4、H_2O、NH_3 等),如图 14-5 所示的分子结构示意图。

单原子分子可以视为自由质点,因此有 3 个平动自由度(x,y,z)。如图 14-5(a)所示。

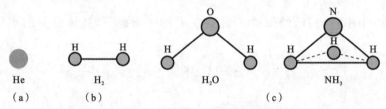

图 14-5　分子结构示意图

双原子分子可以视为两个质点构成的哑铃状的结构,如图 14-5(b)所示。

如果是刚性的双原子分子,质点之间的距离保持不变。要确定这样一个"哑铃"的空间位置,首先要确定"哑铃"的质心 C 的位置坐标(x,y,z),即 3 个平动自由度;接下来确定"哑铃"的轴(两个原子的连线)的方向,即方位角(轴与 x,y,z 轴的正向夹角)(α,β,γ),因为(α,β,γ)之间存在的关系为$\cos^2\alpha+\cos^2\beta+\cos^2\gamma=1$,我们称这是一个约束条件。也就是说,$\alpha$、$\beta$、$\gamma$ 中只有两个是独立的,称为转动自由度,用 r 表示,且 $r=2$。因此双原子分子的总自由度数为 5,包括 3 个平动自由度和 2 个转动自由度。

刚性的三原子分子或多原子分子是更为复杂的刚体结构,如图 14-5(c)所示。要确定这样一个刚体的空间位置,首先也是要确定刚体的质心 C 的位置坐标(x,y,z),接下来确定通过质心的轴线(见图 14-6(c)中通过质心 C 的虚线)的方向,即方位角 α 和 β,最后确定刚体绕轴线的转动,它需要一个独立坐标 θ。因此,多原子分子的总自由度数为 6,包括 3 个平动自由度和 3 个转动自由度。

综上所述,如果用 i 表示一个分子的总自由度数,则

单原子分子:　　　　　　　　　$i=t=3$

双原子分子(刚性):　　　　　$i=t+r=3+2=5$

多原子分子(刚性):　　　　　$i=t+r=3+3=6$

若是非刚性的分子,还应考虑原子之间的振动自由度,振动自由度一般用 s 表

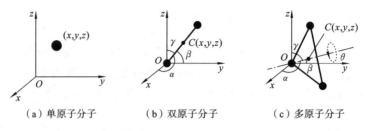

(a) 单原子分子　　　　(b) 双原子分子　　　　(c) 多原子分子

图 14-6　分子的自由度

示,则 $i=t+r+s$。但是在常温 $T(T<500\ \text{K})$ 下振动的影响可以忽略不计,分子均可视为刚性分子。

14.3.2　能量按自由度均分定理

在上一节中,我们已经知道了温度为 T 的平衡态下,气体分子的平均平动动能为

$$\overline{\varepsilon_t}=\frac{1}{2}m\overline{v^2}=\frac{3}{2}kT,\quad 且\ \overline{v_x^2}=\overline{v_y^2}=\overline{v_z^2}=\frac{1}{3}\overline{v^2},$$

则

$$\frac{1}{2}m\overline{v_x^2}=\frac{1}{2}m\overline{v_y^2}=\frac{1}{2}m\overline{v_z^2}=\frac{1}{2}kT$$

这说明气体分子在每一个平动自由度上的平均动能是相等的,分子的平均平动动能是平均分配到每一个自由度上的。那么对于其他的运动形式,如转动、振动,分子的平均动能是不是也能够平均分配在每一个自由度上呢?

经典的统计力学证明了这一点:**处于温度为 T 的平衡态的气体分子的任何一种运动形式的每一个自由度的平均动能都相等且等于 $\frac{1}{2}kT$。该结论称为能量按自由度均分定理**,也称为**能量均分定理**。

该定理体现了等概率假设,即对于平衡态下大量分子的无规则热运动。没有哪一种运动形式是特殊的、占优势的。从微观上看,气体的平衡态是通过分子的无规则热运动以及频繁地碰撞来实现的。通过碰撞,分子的能量在不同分子之间、不同运动形式之间不断地交换、转化,热运动总的趋势是将总能量通过碰撞均等地分配到每一个运动形式的每一个自由度上。

根据能量均分定理,温度为 T 的平衡态下,一个气体分子的平均总动能 $\overline{\varepsilon_{总}}$ 由它的总自由度数 i 决定,即

$$\overline{\varepsilon_{总}}=\frac{i}{2}kT \tag{14-16}$$

对于单原子分子 $i=t=3$,因此一个单原子分子的平均总动能为

$$\overline{\varepsilon_{总}}=\frac{3}{2}kT$$

对于双原子分子(刚性)$i=t+r=3+2=5$,因此一个双原子分子的平均总动能为

$$\overline{\varepsilon_{总}}=\frac{1}{2}(3+2)kT=\frac{5}{2}kT$$

对于多原子分子(刚性)$i=t+r=3+3=6$,因此一个多原子分子的平均总动能为

$$\overline{\varepsilon_{总}}=\frac{1}{2}(3+3)kT=3kT$$

如果分子是非刚性的,还需要考虑振动自由度的能量。将原子振动视为谐振动,因为谐振动在一个周期内的平均动能和平均势能相等,所以对于每一个振动自由度,除了$\frac{1}{2}kT$的平均动能,分子还有$\frac{1}{2}kT$的平均势能,因此每个分子的平均总能量为

$$\overline{\varepsilon_{总}}=\frac{i}{2}kT=\frac{1}{2}(t+r+2s)kT \tag{14-17}$$

应该指出的是,能量均分定理是对大量分子的无规则热运动动能进行统计平均的结果,也是一个统计规律。能量均分定理只能说明:在某一温度下的大量分子整体中,每个分子的平均能量是多少;对于单个分子来说,它在某一时刻的所具有各种形式的动能以及总能量都不能通过能量均分定理来确定。

14.3.3 理想气体的内能和摩尔热容

由于不考虑分子之间的相互作用力,也就是说分子之间的相互作用势能为零,因而理想气体的内能就等于全体分子的总动能。用 E 表示理想气体的内能,则 1 mol 理想气体的内能为

$$E_m=N_A\frac{i}{2}kT=\frac{i}{2}RT$$

νmol 理想气体的内能为

$$E=\nu\frac{i}{2}RT \tag{14-18}$$

当 νmol 理想气体从温度为 T_1 的状态经任意热力学过程到达温度为 T_2 的状态时,系统的内能从 E_1 变为 E_2,内能的增量为

$$\Delta E=E_2-E_1=\nu\frac{i}{2}R(T_2-T_1) \tag{14-19}$$

以上结果说明,一定质量的理想气体的内能完全取决于温度和分子的自由度数,而与气体的体积、压强无关,即 $E=E(T)$,**理想气体的内能只是温度的函数**。这一结论,在热力学中可以通过焦耳实验得到,这里则是从气体动理论指出了这一结论的微观机制。

根据式(14-18),νmol 理想气体的内能为 $E=\nu\frac{i}{2}RT$,因此,由式(13-27)可知,

理想气体的定体摩尔热容可以写为

$$C_{V,m}=\frac{1}{\nu}\frac{\mathrm{d}E}{\mathrm{d}T}=\frac{i}{2}R \tag{14-20}$$

根据迈耶公式,定压摩尔热容则可以写为

$$C_{p,m}=\frac{i}{2}R+R=\frac{i+2}{2}R \tag{14-21}$$

定压摩尔热容与定体摩尔热容的比值,即比热比 γ 为

$$\gamma=\frac{C_{p,m}}{C_{V,m}}=\frac{i+2}{i} \tag{14-22}$$

对于单原子分子理想气体,$i=3$,则

$$C_{V,m}=\frac{3}{2}R, \quad C_{p,m}=\frac{5}{2}R, \quad \gamma=\frac{5}{3}=1.67$$

对于刚性双原子分子理想气体,$i=5$,则

$$C_{V,m}=\frac{5}{2}R, \quad C_{p,m}=\frac{7}{2}R, \quad \gamma=\frac{7}{5}=1.40$$

对于刚性多原子分子理想气体,$i=6$,则

$$C_{V,m}=3R, \quad C_{p,m}=4R, \quad \gamma=\frac{4}{3}=1.33$$

可见,由能量均分定理得到的理想气体的热容为常数,它只与气体种类有关,而与气体温度无关。实验测量结果同样表明,常温(300 K 附近)下,单原子分子气体和双原子分子气体都与以上理论值高度符合,多原子分子气体则与理论值有少许差异。

例 14-2 求(1)温度为 0 ℃时的氧分子的平均平动动能和平均转动动能;(2)该温度下 5 g 氧气所具有的内能(氧气可视为理想气体)。

解 (1)氧分子是双原子分子,其平动和转动自由度分别为 3 和 2,0 ℃时的氧分子的平均平动动能和平均转动动能分别为

$$\overline{\varepsilon_t}=\frac{3}{2}kT=\frac{3}{2}\times1.38\times10^{-23}\times273\,(\mathrm{J})=5.65\times10^{-21}\,(\mathrm{J})$$

$$\overline{\varepsilon_r}=\frac{2}{2}kT=\frac{2}{2}\times1.38\times10^{-23}\times273\,(\mathrm{J})=3.77\times10^{-21}\,(\mathrm{J})$$

(2)0 ℃时 5 g 氧气所具有的内能为

$$E=\nu\frac{i}{2}RT=\frac{5}{32}\times\frac{5}{2}\times8.31\times273\,(\mathrm{J})=886.2\,(\mathrm{J})$$

例 14-3 一容器内贮有氧气(可视为理想气体),其压强为 2.0 atm(1 atm = 1.013×10^5 Pa),温度为 27 ℃,求(1)分子数密度 n;(2)质量密度 ρ;(3)分子的平均平动动能;(4)分子的平均总动能;(5)分子间的平均距离 d。

解 (1)由 $p=nkT$ 可得分子数密度为

$$n=\frac{p}{kT}=\frac{2.026\times10^5}{1.38\times10^{-23}\times(273+27)}\,(\mathrm{m}^{-3})=4.90\times10^{25}\,(\mathrm{m}^{-3})$$

（2）质量密度为

$$\rho = nm = n\frac{M_{O_2}}{N_A} = 4.9 \times 10^{25} \times \frac{32 \times 10^{-3}}{6.02 \times 10^{23}} \ (\text{kg} \cdot \text{m}^{-3}) = 2.6 \ (\text{kg} \cdot \text{m}^{-3})$$

（3）分子的平均平动动能为

$$\overline{\varepsilon_t} = \frac{3}{2}kT = \frac{3}{2} \times 1.38 \times 10^{-23} \times (273 + 27) \ (\text{J}) = 6.21 \times 10^{-21} (\text{J})$$

（4）分子的平均总动能为

$$\overline{\varepsilon} = \frac{5}{2}kT = \frac{5}{2} \times 1.38 \times 10^{-23} \times (273 + 27) \ (\text{J}) = 10.35 \times 10^{-21} (\text{J})$$

（5）分子之间的平均距离为

$$\overline{d} = \left(\frac{1}{n}\right)^{\frac{1}{3}} = \left(\frac{1}{4.90 \times 10^{25}}\right)^{\frac{1}{3}} \ (\text{m}) = 2.73 \times 10^{-9} (\text{m})$$

14.4 麦克斯韦速率分布律

当气体处于平衡态时,由于分子间频繁地碰撞,每个分子速度的大小、方向不断地改变,一个分子在某一时刻具有的速度的大小和方向完全是偶然的,无规律可循。然而,理论和实践都表明,对于处于平衡态的大量分子整体而言,气体分子按照速度大小,即速率的分布遵从一定的规律。1859 年麦克斯韦首先从理论上导出了气体分子速率分布律。1920 年施特恩(O. Stern,1888—1969)第一次对该定律进行了实验验证,此后许多人对该实验做了改进,我国物理学家葛正权也对此有过贡献。1955 年密勒(Miller)和库什(P. Kusch)对该分布律进行了高度精确的实验验证。

14.4.1 分布的概念和速率分布函数

1. 分布的概念

分布是一个统计概念,是对大量偶然事件整体规律的一种描述。例如,要统计某次考试的成绩分布,可以以 5 分为一个间隔,对参加考试的所有学生,依次统计从 0 分到 100 分的每一个分数段的人数,再计算出相应分数段上的人数占总人数的百分比,从而得出参加该考试的学生按成绩分布的整体规律。以此类推,对于处于某个平衡态的 N 个气体分子组成的系统,气体分子按速率的分布则是以 Δv 为一个间隔,在分子速率许可的范围内,将速率分成若干间隔。若速率 $v_i \sim v_i + \Delta v$ 内的分子数为 ΔN_i 个,则此速率区间的分子数占总分子数的比率为 $\frac{\Delta N_i}{N}$,这样依次得到每一个速率区间的分子数占总分子数的百分比,也就得出系统内分子按速率分布的整体规律。

2. 速率分布函数

对于处于某个平衡态的 N 个气体分子组成的系统,速率区间 $v_i \sim v_i + \Delta v$ 内的分子数占总分子数的比率 $\dfrac{\Delta N_i}{N}$ 与速率间隔 Δv 的大小有关,在 v_i 一定的情况下,Δv 越大,该区间内的分子数 ΔN_i 就越多,可见 $\dfrac{\Delta N_i}{N}$ 与 Δv 成正比;此外,$\dfrac{\Delta N_i}{N}$ 还应与速率 v 有关,不同速率附近相同速率间隔内的分子数一定不相同,可以认为 $\dfrac{\Delta N_i}{N}$ 与速率 v 的某种函数 $f(v)$ 成正比。由于分子运动的无规则性以及较大的分子数量,可以认为表示分子速率分布的这种函数是连续的,当 Δv 取得无限小时,这些量的关系可以写为

$$\frac{\mathrm{d}N}{N} = f(v)\mathrm{d}v \tag{14-23}$$

则

$$f(v) = \frac{\mathrm{d}N}{N\mathrm{d}v} \tag{14-24}$$

$f(v)$ 表示速率 v 附近单位速率间隔的分子数占总分子数的比率,称为气体分子的**速率分布函数**。$f(v)\mathrm{d}v\left(\text{即}\dfrac{\mathrm{d}N}{N}\right)$ 表示在 $v \sim v+\mathrm{d}v$ 速率间隔内的分子数占总分子数的比率,对单个分子来说,也是分子速率取 $v \sim v+\mathrm{d}v$ 之间的值的概率。$Nf(v)\mathrm{d}v$(即 $\mathrm{d}N$)表示在 $v \sim v+\mathrm{d}v$ 速率间隔内的分子数。

速率分布函数是分子速率分布问题的核心,知道了速率分布函数 $f(v)$,就可以求出分子在任意指定速率间隔内的概率,以及计算有关的统计量,如平均速率等。例如在 $v_1 \sim v_2$ 速率间隔内的分子数占总分子数的比率可以写为

$$\frac{\Delta N_{v_1 \sim v_2}}{N} = \int_{v_1}^{v_2} f(v)\mathrm{d}v \tag{14-25}$$

在 $v_1 \sim v_2$ 速率间隔内的分子数则为

$$\Delta N_{v_1 \sim v_2} = N\int_{v_1}^{v_2} f(v)\mathrm{d}v \tag{14-26}$$

分子速率可以取 $0 \sim +\infty$ 范围内的任意值,因此在 $0 \sim +\infty$ 范围内的分子数就是总分子数,即

$$\frac{\Delta N_{0 \sim \infty}}{N} = \int_0^\infty f(v)\mathrm{d}v = 1 \tag{14-27}$$

该式就是速率分布函数必须满足的**归一化条件**,也可以理解为分子速率在 $0 \sim +\infty$ 范围内的概率是 1。

14.4.2 麦克斯韦速率分布函数和分布曲线

1. 麦克斯韦速率分布函数

麦克斯韦在 1859 年根据平衡态下大量气体分子的无规则热运动所满足的统计

假设,从理论上推导出气体分子按速率分布的规律:当一定质量的气体处于平衡态时,分布在速率间隔 $v \sim v + dv$ 内的分子数占总分子数的比率为

$$\frac{dN}{N} = f(v)dv = 4\pi \left(\frac{m}{2\pi kT}\right)^{\frac{3}{2}} e^{-\frac{mv^2}{2kT}} v^2 dv$$

该式即为麦克斯韦速率分布律。

与 14.4.1 节中速率分布函数的定义式(14-24)对比可知,麦克斯韦速率分布函数的具体形式为

$$f(v) = 4\pi \left(\frac{m}{2\pi kT}\right)^{\frac{3}{2}} e^{-\frac{mv^2}{2kT}} v^2 \tag{14-28}$$

式(14-28)中 T 是气体的温度,m 是分子的质量,k 为玻尔兹曼常数。

从式(14-28)可知

(1) 当 $v = 0$ 以及 $v \to \infty$ 时,$f(v) = 0$;

(2) 分布函数 $f(v)$ 有一个极大值,即在某一速率附近单位速率间隔内的分子数占总分子数的比率最大,这个与 $f(v)$ 的极大值对应的速率称为**最概然速率**,用 v_p 表示,可以推导出该速率为

$$v_p = \sqrt{\frac{2kT}{m}} \tag{14-29}$$

(3) 由式(14-29)可知 v_p 与气体的温度 T 和气体分子的质量 m 有关,因此当气体温度和气体种类不同时,分子按速率的分布会略有差异。

2. 麦克斯韦速率分布曲线

以 $f(v)$ 为纵轴,v 为横轴,做出 $f(v)$-v 曲线,如图 14-7(a) 所示,即温度为 T 的平衡态下理想气体的麦克斯韦速率分布曲线。

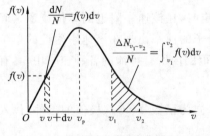 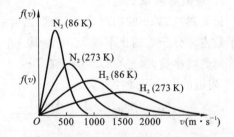

(a) 麦克斯韦速率分布曲线　　　　(b) 速率分布曲线与气体温度和气体种类的关系

图 14-7　麦克斯韦速率分布曲线

在 $v \sim v + dv$ 速率间隔内的分子数占总分子数的比率 $f(v)dv$ 就是图 14-7(a) 中所示以 $f(v)$ 为高、dv 为宽的小窄条的面积,在 $v_1 \sim v_2$ 速率间隔内的分子数占总分子数的比率 $\int_{v_1}^{v_2} f(v)dv$ 则是图 14-7(a) 中所示分布曲线下方从 $v_1 \sim v_2$ 范围内的面积。

那么,分布函数的归一化条件 $\int_0^\infty f(v)\mathrm{d}v = 1$ 表示分布曲线与横轴之间包围的面积等于 1。

分布曲线的峰值对应的速率就是最概然速率 v_p。通过计算可知,v_p 右侧曲线下的面积大于左侧曲线下的面积,前者面积为 0.572,后者面积为 0.428,这表明速率大于 v_p 的分子数多于速率小于 v_p 的分子数。

图 14-7(b) 为氮气和氢气在不同温度下的速率分布曲线。因为 $v_\mathrm{p} = \sqrt{\dfrac{2kT}{m}}$,由图 14-7(b) 可知,对于同种气体,当温度升高时,v_p 增大,相应的分布曲线峰值 $f(v_\mathrm{p})$ 则减小;对于不同种类的气体处于温度相同的平衡态时,分子质量小的 v_p 较大,相应的分布曲线峰值 $f(v_\mathrm{p})$ 则较小。但是不管如何变化,分布曲线下方包围的面积始终等于 1。

需要指出的是,麦克斯韦速率分布律是统计规律,只对大量做无规则热运动的分子整体起作用;$\dfrac{\mathrm{d}N}{N}$ 是一个统计平均值,它表示的是处于平衡态的理想气体中速率间隔 $v \sim v+\mathrm{d}v$ 内的分子数占总分子数的比率的平均值;$\mathrm{d}N$ 从宏观上看是一个微小量,但从微观上看,$\mathrm{d}N$ 中应包含大量的分子。我们只能说速率在 $v \sim v+\mathrm{d}v$ 间隔内的分子数是多少,而不能说速率恰好为 v 的分子数是多少。

14.4.3　三种统计速率

根据统计平均值的定义,应用麦克斯韦速率分布函数,可以求得平衡态下与气体分子速率分布相关的各种物理量的统计平均值。

1. 最概然速率 v_p

最概然速率 v_p 的物理意义是:当温度一定时,在该速率附近的单位速率区间的分子数占总分子数的比率最大,或者说一个分子的速率出现在该速率附近的单位速率区间的概率最大,也可以说分子在 $0 \sim +\infty$ 范围内所有可能的各种速率中,具有速率 v_p 附近的值的可能性最大。

为推导 v_p 的具体表达式,令 $\dfrac{\mathrm{d}f(v)}{\mathrm{d}v} = 0$,该式为函数 $f(v)$ 取极值的条件,代入麦克斯韦速率分布函数的具体形式,可得

$$\frac{\mathrm{d}f(v)}{\mathrm{d}v} = \frac{\mathrm{d}}{\mathrm{d}v}\left[4\pi \left(\frac{m}{2\pi kT}\right)^{\frac{3}{2}} \mathrm{e}^{-\frac{mv^2}{2kT}} v^2\right] = 4\pi \left(\frac{m}{2\pi kT}\right)^{\frac{3}{2}} \left[\mathrm{e}^{-\frac{mv^2}{2kT}} \cdot 2v - v^2 \mathrm{e}^{-\frac{mv^2}{2kT}} \frac{2mv}{2kT}\right] = 0$$

求得

$$v_\mathrm{p} = \sqrt{\frac{2kT}{m}}$$

因为 $R = kN_\mathrm{A}$,$M = mN_\mathrm{A}$,因此也可以用普适气体常数 R 和气体摩尔质量 M 表示,即

$$v_p = \sqrt{\frac{2RT}{M}} \approx 1.414\sqrt{\frac{RT}{M}} \qquad (14\text{-}30)$$

2. 平均速率 $\bar{v}$

平均速率 $\bar{v}$ 是指一定温度下大量分子无规则热运动速率的统计平均值,其定义式为

$$\bar{v} = \frac{v_1\Delta N_1 + v_2\Delta N_2 + \cdots + v_i\Delta N_i + \cdots}{\Delta N_1 + \Delta N_2 + \cdots\Delta N_i + \cdots} = \frac{\sum\limits_i v_i\Delta N_i}{N}$$

因为分子速率分布的连续性,令 ΔN 趋于极小值,用 dN 表示,则上式中的求和变为积分形式,即

$$\bar{v} = \frac{\int_0^\infty v\,\mathrm{d}N}{N} = \int_0^\infty v\,\frac{\mathrm{d}N}{N}$$

代入式(14-23),有

$$\bar{v} = \int_0^\infty vf(v)\,\mathrm{d}v = \int_0^\infty 4\pi\left(\frac{m}{2\pi kT}\right)^{\frac{3}{2}} \mathrm{e}^{-\frac{mv^2}{2kT}}v^3\,\mathrm{d}v$$

求得

$$\bar{v} = \sqrt{\frac{8kT}{\pi m}} = \sqrt{\frac{8RT}{\pi M}} \approx 1.60\sqrt{\frac{RT}{M}} \qquad (14\text{-}31)$$

以上积分运算中运用了公式 $\int_0^\infty \mathrm{e}^{-\beta x^2}x^3\,\mathrm{d}x = \frac{1}{2\beta^2}$,$\beta$ 为常数。

3. 方均根速率 $\sqrt{\overline{v^2}}$

方均根速率 $\sqrt{\overline{v^2}}$ 是指一定温度下大量分子无规则热运动速率平方的统计平均值的平方根。分子速率平方的统计平均值的定义式为

$$\overline{v^2} = \frac{v_1^2\Delta N_1 + v_2^2\Delta N_2 + \cdots + v_i^2\Delta N_i + \cdots}{\Delta N_1 + \Delta N_2 + \cdots\Delta N_i + \cdots} = \frac{\sum\limits_i v_i^2\Delta N_i}{N}$$

同样,令 ΔN 趋于极小值,用 dN 表示,上式中的求和变为积分形式,并结合式(14-23),有

$$\overline{v^2} = \frac{\int_0^\infty v^2\,\mathrm{d}N}{N} = \int_0^\infty v^2 f(v)\,\mathrm{d}v = \int_0^\infty 4\pi\left(\frac{m}{2\pi kT}\right)^{\frac{3}{2}} \mathrm{e}^{-\frac{mv^2}{2kT}}v^4\,\mathrm{d}v = \frac{3kT}{m}$$

则可得

$$\sqrt{\overline{v^2}} = \sqrt{\frac{3kT}{m}} = \sqrt{\frac{3RT}{M}} \approx 1.732\sqrt{\frac{RT}{M}} \qquad (14\text{-}32)$$

这个结果与 14.2 节中温度与分子的平均平动动能之间的关系式

$$\bar{\varepsilon}_{\text{平动}} = \frac{1}{2}m\overline{v^2} = \frac{3kT}{2}$$

给出的$\sqrt{\overline{v^2}}$完全一致,说明麦克斯韦速率分布函数与理想气体压强的推导中所采用的统计方法是一致的。

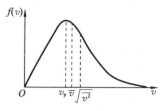

三种速率各有不同的作用。例如:在讨论分子速率分布时,要用到最概然速率;在讨论气体输运过程中分子运动的平均自由程时,要用到平均速率;而在讨论气体压强、内能和热容中分子的平均平动动能时,要用到方均根速率。

图 14-8　三种统计速率的比较

三种速率的大小顺序为$\sqrt{\overline{v^2}} > \overline{v} > v_p$,如图 14-8 所示。

14.4.4　麦克斯韦速率分布律的实验验证

由于不能获得足够高的真空,在麦克斯韦理论上推导出速率分布律的同时,还无法从实验上进行验证。直到 20 世纪 20 年代后,真空技术的发展才使得验证成为可能。图 14-9(a)所示的是 1955 年密勒和库什用来验证分子速率分布的实验装置示意图。全部装置放于高真空(1.33×10^{-5} Pa)的容器中。图中 N 为一恒温箱,箱中为待测的金属(如水银、铋、钾等)蒸汽,即分子源。分子从 N 上小孔射出,经过速度选择器 R,落在检测器 D 中。

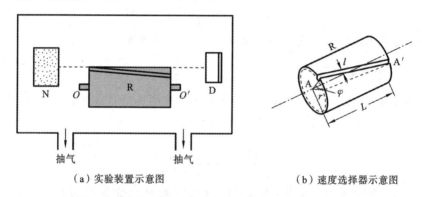

（a）实验装置示意图　　　　　　　　　（b）速度选择器示意图

图 14-9　密勒-库什用于测定分子速率分布的实验装置

速度选择器 R 是一个可以绕自身轴线 OO' 转动的圆柱体,如图 14-9(b)所示。在 R 的表面刻有相互平行的细槽,槽的入口 A 处和出口 A' 处的半径之间的夹角为 $\varphi = 4.8°$。当 R 以角速度 ω 转动时,从分子源逸出的各种速率的分子都能进入细槽入口 A,但并不能都通过细槽并从出口 A' 飞出,只有速率 v 满足关系式

$$\frac{L}{v} = \frac{\varphi}{\omega} \tag{14-33}$$

的分子才可以通过出口 A' 到达检测器 D 中,而速率比 v 大或比 v 小的分子将沉积在槽壁上。因为细槽有一定宽度 l,到达 D 的分子实际上是分布在一定的速率区间

$(v \sim v + \Delta v)$ 内。在实验中,保持 L、φ 不变,改变圆柱体 R 绕轴旋转的角速度 ω,就有处于不同速率区间的分子通过细槽到达检测器 D,并沉积在 D 中的接收屏上。可以通过测定沉积在接收屏上的金属层厚度得到相应的速率区间的分子数的比率,从而可以验证分子速率分布是否与麦克斯韦速率分布律一致。

*14.4.5 麦克斯韦速度分布律和速率分布律

为了形象地说明速度分布和速率分布之间的关系,我们引入速度空间的概念。以速度矢量 v 的三个分量 v_x、v_y、v_z 为轴构成一个直角坐标系,该直角坐标系所确定的空间即为速度空间。在速度空间里,一个分子的速度矢量可以用坐标原点引出的一个矢量来表示,如图 14-10(a) 所示。由于气体中大量分子做无规则热运动,使得分子速度矢量可以取一切可能的值,即矢量的大小可以是从零到无穷大的任意值,矢量的方向也可以从坐标原点指向任意方向,也就是说分子速度矢量的端点可以落在速度空间中的任何一个位置。因为每一个速度矢量代表一个分子,那么分子按速度矢量的分布就可以用这些速度矢量的端点在速度空间的分布来表示。

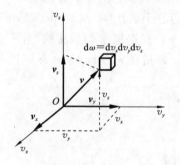

(a) 速度空间中的一个点代表
具有速度 v 的分子

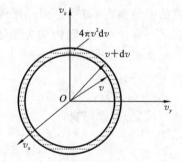

(b) 速率在 $v \sim v + dv$ 区间内的分子分布
在 $4\pi v^2 dv$ 的球壳层中

图 14-10 速度空间

麦克斯韦速度分布律描述的就是当气体处于平衡态时,气体分子速度在 $v \sim v + dv$ 区间内的分子数占总分子数的比率 $\dfrac{dN}{N}$ 所遵循的规律,在速度空间中表示,就是分子速度矢量端点落在图 14-10(a) 的小体积元 $d\omega = dv_x dv_y dv_z$ 中的分子数比率,即分子速度的 x 分量在 $v_x \sim v_x + dv_x$、y 分量在 $v_y \sim v_y + dv_y$、z 分量在 $v_z \sim v_z + dv_z$ 区间内的分子数比率。从理论上可以导出

$$\frac{dN}{N} = \left(\frac{m}{2\pi kT}\right)^{\frac{3}{2}} e^{-\frac{m(v_x^2 + v_y^2 + v_z^2)}{2kT}} dv_x dv_y dv_z \tag{14-34}$$

称为麦克斯韦速度分布律。麦克斯韦速度分布函数则为

$$f(v_x, v_y, v_z) = \left(\frac{m}{2\pi kT}\right)^{\frac{3}{2}} e^{-\frac{m(v_x^2 + v_y^2 + v_z^2)}{2kT}} \tag{14-35}$$

该分布函数与分子速度的方向无关,体现了等概率原则。

麦克斯韦速率分布律描述的是当气体处于平衡态时,气体分子速度大小在 $v\sim v+\mathrm{d}v$ 区间内的分子数占总分子数的比率 $\dfrac{\mathrm{d}N'}{N}$ 所遵循的规律。不难看出,速率间隔 $v\sim v+\mathrm{d}v$ 指的是在速度空间中,半径为 v,厚度为 $\mathrm{d}v$ 的一个球壳,球壳的体积为 $4\pi v^2\,\mathrm{d}v$,如图 14-10(b)所示。在速度空间中,$\dfrac{\mathrm{d}N'}{N}$ 表示的就是速度矢量端点落在该球壳层内的分子数比率。用 $4\pi v^2\,\mathrm{d}v$ 取代 $\mathrm{d}\omega=\mathrm{d}v_x\mathrm{d}v_y\mathrm{d}v_z$,并考虑到 $v^2=v_x^2+v_y^2+v_z^2$,就可以由式(14-34)得到麦克斯韦速率分布律:

$$\frac{\mathrm{d}N}{N}=4\pi\left(\frac{m}{2\pi kT}\right)^{\frac{3}{2}}\mathrm{e}^{-\frac{mv^2}{2kT}}v^2\,\mathrm{d}v$$

气体处于平衡态时,容器内各处的粒子数密度都是相等的,说明粒子向任一方向运动的概率相等,即分子相应于速度分量 v_x、v_y、v_z 的分布函数具有相同的形式,且彼此独立。如果用 $f(v_x)$、$f(v_x)$、$f(v_x)$ 分别表示三个速度分量的分布函数,那么 $f(v_x)\mathrm{d}v_x$ 表示分子速度的 x 分量在 $v_x\sim v_x+\mathrm{d}v_x$ 区间内的分子数比率,$f(v_y)\mathrm{d}v_y$ 表示分子速度的 y 分量在 $v_y\sim v_y+\mathrm{d}v_y$ 区间内的分子数比率,$f(v_z)\mathrm{d}v_z$ 表示分子速度的 z 分量在 $v_z\sim v_z+\mathrm{d}v_z$ 区间内的分子数比率。根据概率相乘法则,分子速度的 x 分量在 $v_x\sim v_x+\mathrm{d}v_x$、$y$ 分量在 $v_y\sim v_y+\mathrm{d}v_y$、$z$ 分量在 $v_z\sim v_z+\mathrm{d}v_z$ 区间内的分子数比率表示为

$$f(v_x)f(v_y)f(v_z)\mathrm{d}v_x\mathrm{d}v_y\mathrm{d}v_z=f(v_x,v_y,v_z)\mathrm{d}v_x\mathrm{d}v_y\mathrm{d}v_z \tag{14-36}$$

根据式(14-35)可以得到

$$\begin{cases} f(v_x)=\left(\dfrac{m}{2\pi kT}\right)^{\frac{1}{2}}\mathrm{e}^{-\frac{mv_x^2}{2kT}} \\[2mm] f(v_y)=\left(\dfrac{m}{2\pi kT}\right)^{\frac{1}{2}}\mathrm{e}^{-\frac{mv_y^2}{2kT}} \\[2mm] f(v_z)=\left(\dfrac{m}{2\pi kT}\right)^{\frac{1}{2}}\mathrm{e}^{-\frac{mv_z^2}{2kT}} \end{cases} \tag{14-37}$$

它们都满足分布函数的归一化条件,以 $f(v_x)$ 为例,它的归一化条件是

$$\int_{-\infty}^{+\infty}f(v_x)\mathrm{d}v_x=\int_{-\infty}^{+\infty}\left(\frac{m}{2\pi kT}\right)^{\frac{1}{2}}\mathrm{e}^{-\frac{mv_x^2}{2kT}}\mathrm{d}v_x=1 \tag{14-38}$$

例 14-4 设 N 个粒子的速率分布函数为

$$f(v)=\begin{cases} C & (0\leqslant v\leqslant v_0) \\ 0 & (v>v_0) \end{cases}$$

(1)画出速率分布曲线;

(2)若 v_0 已知,求常数 C;

(3)求粒子的平均速率以及方均根速率。

解 （1）速率分布曲线如图 14-11 所示。

（2）由分布函数的归一化条件,得

$$\int_0^{+\infty} f(v)\mathrm{d}v = \int_0^{v_0} C\mathrm{d}v = Cv_0 = 1$$

求解得
$$C = \frac{1}{v_0}$$

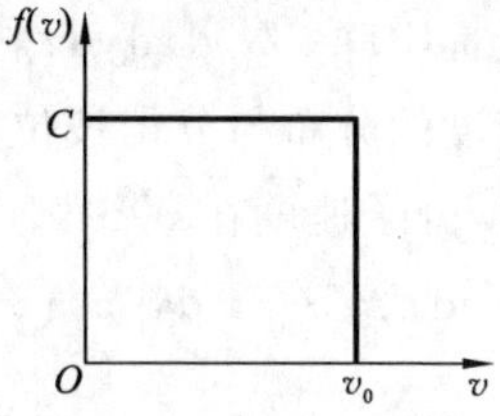

（3）平均速率:

$$\bar{v} = \int_0^{+\infty} vf(v)\mathrm{d}v = \int_0^{v_0} vC\mathrm{d}v = C\frac{v_0^2}{2} = \frac{v_0}{2}$$

图 14-11 例 14-4 图

方均根速率:

$$\overline{v^2} = \int_0^{+\infty} v^2 f(v)\mathrm{d}v = \int_0^{v_0} v^2 C\mathrm{d}v = C\frac{v_0^3}{3} = \frac{v_0^2}{3}$$

可得
$$\sqrt{\overline{v^2}} = \frac{\sqrt{3}}{3}v_0$$

*14.5 玻尔兹曼分布

14.5.1 玻尔兹曼分布律

麦克斯韦速度分布律反映的是不受外力场作用时,处于平衡态的气体分子按速度的分布规律,此时气体分子在空间的分布是均匀的,分子数密度 n 在空间内处处相同 $\left(n = \dfrac{\mathrm{d}N}{\mathrm{d}V} = \dfrac{N}{V}\right)$,压强 p 也处处相同（$p = nkT$）;当气体处于外力场（如重力场、电场、磁场等）中,气体分子在空间的分布将服从怎样的规律? 玻尔兹曼（L. Boltzmann,1844—1906）将麦克斯韦分布进一步推广到气体在保守力场中的情况。

可以看到,麦克斯韦速度分布律的表达式中,其指数项是一个与分子平动动能 $\varepsilon_k = \dfrac{1}{2}mv^2$ 有关的量,可以将式（14-34）表示为

$$\mathrm{d}N = N\left(\frac{m}{2\pi kT}\right)^{\frac{3}{2}} \mathrm{e}^{-\frac{\varepsilon_k}{kT}} \mathrm{d}v_x\mathrm{d}v_y\mathrm{d}v_z \tag{14-39}$$

从能量的角度,我们可以认为麦克斯韦速度分布律体现了分子按平动动能的分布,即分子速度在 v 附近 $\mathrm{d}v_x\mathrm{d}v_y\mathrm{d}v_z$ 内出现的概率与 $\mathrm{e}^{-\frac{\varepsilon_k}{kT}}$ 成正比,同时与 $\mathrm{d}v_x\mathrm{d}v_y\mathrm{d}v_z$ 也成正比。

保守力场中的分子不仅有动能 ε_k,还有势能 ε_p,而势能 ε_p 是与位置有关的函数,因此保守力场中的分子在空间中的分布不再均匀。玻尔兹曼从理论上证明了分子在

坐标空间 r 处 $dxdydz$ 内出现的概率应正比于 $e^{-\frac{\varepsilon_p}{kT}}$，以及 $dxdydz$。研究表明，分子按速度的分布与分子按位置的分布是相互独立的，因此气体在保守力场中处于平衡态时，分子速度在 $v_x \sim v_x + dv_x$、$v_y \sim v_y + dv_y$、$v_z \sim v_z + dv_z$ 区间内，同时分子位置在 $x \sim x + dx$、$y \sim y + dy$、$z \sim z + dz$ 内的分子数为

$$dN = n_0 \left(\frac{m}{2\pi kT}\right)^{\frac{3}{2}} e^{-\frac{\varepsilon_k + \varepsilon_p}{kT}} dv_x dv_y dv_z dxdydz \tag{14-40}$$

其中，n_0 为势能 ε_p 为零处的分子数密度，即单位体积内具有各种速度的分子数。这个结论称为**玻尔兹曼分子能量分布律**，简称**玻尔兹曼分布律**。

由式（14-42）可见，在相同的区间 $dv_x dv_y dv_z dxdydz$ 内，如果总能量 $\varepsilon_1 < \varepsilon_2$（总能量 $\varepsilon = \varepsilon_k + \varepsilon_p$），则有 $dN_1 > dN_2$。这说明，就统计分布来看，分子总是优先占据最低能量状态。

14.5.2 重力场中粒子按高度的分布

1. 分子按势能的分布

分子按势能 ε_p 的分布，需要求出在坐标区间 $x \sim x + dx$、$y \sim y + dy$、$z \sim z + dz$ 内具有各种速度的分子数。若用 dN' 表示，则由式（14-40）对一切速度分量积分，有

$$dN' = n_0 e^{-\frac{\varepsilon_p}{kT}} dxdydz \iiint_{-\infty}^{+\infty} \left(\frac{m}{2\pi kT}\right)^{\frac{3}{2}} e^{-\frac{\varepsilon_k + \varepsilon_p}{kT}} dv_x dv_y dv_z dxdydz$$

根据归一化条件可知该积分项的数值为 1。因此可得

$$dN' = n_0 e^{-\frac{\varepsilon_p}{kT}} dxdydz$$

两边同除 $dV = dxdydz$，可得势能为 ε_p 处的分子数密度（单位体积中具有各种速度的分子数）为

$$n = n_0 e^{-\frac{\varepsilon_p}{kT}} \tag{14-41}$$

即为分子按势能的分布规律。它是玻尔兹曼分布律的一种常用形式，对任何物质微粒（气体、液体中的分子和原子、布朗粒子等）在任何保守力场中运动的情况都成立。

2. 重力场中粒子按高度的分布

重力场中粒子的势能是重力势能。取 z 轴竖直向上，而且令 $z = 0$ 处的势能为零，则粒子在高度 z 处的势能为 $\varepsilon_p = mgh$，n_0 表示 $z = 0$ 处的分子数密度，高度 z 处的分子数密度为

$$n = n_0 e^{-\frac{mgz}{kT}} \tag{14-42}$$

即为重力场中粒子按高度的分布规律。显然在重力场中分子数的密度随高度的增加而按指数规律减小，如图 14-12 所示；分子的质量越大，气体的温度越低，n 减小得越迅速；大气中各种成分的气体数密度都随高度的增加呈指数衰减。氢分子的质量比

其他种类气体分子要小,其衰减较慢,因此高空中氢气在大气中的相对含量较地面上的高。

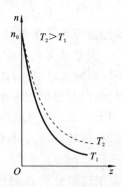

(a) 重力场中粒子的数密度随高度的增加而减小　　(b) 重力场中粒子的数密度随高度增加而按指数规律减小

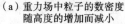

图 14-12　重力场中粒子按高度的分布

3. 等温气压公式

由理想气体状态方程 $p = nkT$,可得

$$p = n_0 kTe^{-\frac{mgz}{kT}} = p_0 e^{-\frac{mgz}{kT}} \tag{14-43}$$

式(14-43)中 $p_0 = n_0 kT$ 为 $z = 0$ 处的气体压强。用普适气体常数 R 和气体摩尔质量 M,p 可表示为

$$p = p_0 e^{-\frac{Mgz}{RT}}$$

该式称为等温气压公式。若将大气视为温度为 T 的理想气体,该式说明大气压随高度的增加而按指数规律减小。将此式取对数,可得高度与压强的关系,即

$$z = \frac{RT}{Mg} \ln \frac{p_0}{p} \tag{14-44}$$

在登山过程或航空技术中,可根据该式用测定的大气压强来估计上升的高度,因为实际上,大气的温度是随高度变化的。

*14.6　气体分子的平均自由程

我们知道,标准状态下 1 cm^3 的空间中容纳的分子数量高达 10^{19} 数量级,这说明分子数量的庞大。同时大量分子在做无规则热运动,因而分子之间的碰撞极为频繁,因此一个分子在连续两次碰撞之间能够自由运动的路程就是一个有限的值。对某一个分子而言,单位时间与其他分子发生碰撞的次数多少,以及在连续两次碰撞之间能够自由运动的路程有多长,是完全偶然的。但是从统计的观点来说,对研究与分子碰撞有关的气体性质和规律(如输运过程)有意义的是大量分子同时所具有的统计规

律——分子的平均碰撞频率和平均自由程。

14.6.1　平均碰撞频率

分子的平均碰撞频率是单位时间内一个分子平均与其他分子碰撞的次数,用 $\bar{Z}$ 表示,单位为 s^{-1}。其数值的大小反映了分子间发生碰撞的频繁程度。

为了推导平均碰撞频率,我们首先要修改理想气体分子的模型,在 14.2 节推导理想气体压强时,我们对理想气体分子的描述是无引力的弹性质点,但是对于分子之间的碰撞,分子的大小是不可忽略的因素。因此,在这里我们假定理想气体分子是无引力的弹性小球,小球的直径为 d,称为**分子的有效直径**,也是两个分子中心可以接近的最短距离。

接下来,我们来追踪分子 A 的运动轨迹。为了简单起见,假设其他分子静止,而分子 A 以平均相对速率 $\bar{u}$ 运动,可以证明平均相对速率 $\bar{u}$ 与平均速率 $\bar{v}$ 的关系是

$$\bar{u}=\sqrt{2}\,\bar{v} \tag{14-45}$$

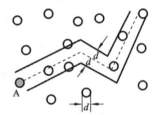

在时间 t 内,分子 A 走过的路程为 $\bar{u}t$,如图 14-13 所示。若以分子 A 走过的路径为轴线,以分子的有效直径 d 为半径,做一个曲折的圆柱体,则凡是分子中心在圆柱体内的分子都会与分子 A 发生碰撞。该圆柱体的横截面积 $\sigma=\pi d^2$,称为分子的碰撞截面。在时间 t 内,分子 A 的平均路径长度为 $\bar{u}t$,则圆柱体的体积为 $\sigma\bar{u}t$,若气体分子数密度为 n,则该圆柱体内的分子数为 $n\sigma\bar{u}t$,也就是时

图 14-13　平均碰撞频率的推导示意图

间 t 内,分子 A 发生碰撞的次数。因此,分子的平均碰撞频率为

$$\bar{Z}=n\sigma\bar{u}=\sqrt{2}\,n\sigma\bar{v}=\sqrt{2}\,\pi d^2 n\bar{v} \tag{14-46}$$

由此可见,平均碰撞频率与分子数密度 n、分子的平均速率 $\bar{v}$ 以及分子的碰撞截面成正比,分子的大小对碰撞的频繁程度有很大影响。因为 n 与气体状态有关($p=nkT$),$\bar{v}$ 与分子种类和气体状态有关$\left(\bar{v}=\sqrt{\dfrac{8kT}{\pi m}}\right)$,分子的大小也与分子种类有关,所以平均碰撞频率的大小与分子种类和气体状态有关。

14.6.2　平均自由程

分子的平均自由程是分子在连续两次碰撞之间自由运动的平均路程,用 $\bar{\lambda}$ 表示。

由于时间 t 内,分子走过的平均路程为 $\bar{v}t$,在该过程中分子平均地发生了 $\bar{Z}t$ 次碰撞,因此连续两次碰撞间隔的时间内分子走过的平均路程为

$$\bar{\lambda}=\frac{\bar{v}t}{\bar{Z}t}=\frac{\bar{v}}{\bar{Z}}=\frac{1}{\sqrt{2}\,\pi d^2 n} \tag{14-47}$$

该式表明,平均自由程与分子数密度 n 以及分子的碰撞截面成反比,而与分子的平均

速率 $\bar{v}$ 无关。这也不难理解,当分子数密度与分子种类不变时,$\bar{v}$ 越大,分子的运动越快,相应的碰撞频率也更高,两次碰撞间隔的时间也就越短,此长彼消,其平均自由程也就没有发生变化。

常温常压下,分子的平均碰撞频率约为 $10^9 \sim 10^{10}\ \mathrm{s}^{-1}$ 数量级,分子平均速率在 $10^2\ \mathrm{m \cdot s^{-1}}$ 数量级,则可知平均自由程的范围在 $10^{-8} \sim 10^{-7}\ \mathrm{m}$ 之间。

例 14-5 已知氮分子的有效直径为 $3.70 \times 10^{-10}\ \mathrm{m}$,计算氮在标准状态下的分子平均碰撞频率和平均自由程。

解 根据分子平均速率

$$\bar{v} = \sqrt{\frac{8RT}{\pi M}} = \sqrt{\frac{8 \times 8.31 \times 273}{\pi \times 28 \times 10^{-3}}}\ (\mathrm{m \cdot s^{-1}}) = 453\ (\mathrm{m \cdot s^{-1}})$$

以及标准状态下任何气体的分子数密度(洛施密特数)

$$n = \frac{6.02 \times 10^{23}}{22.4 \times 10^{-3}}\ (\mathrm{m^{-3}}) = 2.69 \times 10^{25}\ (\mathrm{m^{-3}})$$

可得

$$\bar{Z} = \sqrt{2}\pi d^2 n\bar{v} = \sqrt{2} \times 2.69 \times 10^{25} \times 3.14 \times (3.70 \times 10^{-10}) \times 453\ (\mathrm{s^{-1}})$$
$$= 7.41 \times 10^9\ (\mathrm{s^{-1}})$$

$$\bar{\lambda} = \frac{\bar{v}}{\bar{Z}} = \frac{453}{7.41 \times 10^9}\ (\mathrm{m}) = 6.11 \times 10^{-8}\ (\mathrm{m})$$

思 考 题

14-1 布朗运动是否就是分子运动?如果不是,二者有何关系?

14-2 理想气体与实际气体有什么区别?

14-3 当气体处于平衡态时,分子的平均速度是多少?

14-4 温度的微观意义是什么?能否说某一个分子的温度是多少?为什么?

14-5 一定质量的气体,当温度保持不变时,减小体积,可以使气体压强增大;若体积保持不变时,升高温度,也可以使气体压强增大;从微观角度说明这两种压强增大的过程有何区别?

14-6 下列各式代表的物理意义是什么?

(1) $\frac{1}{2}kT$;(2) $\frac{3}{2}kT$;(3) $\frac{3}{2}RT$;(4) $\frac{1}{2}(t+r)RT$。

14-7 将 1 mol 氦气、1 mol 氧气和 1 mol 二氧化碳的温度升高 10 K,内能增加最多的是哪一种气体?分子平动动能增加最多的又是哪一种气体?

14-8 用图示法表示速率分布规律时,为什么要以 $\frac{\mathrm{d}N}{N\mathrm{d}v}$ 而不是 $\frac{\mathrm{d}N}{N}$ 为纵坐标作图?

14-9 速率分布函数的物理意义是什么?下列各式代表的物理意义是什么?

(1) $f(v)\mathrm{d}v$;(2) $\int_{v_1}^{v_2} Nf(v)\mathrm{d}v$;(3) $\int_{v_1}^{v_2} Nvf(v)\mathrm{d}v$;(4) $\int_0^\infty vf(v)\mathrm{d}v$。

14-10 平衡态下的气体的速率分布曲线是一个正态分布,当气体温度升高时,其速率分布曲线会发生怎样的变化？其中有一个量是不随温度变化的,它是什么?

14-11 从分子动理论的观点解释大气中氢气含量少的原因。

习　题

14-1 真空管是太阳能热水器的核心,其结构如同一个拉长的暖瓶胆,内外层之间为真空。如果其真空度达到 10^{-6} Pa,在温度为 27 ℃时,真空管内外层之间每立方厘米有多少个气体分子?

14-2 某容器中贮有一定质量的氧气,若氧气处于标准状态(1 atm,0 ℃),求氧气的分子数密度、分子平均平动动能以及分子的方均根速率分别是多少?

14-3 某容器中贮有 1 mol 氢气,若已知其分子热运动动能的和为 5.67×10^3 J,求氢气的温度是多少? 一个氢气分子的热运动平动动能的平均值是多少?

14-4 质量相同的氧气和水蒸气,当处于相同的温度时,两种气体的内能之比是多少? 分子的平均动能之比是多少? 分子的平均平动动能之比是多少?

14-5 有 6 个微粒,试求以下几种情形的平均速率和方均根速率。

(1) 6 个微粒以 10 m·s^{-1} 的速率分别向上、下、左、右、前、后运动;

(2) 3 个微粒静止,3 个微粒以 10 m·s^{-1} 的速率向同一方向运动。

14-6 在 1 atm,27 ℃时,氧气分子和氢气分子的平均速率分别是多少? 哪一个更大,这是否意味着该类分子都比另外一类分子运动得快?

14-7 在真空容器中,有一束分子射线垂直射到一平板上,设分子射线中分子速度大小均为 v,分子数密度为 n,分子质量为 m,分子与平板发生弹性碰撞,求分子射线对平板产生的压强是多少? 若平板以速率 u 迎向分子射线,求此时分子射线对平板产生的压强是多少?

14-8 在图 14-14 所示的速度分布曲线中表示出

(1) 速率在 100 m·s^{-1} 所在单位速率区间内的分子数占总分子数的比率;

(2) 速率在 200~800 m·s^{-1} 的分子数占总分子数的比率;

(3) 速率小于 v_p 的分子数占总分子数的比率。

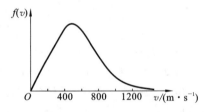

图 14-14　题 14-8 图

14-9 有 N 个粒子,其速率分布函数为

$$f(v) = \begin{cases} Cv & (0 \leqslant v \leqslant v_0) \\ 0 & (v > v_0) \end{cases}$$

(1) 画出速率分布曲线;

(2) 若 v_0 已知,求常数 C;

(3) 求粒子的平均速率。

14-10 两个相同的容器内装有数目相同的氧分子,二者用阀门相连,第一个容器内分子的方均根速率为 v_1,第二个容器内分子的方均根速率为 v_2。打开阀门后,分子的方均根速率为多少(设系统与周围环境无热交换)?

14-11 一容积为 5 L 的氧气瓶在 0 ℃下所充氧气的压强为 20 atm,登山运动员带着这瓶氧气登至 6000 m 高处供氧,当瓶内压强为 10 atm 时,计算在 6000 m 高处,登山运动员使用了多少升氧气(设此过程中温度保持不变)。

14-12 飞机起飞前,机舱中的压强计示数为 $1.01×10^5$ Pa,温度为 27.0 ℃;起飞后,机舱中的压强计示数稳定为 $8.08×10^4$ Pa,温度仍为 27.0 ℃,计算此时飞机距地面的高度(空气的摩尔质量为 29 g·mol^{-1})。

14-13 某真空管的线度 l 为 0.01 m,其中压强为 $1.33×10^{-3}$ Pa,若空气分子的有效直径为 $3×10^{-10}$ m,求室温在 27.0 ℃时真空管内的分子数密度、平均自由程和平均碰撞频率(空气的摩尔质量为 29 g·mol^{-1})。

14-14 某种气体在 25.0 ℃时的平均自由程是 $2.63×10^{-7}$ m,已知分子有效直径为 $2.6×10^{-10}$ m。

(1) 求气体压强;

(2) 求分子在 1 m 的路径上与其他分子的碰撞次数。

第四篇

振动和波动

琴弦被拨动后的颤动,以及锣鼓被敲打后鼓面的振动,这些振动是如何被人们听到的呢? 振动和波动现象与声音的产生和传播紧密联系,因此对振动和波动的认识源于人们对声音的探究。

中国古代人们很早就开始了声学研究。《考工记》详细记录了钟的制造与音响,是世界上最早论述制钟技术的文章;《吕氏春秋》记载了最早的声学定律;11 世纪北宋沈括《补笔谈》卷一:"欲知其应者,先调其弦令声和,乃剪纸人加弦上,鼓其应弦,则纸人跃,他弦即不动",以纸人实验证明共振现象。1584 年,明朝朱载堉提出了与当代乐器制造中使用的乐律完全相同的平均律,比西方早提出 300 年。

对振动与波动的系统研究则是从 17 世纪初的西方开始的。伽利略通过对单摆周期和单弦振动的研究,首次提出频率的概念,并观察了共振现象(比沈括记载的迟了 600 年)。单弦振动的问题从 1638 年伽利略提出开始,英国数学家泰勒在 1713 年第一次求出它的基频,直到 1785 年,法国的达朗贝尔、瑞士的欧拉等求得它的全解,用了近 150 年才得以解决。1822 年发表的傅里叶级数解决了弦振动中许多频率的振动可以叠加的问题。对于固体的振动,1734~1735 年欧拉研究了棒的振动,但是板的振动直到 1850 年才由基尔霍夫求得严格解,从而满足了可以解决大功率或者高速运动机械装置的振动问题的社会需求。

古代东西方对声波的认识基本统一:声波由物体的振动产生,并通过物质传播。牛顿在 1687 年出版的《自然哲学的数学原理》中指出:振动物体要推动邻近媒质,后者又推动它的邻近媒质等,并由此推导声速的表达式。达朗贝尔于 1747 年首次导出弦的波动方程。1816 年,拉普拉斯对牛顿的声速表达式进行了修正,使理论计算得到的声速值与实验值完全一致。波动方程的通解是 1747 年法国的达朗贝尔解决的。1820 年,法国的泊松给出了三维声波以及管内驻波的严格解。波在两种介质分界面上的反射与折射的问题是英国的格林解决的,他特别强调了声(纵波)和光(横波)在反射、折射时的差异,对 20 世纪人们研究地震波以及声波对飞机的影响具有重要意义。以上的工作都是把声波视为线性过程。而 1756 年欧拉就考虑到了参量的大幅值变化产生的非线性声波的问题,其物理分析完全正确,可惜他在数学处理上的失误使得非线性声波的解直到 100 年后的 1859 年才由德国的黎曼和英国的厄恩肖分别独立得到。

振动和波动并不局限于机械运动。比如交流电路中的电流或电压围绕一个定值往复变化,这也是一种振动;无线电波、X 射线,以及五颜六色的光都是电磁场振动的传播。不管是哪一种运动形式的振动和波动,它们表现出来的规律都是相同的。它们是横跨物理学中力、热、光、电,以及近代物理领域的普遍的、重要的运动形式。

【温故知新】

高中阶段,我们学习了"机械振动和机械波"模块。我们知道机械振动是物体在某一位置附近所做的往复运动,例如钟摆的摆动、脉搏的跳动和发动机气缸内活塞的运动等。简谐振动是最简单、最基本的机械振动。任何复杂的振动都可看成由两个或多个简谐振动的合成。

简谐振动运动学的特征是振子关于平衡位置的位移 x 与时间 t 的关系遵从余弦函数的规律,$x = A\cos(\omega t + \varphi')$,而 x-t 振动曲线是一条余弦或正弦曲线。描述简谐振动的特征物理量有**振幅** A,振动质点离开平衡位置的最大距离;**频率** f 是振子单位时间内完成全振动的次数,周期 T 是振子完成一次全振动所需时间 $\left(T = \dfrac{1}{f}\right)$;**相位** $\omega t + \varphi$ 描述质点在各个时刻所处的不同状态,其中 ϕ 叫作初相。相隔 T 或 nT 的两个时刻,振子处于同一位置且振动状态相同。

简谐振动的动力学特点是振子受到沿振动方向的合力是回复力,其方向总是指向平衡位置,其作用是使振子返回到平衡位置。简谐振动的能量包括动能 E_k 和势能 E_p,系统动能与势能相互转化,系统的机械能守恒。振子在外来驱动力作用下做受迫振动。其受迫振动的周期(或频率)等于驱动力周期(或频率),与振子的固有周期(或频率)无关。做受迫振动的物体,它的固有频率与驱动力的频率越接近,其振幅就越大,当振幅达到最大时,就是所谓的**共振现象**。

波动是振动状态在空间中的传播过程,是常见的物质运动方式之一。机械波就是机械振动在弹性介质中的传播,例如水波、声波等。机械波产生的条件是产生振动的**波源**和传播机械振动的**弹性介质**。按照振动方向和波传播方向之间的关系,可将波分为横波和纵波。质点的振动方向与波的传播方向相互垂直的波是横波;质点的振动方向与波的传播方向在同一直线上的波是纵波。描述机械波的物理量有**波长** λ、**频率** f **和波速** v。在波动中,振动相位总是相同的两个相邻质点间的距离是波长 λ。频率 f 是波源的振动频率,在波动中,介质中各质点的振动频率都是相同的,都等于波源的振动频率。波速 $v = \dfrac{\lambda}{T} = \lambda f$,其大小由介质决定,与波源的振动频率无关。对机械波也可以用图象法描述,称为波动曲线。波动曲线的横坐标是介质中各质点的平衡位置,纵坐标表示的是某一时刻各个质点偏离平衡位置的位移。

干涉和衍射是波特有的现象。波的衍射是波可以绕过障碍物继续传播的现象。只有当缝、孔的宽度或障碍物的尺寸跟波长相差不多时,才会发生明显的衍射现象。波的干涉是频率相同的两列波叠加时,在空间区域形成稳定的振动加强和减弱的现象。干涉现象的形成基于波的叠加原理:几列波相遇时能保持各自的运动状态,继续传播,在它们重叠的区域里,介质的质点同时参与这几列波引起的振动,质点的位移等于这几列波单独传播时引起的位移的矢量和。依据叠加原理,我们可以获得波的干涉条件。

我们将在本篇中更加详细深入地学习振动和波动的特点及其描述。

【过关斩将】

1. 某质点做简谐运动,若其位移随时间变化的关系式为 $x = A\sin\dfrac{\pi}{4}t$,则关于该质点,下列说法正确的是(　　)。

A. 振动的周期为 2 s

B. 第 1 s 末与第 3 s 末的位移相同

C. 第 1 s 末与第 3 s 末的速度相同

D. 第 3 s 末至第 5 s 末的位移方向都相同

2. 如图甲所示,水平的光滑杆上有一个弹簧振子,振子以 O 点为平衡位置,在 a、b 两点之间做简谐运动,其振动图象如图乙所示。由振动图象可以得(　　)。

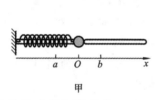
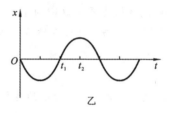

A. 振子的振动周期等于 $2t_1$

B. 在 $t=0$ 时刻,振子的位置在 a 点

C. 在 $t=t_1$ 时刻,振子的速度为零

D. 在 $t=t_1$ 时刻,振子的速度最大

3. (多选)如图所示,曲轴上挂一个弹簧振子,转动摇把,曲轴可带动弹簧振子上下振动。开始时不转动摇把,让振子自由振动,测得其频率为 2 Hz。现匀速转动摇把,转速为 240 r/min,则(　　)。

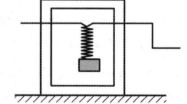

A. 当振子稳定振动时,它的振动周期是 0.5 s

B. 当振子稳定振动时,它的振动频率是 4 Hz

C. 当转速增大时,弹簧振子的振幅增大

D. 当转速减小时,弹簧振子的振幅增大

4. (多选)关于机械波,下列说法正确的是(　　)。

A. 在机械波的传播过程中,各质点随波的传播而迁移

B. 相距一个(或整数个)波长的两个质点的振动位移在任何时刻都相同,而且振动速度的大小和方向也相同

C. 两列波在介质中叠加,一定产生干涉现象

D. 波的传播在时间上有周期性,在空间上也有周期性

5. 一列沿 x 轴正方向传播的简谐机械横波,波速为 4 m/s。某时刻波形如图所

示,下列说法正确的是(   )。

A. 这列波的振幅为 4 cm

B. 这列波的周期为 1 s

C. 这列波的波长为 8 m

D. 此时 $x=4$ m 处质点沿 y 轴负方向运动

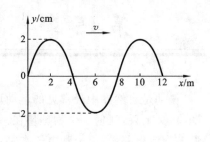

6. (多选)如图甲为一列简谐横波在某一时刻的波形图,图乙为介质中 $x=2$ m 处的质点 P 以此时刻为计时起点的振动图像。下列说法正确的是(   )。

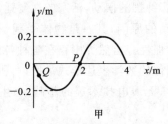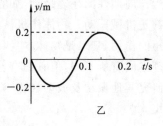

甲   乙

A. 这列波的传播方向是沿 x 轴正方向

B. 这列波的传播速度是 20 m/s

C. 经过 0.15 s,质点 P 沿 x 轴的正方向传播了 3 m

D. 经过 0.1 s,质点 Q 的运动方向沿 y 轴正方向

7. (多选)如图所示两列相干水波的叠加情况,图中的实线表示波峰,虚线表示波谷。设两列波的振幅均为 5 cm,且在图示的范围内振幅不变,波速为 1 m/s,波长为 0.5 m。C 点是 BE 连线的中点,下列说法中正确的是(   )。

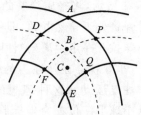

A. A、E 两点始终位于波峰位置

B. 图示时刻 A、B 两点的竖直高度差为 20 cm

C. 图示时刻 C 点正处于平衡位置且向下运动

D. 从图示时刻起经 1 s,B 点通过的路程为 80 cm

第15章 简谐振动及其描述

振动是自然界中最常见的运动形式之一,它们在自然现象和生产活动中广泛存在。广义上说,任何一个物理量在一个数值附近随时间做周期性变化,都称为振动。例如,交流电路中,电流和电压在一定数值附近做周期性的变化;在电磁场通过的空间内,任意点的电场强度和磁场强度做周期性的变化等。所谓**机械振动**,是指物体在一定位置附近作周期性的往复运动,如心跳、钟摆的摆动、活塞的往复运动、固体中原子的振动等都是机械振动。物体作机械振动的原因,其一是物体受到一个所谓恢复力或恢复力矩的作用,其二是物体本身具有惯性。自然界中存在各种各样的振动,尽管它们的物理本质有所不同,但它们有着相似的数学表达形式。所以,机械振动的基本规律也是研究其他振动及波动、波动光学、无线电技术等的基础,在生产技术中有着广泛的应用。

15.1 简谐振动的运动学描述

1. 简谐振动表达式

简谐振动是最简单、最基本的振动。由若干个简谐振动的合成可得到一个较复杂的振动,相反任何复杂的振动可看成由若干个简谐振动合成的结果。如图15-1所示,将轻质弹簧的一端固定,另一端系一小球,并放在光滑水平面上。开始时弹簧处于自然长度,即小球处于平衡状态,如果把小球拉开一定距离(弹性限度内)后释放,忽略所有阻力,小球就会在弹性力的作用下,在其平衡位置附近作往复运动。这种理想的振动系统称为**弹簧振子**。以小球平衡位置为坐标原点 O,以弹簧伸展方向为 x 轴正方向,弹簧振子的位移 x 随时间 t 作周期性变化,其关系表达式为

$$x = A\cos(\omega t + \varphi) \qquad (15\text{-}1)$$

式(15-1)称为**简谐振动表达式**,式中 A、ω、φ 皆为常数。

依据速度和加速度的定义,小球作简谐振动的速度和加速度分别为

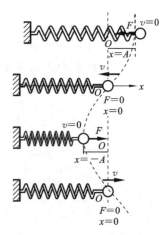

图 15-1 弹簧振子的振动

$$v = \frac{\mathrm{d}x}{\mathrm{d}t} = -\omega A \sin(\omega t + \varphi) = -v_{\mathrm{m}} \sin(\omega t + \varphi) \tag{15-2}$$

$$a = \frac{\mathrm{d}^2 x}{\mathrm{d}t^2} = -\omega^2 A \cos(\omega t + \varphi) = -\omega^2 x = -a_{\mathrm{m}} \cos(\omega t + \varphi) \tag{15-3}$$

式中 $v_{\mathrm{m}} = \omega A$ 和 $a_{\mathrm{m}} = \omega^2 A$ 称为速度振幅和加速度振幅。可见，物体作简谐振动时，其速度和加速度也随时间作周期性变化。

2. 简谐振动特征量

1）振幅

振幅表示物体在简谐振动过程中离开平衡位置的最大位移的绝对值，用 A 表示，它给出了物体的运动范围。

2）周期、频率和角频率

振动的特征之一是具有周期性，振动物体完成一次全振动所经历的时间称为**周期**，用 T 表示。因此有

$$x = A\cos(\omega t + \varphi) = A\cos[\omega(t + T) + \varphi]$$

余弦函数的周期为 2π，所以有 $\omega T = 2\pi$，即

$$T = \frac{2\pi}{\omega} \tag{15-4}$$

频率是振动物体在单位时间里完成全振动的次数，用 ν 表示，国际单位制中其单位为赫兹（Hz），即

$$\nu = \frac{1}{T} = \frac{\omega}{2\pi} \tag{15-5}$$

$$\omega = \frac{2\pi}{T} = 2\pi\nu \tag{15-6}$$

其中，ω 表示物体在 2π 秒内所完成的全振动的次数，称为简谐振动的**角频率**，也称为圆频率。

3）相位和初相位

振动系统的运动状态与物理量 $(\omega t + \varphi)$ 紧密相关。在物理学中，把**决定振动系统运动状态的物理量** $(\omega t + \varphi)$ 称为**相位**，并且规定 $t = 0$ 时的相位 φ 为**初相位**，相位的单位为弧度（rad）。

我们已经讨论了振幅 A 和初相位 φ 的物理意义，那么 A 和 φ 由什么因素决定呢？我们设振动开始时，即 $t = 0$ 时，物体位移和速度分别为 x_0 和 v_0，由式（15-1）和式（15-2）可得

$$x_0 = A\cos\varphi, \quad v_0 = -A\omega\sin\varphi$$

由以上两式可得

$$A = \sqrt{x_0^2 + \frac{v_0^2}{\omega^2}}, \quad \tan\varphi = -\frac{v_0}{x_0\omega} \tag{15-7}$$

初速度 v_0 和初位移 x_0 称为系统的初始条件,这说明,简谐振动的振幅 A 和初相 φ 都取决于初始条件和角频率 ω,一般规定**初相 φ 的取值范围为** $[-\pi,\pi]$。

4)相位差的物理意义

设有两个同频率、同振幅的简谐振动,它们的振动表达式为

$$x_1 = A\cos(\omega t + \varphi_1)$$
$$x_2 = A\cos(\omega t + \varphi_2)$$

它们的相位差为

$$\Delta\varphi = (\omega t + \varphi_2) - (\omega t + \varphi_1) = \varphi_2 - \varphi_1$$

当 $\Delta\varphi = \varphi_2 - \varphi_1 = 2k\pi(k=0,\pm1,\pm2,\cdots,k$ 为整数)时,在任意时刻 t 两个振动物体的振动位移和振动速度相同,称这样的两个振动为**同相**。$\Delta\varphi = \varphi_2 - \varphi_1 = (2k+1)\pi(k=0,\pm1,\pm2,\cdots,k$ 为整数)时,在任意时刻 t 两个振动物体的振动位移和振动速度大小相等但方向相反,称这样的两个振动为**反相**。当 $\Delta\varphi = \varphi_2 - \varphi_1 > 0$ 时,我们称第二个振动**超前**第一个振动 $\Delta\varphi$,也就是说对同一个振动状态,第二个振动总要比第一个振动提前 $\Delta t = \dfrac{\varphi_2 - \varphi_1}{\omega}$ 到达;当 $\Delta\varphi = \varphi_2 - \varphi_1 < 0$ 时,我们称第二个振动**落后**第一个振动 $|\Delta\varphi|$。图 15-2 所示的是两个同振幅、同频率而不同初相位的简谐振动的位移时间曲线。

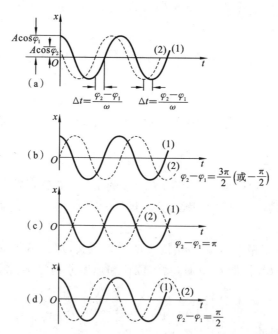

图 15-2　两个同振幅、同频率而不同初相位的简谐振动的位移时间曲线

例 15-1　有一轻质弹簧,下面挂质量为 $m_1 = 0.01$ kg 的物体时,其伸长量为

0.049 m,用此弹簧和质量为 $m_2 = 0.08$ kg 的小球构成弹簧振子。将小球由平衡位置向下拉 0.01 m 后,给予向上的初速度 $v_0 = 0.05$ m/s,求弹簧的振动周期及振动表达式。

解 由平衡条件 $m_1 g = kx_1$,可得

$$k = \frac{m_1 g}{x_1} = \frac{0.01 \times 9.8}{0.049} \ (\text{N/m}) = 2.0 \ (\text{N/m})$$

该弹簧振子的周期和角频率为

$$T = 2\pi \sqrt{\frac{m_2}{k}} = 2\pi \sqrt{\frac{0.08}{2.0}} \ (\text{s}) = 1.26 \ (\text{s})$$

$$\omega = \sqrt{\frac{k}{m_2}} = \sqrt{\frac{2.0}{0.08}} \ (\text{rad/s}) = 5.0 \ (\text{rad/s})$$

以平衡位置为原点,令 F 为 x 轴正方向,则 $x_0 = 0.01$ m,$v_0 = -0.05$ m/s,由此得

$$A = \sqrt{x_0^2 + \left(\frac{v_0}{\omega}\right)^2} = \sqrt{0.01^2 + \left(\frac{-0.05}{5.0}\right)^2} \ (\text{m}) = \sqrt{2} \times 10^{-2} (\text{m})$$

$$\tan\varphi = -\frac{v_0}{\omega x_0} = -\frac{-0.05}{5.0 \times 0.01} = 1$$

由于 $x_0 > 0$,$v_0 < 0$,所以 $\varphi = \frac{\pi}{4}$,振动方程式为

$$x = \sqrt{2} \times 10^{-2} \cos\left(5t + \frac{\pi}{4}\right)$$

15.2 简谐振动的旋转矢量表示法

为了直观给出简谐振动表达式中 A、ω 和 φ 的物理意义,我们常用旋转矢量法来描述简谐振动。如图 15-3 所示,由坐标原点 O 引出一个矢量 $\overrightarrow{OM}$,其长度等于振幅 A,称为振幅矢量 A(旋转矢量)。当 $t = 0$ 时,A 与 x 轴之间的夹角等于简谐振动的初相 φ,若 A 以等于角频率 ω 的角速度在平面内绕 O 点逆时针做匀速转动,在 t 时刻矢量 A 的端点在 x 轴上的投影点的位移为

$$x = A\cos(\omega t + \varphi)$$

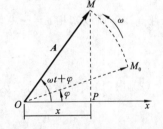

图 15-3　简谐振动的矢量图示法

这是简谐振动的表达式。可见,做匀速转动的矢量 A,其端点 M 在 x 轴上的投影点 P 的运动是简谐振动。在矢量 A 的转动过程中,M 点作匀速圆周运动,通常把这个圆称为参考圆,矢量 A 转一周的时间就是简谐振动的周期。

如图 15-4 所示,用旋转矢量图示法,给出两个简谐振动的位移时间曲线。

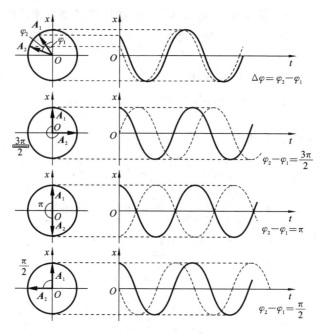

图 15-4 旋转矢量表示两个简谐振动的相位

例 15-2 一物体沿 x 轴作简谐振动,振幅 $A=0.12$ m,周期 $T=2$ s,当 $t=0$ 时,物体位移 $x_0=0.06$ m,且向 x 轴正向运动。求:(1)此简谐振动的余弦函数表达式;(2)当 $t=\dfrac{T}{4}$ 时,物体的位置、速度和加速度;(3)物体从 $x=-0.06$ m 向 x 轴负向运动,第一次回到平衡位置所需的时间。

解 (1)由题意知 $A=0.12$ m,$T=2$ s,$\omega=\dfrac{2\pi}{T}=\pi$ rad·s^{-1},$t=0$ 时,$x_0=+0.06$ m,且 $v_0>0$,所以初相 $\varphi=-\dfrac{\pi}{3}$,这样简谐振动表达式为

$$x=0.12\cos\left(\pi t-\frac{\pi}{3}\right)\ (\text{m})$$

(2)由(1)中简谐振动表达式得

$$v=\frac{\mathrm{d}x}{\mathrm{d}t}=-0.12\pi\sin\left(\pi t-\frac{\pi}{3}\right)\ (\text{m·s}^{-1})$$

$$a=\frac{\mathrm{d}v}{\mathrm{d}t}=-0.12\pi^2\cos\left(\pi t-\frac{\pi}{3}\right)\ (\text{m·s}^{-2})$$

当 $t=\dfrac{T}{4}=0.5$ s 时,由上列各式得

$$x=0.12\cos\left(\pi\times0.5-\frac{\pi}{3}\right)\ (\text{m})=0.104\ (\text{m})$$

$$v = -0.12\pi \sin\left(\pi \times 0.5 - \frac{\pi}{3}\right) \ (\text{m/s}) = -0.18 \ (\text{m} \cdot \text{s}^{-1})$$

$$a = -0.12\pi^2 \cos\left(\pi \times 0.5 - \frac{\pi}{3}\right) \ (\text{m/s}^2)$$

$$= -1.03 \ (\text{m} \cdot \text{s}^{-2})$$

（3）由旋转矢量图（见图 15-5）可知

$$\omega\Delta t = \frac{3\pi}{2} - \frac{2\pi}{3} = \frac{5\pi}{6}$$

$$\Delta t = \frac{5}{6} \ (\text{s})$$

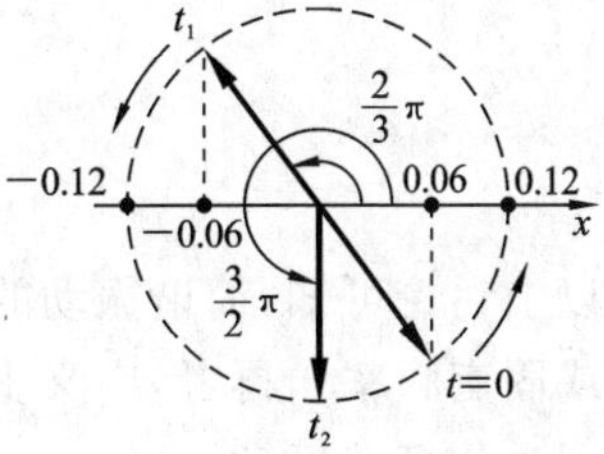

图 15-5

15.3　简谐振动的动力学规律

1. 简谐振动的动力学性质

质点作简谐振动时,它的加速度和相对于平衡位置的位移之间的关系为

$$a = \frac{\mathrm{d}^2 x}{\mathrm{d}t^2} = -\omega^2 A \cos(\omega t + \varphi) = -\omega^2 x$$

或者

$$\frac{\mathrm{d}^2 x}{\mathrm{d}t^2} + \omega^2 x = 0 \qquad\qquad (15\text{-}8)$$

根据牛顿第二运动定律,质量为 m 的质点沿 x 轴方向作简谐振动,所受的合外力是

$$F = m\frac{\mathrm{d}^2 x}{\mathrm{d}t^2} = -m\omega^2 x$$

由于 m、ω 都是常数,所以作简谐振动的质点所受的合外力 F 与它的位移 x 成正比,但反向,这样的力称为线性恢复力,即

$$F = -kx \qquad\qquad (15\text{-}9)$$

其中,F 亦称为弹性力;k 为比例系数,k 越大,则 F 越大。我们可以从动力学特点给简谐振动下定义:**质点在仅受弹性力作用下的运动就是简谐振动。** 由牛顿定律得

$$F = -kx = m\frac{\mathrm{d}^2 x}{\mathrm{d}t^2}$$

$$\frac{\mathrm{d}^2 x}{\mathrm{d}t^2} + \frac{k}{m}x = 0 \qquad\qquad (15\text{-}10)$$

这一微分方程的解的形式为

$$x = A \cos(\omega t + \varphi)$$

将式(15-8)与式(15-10)进行比较,可知简谐振动的角频率为

$$\omega = \sqrt{\frac{k}{m}}$$

由此可得简谐振动的周期和频率分别为

$$T = \frac{2\pi}{\omega} = 2\pi\sqrt{\frac{m}{k}}$$

$$\nu = \frac{\omega}{2\pi} = \frac{1}{2\pi}\sqrt{\frac{k}{m}}$$

由以上讨论可知,简谐振动的周期(或频率)取决于振动系统本身的性质,称为固有周期或固有频率。再者,广义上说,如果一个物理量的变化规律满足式(15-10),则该物理量作简谐振动。

2. 两个简谐振动实例

1) 单摆

一根质量可以忽略且不会伸缩的细线,固定其上端,并在下端系一个视为质点的小球来构成一个单摆(称为数学摆),如图 15-6 所示。将摆球稍微偏离平衡位置后释放,摆球将在竖直平面里,且在平衡位置附近来回运动。当摆线对平衡位置的角位移为 θ 时,忽略空气中的阻力,摆球所受各力沿切线方向的分力 F_t 为 $mg\sin\theta$,取逆时针方向为角位移 θ 的正方向,则

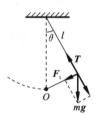

图 15-6 单摆

$$F_t = -mg\sin\theta$$

在角位移很小时,$\sin\theta \approx \theta$,所以有

$$F_t = -mg\theta$$

由牛顿第二定律可得

$$-mg\theta = ml\frac{d^2\theta}{dt^2} \quad \text{或者} \quad \frac{d^2\theta}{dt^2} + \frac{g}{l}\theta = 0$$

这一方程和式(15-8)具有相同的形式,所以说,在偏角很小的情况下,单摆的振动为角谐振动,其振动角频率为

$$\omega = \sqrt{\frac{g}{l}}$$

而单摆的振动周期为

$$T = \frac{2\pi}{\omega} = 2\pi\sqrt{\frac{l}{g}}$$

其振动表达式为

$$\theta = \theta_m\cos(\omega t + \varphi)$$

式中 θ_m 是最大角位移,即角振幅;φ 为初相位,它们由初始条件决定。

2) LC 振荡

这是一个非力学的简谐振动的例子。如图 15-7 所示,电源 $\mathscr{E}$、电容 C 和电感 L 组成电路。先将单刀双掷开关掷向左边,接通电源,使电容器充电,然后将开关掷向

右边,接通 LC 回路,电流表 G 中通过大小和方向都交替变化的电流。忽略所有电阻,依据含源电路欧姆定律,有如下关系式:

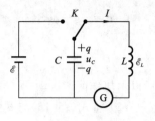

图 15-7 LC 振荡

$$U_C + \mathscr{E}_L = 0 \qquad (15\text{-}11)$$

$$u_C = \frac{q}{C} \qquad (15\text{-}12)$$

$$I = -\frac{\mathrm{d}q}{\mathrm{d}t}$$

$$\mathscr{E}_L = -L\frac{\mathrm{d}I}{\mathrm{d}t} = L\frac{\mathrm{d}^2 q}{\mathrm{d}t^2} \qquad (15\text{-}13)$$

将式(15-12)、式(15-13)代入式(15-11),得

$$L\frac{\mathrm{d}^2 q}{\mathrm{d}t^2} + \frac{q}{C} = 0$$

即

$$\frac{\mathrm{d}^2 q}{\mathrm{d}t^2} + \frac{q}{LC} = 0$$

这也是一个类似于式(15-8)的微分方程,因此电容器上的电量也是按简谐振动的形式变化的,即

$$q = q_m \cos(\omega t + \varphi)$$

其角频率和周期分别为

$$\omega = \frac{1}{\sqrt{LC}} \qquad (15\text{-}14)$$

$$T = 2\pi\sqrt{LC} \qquad (15\text{-}15)$$

电流表达式为

$$I = \frac{\mathrm{d}q}{\mathrm{d}t} = \omega q_m \sin(\omega t + \varphi)$$

电流随时间按正弦规律变化,这种电流称为振荡电流。

例 15-3 一立方体木块浮在静止的水中,其浸入水中的高度为 a,如图 15-8 所示。先用手指将其轻轻压下,使其浸入水中的高度为 b,然后放手,任其自由振动。(1) 试证明,若水的阻力不计,木块作简谐振动;(2) 求其振动周期和振幅;(3) 若自放手时开始计时,写出振动方程。

解 (1)设木块横截面积为 S,水的密度为 ρ,木块质量为 m,木块静止在水面时,有

$$mg = \rho g S a$$

$$m = \rho S a$$

设向下方向为 x 轴正方向,当木块对平衡位置的位移为 x 时,木块所受的合外力为

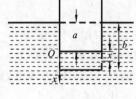

图 15-8

$$F = mg - \rho g S(a+x) = mg - \rho g Sa - \rho g Sx = -\rho g Sx = m\frac{\mathrm{d}^2 x}{\mathrm{d}t^2} = \rho Sa\frac{\mathrm{d}^2 x}{\mathrm{d}t^2}$$

$$\frac{\mathrm{d}^2 x}{\mathrm{d}t^2} + \frac{g}{a}x = 0 \tag{15-16}$$

所以木块作简谐振动。

（2）将式(15-16)与式(15-8)比较,得

$$\omega = \sqrt{\frac{g}{a}}$$

$$T = 2\pi\sqrt{\frac{a}{g}}$$

微分方程式(15-16)的解为

$$x = A\cos(\omega t + \varphi), \quad v = -\omega A\sin(\omega t + \varphi)$$

由初始条件 $t=0, v_0=0$,得

$$A = b-a, \quad \varphi = 0$$

（3）其振动方程为

$$x = (b-a)\cos\sqrt{\frac{g}{a}}t$$

15.4　简谐振动的能量

我们以弹簧振子为例来说明简谐振动的能量问题。

取处于平衡位置时的弹性势能为零,当振子的位移为 x,速度为 v 时,系统的弹性势能和动能分别为

$$E_{\mathrm{p}} = \frac{1}{2}kx^2 = \frac{1}{2}kA^2\cos^2(\omega t + \varphi) \tag{15-17}$$

$$E_{\mathrm{k}} = \frac{1}{2}mv^2 = \frac{1}{2}m\omega^2 A^2\sin^2(\omega t + \varphi) = \frac{1}{2}kA^2\sin^2(\omega t + \varphi) \tag{15-18}$$

因此,系统的总机械能为

$$E = E_{\mathrm{k}} + E_{\mathrm{p}} = \frac{1}{2}kA^2[\sin^2(\omega t + \varphi) + \cos^2(\omega t + \varphi)] = \frac{1}{2}kA^2 = \frac{1}{2}mv_{\mathrm{m}}^2 = 恒量$$

$$\tag{15-19}$$

由上面讨论可知,弹簧振子的动能和势能随时间作周期性变化,其周期为谐振动周期的一半,如图 15-9 所示,是初相位 $\varphi=0$ 的能量随时间变化的关系曲线。可以看出,总能量不随时间而改变,即机械能守恒,动能和势能相互转化,总能量与振幅的平方成正比关系。

另外,振动势能和振动动能在一个振动周期内的平均值分别为

$$\overline{E}_{\mathrm{p}} = \frac{1}{T}\int_{0}^{T} \frac{1}{2}kA^2\cos^2(\omega t + \varphi)\mathrm{d}t = \frac{1}{4}kA^2$$

$$\overline{E}_{\mathrm{k}} = \frac{1}{T}\int_{0}^{T} \frac{1}{2}kA^2\sin^2(\omega t + \varphi)\mathrm{d}t = \frac{1}{4}kA^2$$

即弹簧振子的势能和动能的平均值相等,且等于总机械能的一半。这一结论也同样适用于其他简谐振动。弹簧振子的势能与位移间的关系如同一条抛物线,如图 15-10所示,称为振子的势能曲线。

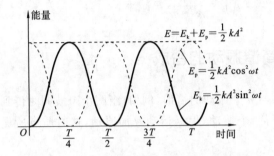 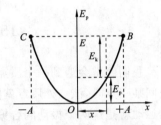

图 15-9　弹簧振子的能量和时间关系曲线　　　图 15-10　弹簧振子的势能曲线

例 15-4　如图 15-11 所示,一个水平面上的弹簧振子,劲度系数为 k,所系物体的质量为 m,振幅为 A。有一质量为 m_0 的小物体从高度 h 处自由下落,当振子在最大位移处时,小物体正好落在上面并黏在一起,这时系统的振动周期、振幅、振动能量有何变化? 如果小物体是在振子到达平衡位置时落在 m 上的,系统的周期、振幅、能量又有何变化?

解　小物体没有下落之前,系统的振动周期为 T_0 $= \frac{2\pi}{\omega} = 2\pi\sqrt{\frac{m}{k}}$,振幅为 A,振动能量为 $\frac{1}{2}kA^2$。物体在水平方向振动,当 m_0 从高度 h 处落下时,系统振动的角频率 $\omega = \sqrt{\frac{k}{m+m_0}}$,周期 $T = \frac{2\pi}{\omega} = 2\pi\sqrt{\frac{m+m_0}{k}}$。

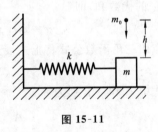

图 15-11

(1) 振子在最大位移处与小物体碰撞。

初始位移 $x_{01} = A$,初速度 $v_{01} = 0$,所以振幅 $A_1 = \sqrt{x_{01}^2 + \left(\frac{v_{01}}{\omega}\right)^2} = A$,由于振幅不变,振动能量 $E_1 = \frac{1}{2}kA_1^2 = \frac{1}{2}kA^2$ 也保持不变。

(2) 振子在平衡位置处与小物体碰撞。

初始位移 $x_{02} = 0$,初速度 v_{02} 由动量守恒定律给出,即

$$mv = (m + m_0)v_{02}$$

其中，v 为物体 m 振动时经过平衡位置的速度，显然有 $v=\sqrt{\dfrac{k}{m}}A$，所以

$$v_{02}=\frac{mv}{m+m_0}=\frac{m}{m+m_0}\sqrt{\frac{k}{m}}A$$

由此得振动系统的振幅 $A_2=\sqrt{x_{02}^2+\left(\dfrac{v_{02}}{\omega}\right)^2}=\sqrt{\dfrac{m}{m+m_0}}A$ 减小；

振动能量 $E_2=\dfrac{1}{2}kA_2^2=\dfrac{1}{2}k\left(\sqrt{\dfrac{m}{m+m_0}}A\right)^2=\dfrac{m}{m+m_0}E$ 减小。

15.5　简谐振动的合成

我们经常会遇到一个质点同时参与 n 个振动的情形，例如，当两个声波同时传到空间某一点时，该点处质点就同时参与两个振动，根据运动叠加原理，这时质点所做的运动就是这两个振动的合振动。

1. 同一直线上两个同频率简谐振动的合成

设现有两个在同一直线上的简谐振动，它们的振动频率相同，而振幅和初相不同，其振动方程式分别为

$$x_1=A_1\cos(\omega t+\varphi_1)$$
$$x_2=A_2\cos(\omega t+\varphi_2)$$

由于两个振动是在同一条直线上进行的，所以合位移 x 应该是上述两个位移 x_1 和 x_2 的代数和，即

$$x=x_1+x_2=A_1\cos(\omega t+\varphi_1)+A_2\cos(\omega t+\varphi_2)$$

应用三角函数公式将上式展开，可以化成

$$x=x_1+x_2=A\cos(\omega t+\varphi)$$

式中 A 和 φ 分别为

$$A=\sqrt{A_1^2+A_2^2+2A_1A_2\cos(\varphi_2-\varphi_1)}\tag{15-20}$$

$$\varphi=\arctan\frac{A_1\sin\varphi_1+A_2\sin\varphi_2}{A_1\cos\varphi_1+A_2\cos\varphi_2}\tag{15-21}$$

由此可见，同方向同频率的两个简谐振动合成时，仍为一个简谐振动，且频率不变。这一结论还可以用更简捷、直观的旋转矢量法得出。

如图 15-12 所示，两个振动的旋转矢量分别为 $\boldsymbol{A}_1$、$\boldsymbol{A}_2$。在开始时（$t=0$），它们与 x 轴的夹角分别为 φ_1 和 φ_2，在 x 轴上的投影分别为 x_1 和 x_2。由平行四边形法则，可得合振幅矢量 $\boldsymbol{A}=\boldsymbol{A}_1+\boldsymbol{A}_2$，由于 $\boldsymbol{A}_1$、$\boldsymbol{A}_2$ 以相同角速度 ω 绕 O 点作逆时针旋转，它们的夹角 $\varphi_2-\varphi_1$ 在旋转过程中保持不变，所以合振幅矢量大小 $\boldsymbol{A}$ 也保持不变，并以相同的角速度 ω 绕 O 点作逆时针旋转。由图 15-12 可以看出，任意时刻合矢量 $\boldsymbol{A}$ 在

x 轴上的投影为 $x=x_1+x_2$，因此合矢量 **A** 即为合振动的旋转矢量。在开始时，矢量 **A** 与 x 轴的夹角为合振动的初相位 φ。由图 15-12 可知，合位移为

$$x=x_1+x_2=A\cos(\omega t+\varphi)$$

这说明合振动仍为简谐振动，它的角频率与分振动的角频率相同。利用余弦定理可求得合振幅为

$$A=\sqrt{A_1^2+A_2^2+2A_1A_2\cos(\varphi_2-\varphi_1)}$$

由直角三角形可求得振动的初相位 φ 满足

$$\varphi=\arctan\frac{A_1\sin\varphi_1+A_2\sin\varphi_2}{A_1\cos\varphi_1+A_2\cos\varphi_2}$$

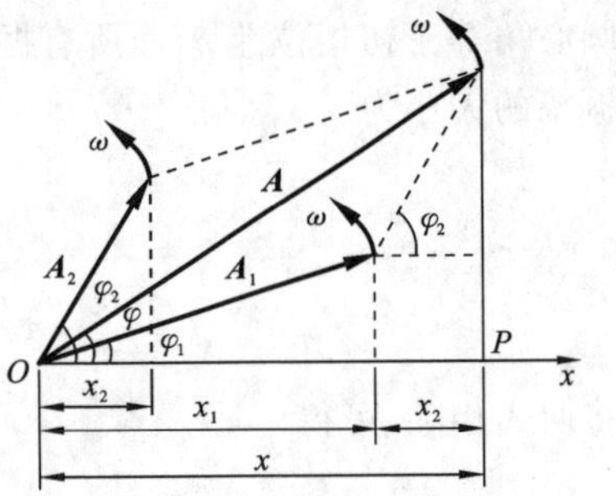

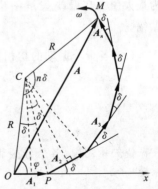

图 15-12 两个同频率的简谐振动
合成的向量图

若相位差 $\varphi_2-\varphi_1=2k\pi,k=0,\pm1,\pm2,\cdots$，则

$$A=\sqrt{A_1^2+A_2^2+2A_1A_2}=A_1+A_2 \tag{15-22}$$

即当两个分振动的相位差为 2π 的整数倍时，合振幅等于两个分振动的振幅之和，合成结果为相互加强。

若相位差 $\varphi_2-\varphi_1=(2k+1)\pi,k=0,\pm1,\pm2,\cdots$，则

$$A=\sqrt{A_1^2+A_2^2-2A_1A_2}=|A_2-A_1| \tag{15-23}$$

即当两个分振动的相位差为 π 的奇数倍时，合振幅等于两个分振动的振幅之差的绝对值，合成结果相互减弱。若 $A_1=A_2$，则 $A=0$，即两个振动完全抵消，振动合成结果使物体处于静止状态。

2. 多个同向同频简谐振动的合成

采用旋转矢量法，讨论 n 个同向同频且振幅相等的简谐振动的合成。设它们的初相位依次相差一个恒量 δ，它们的振动方程分别为

$$x_1=a\cos\omega t$$
$$x_2=a\cos(\omega t+\delta)$$
$$x_3=a\cos(\omega t+2\delta)$$
$$\vdots$$
$$x_n=a\cos[\omega t+(n-1)\delta]$$

依据矢量合成法则，它们的振幅矢量以及合振动的振幅矢量如图 15-13 所示，合振动的振幅 A 和初相位 φ 可进行求解。由于各个分振幅大小相等且依次转过一个相等的角度 δ，所以各个分振幅的矢量可构成正多边形的一部分。这个正多边形总有一个外接圆，设其圆心为 C，半径为 R，可以证明每个分振幅的矢量所对的

图 15-13 n 个同频率简谐振动
合成的向量图

圆心角等于初相位差 δ，而所有振幅矢量所对应的圆心角 $\angle MCO$ 就等于 $n\delta$。这样合振幅的大小为

$$A = 2R\sin\frac{n\delta}{2}$$

$$a = 2R\sin\frac{\delta}{2}$$

将两式相除，可得

$$A = a\,\frac{\sin\dfrac{n\delta}{2}}{\sin\dfrac{\delta}{2}}$$

又因为 $\quad\quad \angle COM = \dfrac{1}{2}(\pi - n\delta), \quad \angle COP = \dfrac{1}{2}(\pi - \delta)$

所以 $\quad\quad\quad\quad \varphi = \angle COP - \angle COM = \dfrac{n-1}{2}\delta$

这样合振动的振动方程可写为

$$x = A\cos(\omega t + \varphi) = a\,\frac{\sin\dfrac{n\delta}{2}}{\sin\dfrac{\delta}{2}}\cos\left(\omega t + \frac{n-1}{2}\delta\right)$$

下面讨论两种特殊情形。

（1）各个分振动同相位，即 $\delta = 2k\pi, k = 0, \pm 1, \pm 2, \cdots$，则

$$A = \lim_{\delta \to 2k\pi} a\,\frac{\sin\dfrac{n\delta}{2}}{\sin\dfrac{\delta}{2}} = na$$

为最大值。在振幅矢量图中，这时各个分振幅的矢量方向相同，也得到最大的合振幅。

（2）各个分振动的初相位差 $\delta = \dfrac{2k'\pi}{n}$，$k'$ 为不等于 nk 的整数，这时

$$A = a\,\frac{\sin\dfrac{n\delta}{2}}{\sin\dfrac{\delta}{2}} = 0$$

在振幅矢量图中，各个分振动的振幅矢量依次相接构成了一个闭合的正多边形，且合振幅为零。

3. 同一直线上不同频率的简谐振动的合成

两个同方向、不同频率的简谐振动合成时，由于这两个分振动的频率不同，所以它们的相位差随时间改变，此时合振动一般不再是简谐振动，但仍然是周期性振动。

当两个分振动的频率都比较大,而两频率之差却较小时,即 $|\nu_2-\nu_1|\ll\nu_2+\nu_1$,这时合振动可近似地看作为简谐振动,但它的振幅会随时间做周期性的变化,这种现象称为拍。

设两个振动的角频率分别为 ω_1 和 ω_2(两者差别较小),振幅和初相位相同,均为 A 和 φ,其振动方程为

$$x_1=A\cos(\omega_1 t+\varphi)$$
$$x_2=A\cos(\omega_2 t+\varphi)$$

则合振动为

$$x=x_1+x_2=A\cos(\omega_1 t+\varphi)+A\cos(\omega_2 t+\varphi)=2A\cos\frac{\omega_2-\omega_1}{2}t\cos\left(\frac{\omega_2+\omega_1}{2}t+\varphi\right)$$

上式中第二项因子表示角频率接近于 ω_1 或 ω_2 的简谐函数,第一项因子表示变化相对缓慢的简谐函数,两个因子的乘积表示一个近似的简谐振动,其振幅为 $\left|2A\cos\frac{\omega_2-\omega_1}{2}t\right|$,角频率为 $\frac{\omega_2+\omega_1}{2}$。由于振幅随时间作周期性变化,所以就会出现合振动忽强忽弱的现象。频率较大但相差很小的同方向振动合成时,所产生的这种合振动忽强忽弱的现象称为**拍现象**。单位时间里合振动加强或减弱的次数称为**拍频** $\nu_{拍}$,其余弦函数的绝对值在一个周期内有两次达到最大值,所以有

$$\nu_{拍}=2\times\frac{1}{2\pi}\left(\frac{\omega_2-\omega_1}{2}\right)=\nu_2-\nu_1$$

合振动由一个最大值通过最小值到下一个最大值所需时间称为**拍周期** T,即

$$T=\frac{1}{\nu_{拍}}=\frac{2\pi}{\omega_2-\omega_1}$$

同一条直线上不同频率的简谐振动的合成曲线如图 15-14 所示。

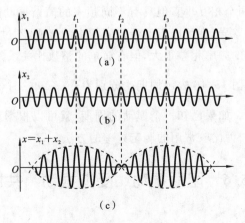

图 15-14 拍的形成

4. 两个相互垂直的同频率简谐振动的合成

当一个质点同时参与两个相互垂直的简谐振动时,质点将在平面上做曲线运动。设两个相互垂直的同频率简谐振动分别在 x 轴和 y 轴上进行,其振动方程分别为

$$x = A_1 \cos(\omega t + \varphi_1)$$

$$y = A_2 \cos(\omega t + \varphi_2)$$

将上面两式中的 t 消去,可得合振动的轨迹方程

$$\frac{x^2}{A_1^2} + \frac{y^2}{A_2^2} - 2\frac{xy}{A_1 A_2}\cos(\varphi_2 - \varphi_1) = \sin^2(\varphi_2 - \varphi_1) \qquad (15\text{-}24)$$

这是一个椭圆方程,它的形状由两个分振动的振幅及相位差 $\varphi_2 - \varphi_1$ 决定。图15-15给出了具有不同相差的垂直振动合成曲线图。

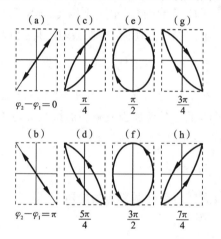

图 15-15　同频不同相差的垂直振动的合成

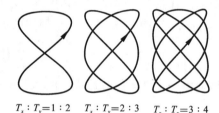

图 15-16　利萨如图形

最后,我们讨论两个相互垂直但具有不同频率的简谐振动的合成。如果两个振动的频率只有很小的差异,则可以近似看成同频率的合成,不过它们的相位差在缓慢变化。如果两个振动的频率相差很大,但有简单的整数比关系,则合成振动具有稳定的封闭的轨道曲线。图 15-16 表示周期比分别为 $\frac{1}{2}$、$\frac{2}{3}$ 和 $\frac{3}{4}$ 时,质点振动的合成运动轨道称为利萨如图形。如果已知一个振动的周期,就可以根据利萨如图形求出另一个振动的周期,这是一种比较常用的测定频率的方法。

15.6　阻尼振动　受迫振动　共振

1. 阻尼振动

前面我们讨论的简谐振动是严格的周期性振动,即振动的位移、速度和加速度等

每经过一个周期就完全恢复原值。但这毕竟是一种理想情况,振动物体总是要或多或少地受到阻力的作用,如流体的黏滞力等。系统在振动时,克服阻力作功,在此过程中机械能转换为热能而产生损耗。另外,物体的振动还会引起周围介质的振动,从而使能量逐渐变为波的能量,并向空间辐射,其结果也使系统能量减小,从而使振幅减小,若无能量补充,最后其振动将停止。这种在恢复力和阻尼力共同作用下发生的减幅振动称为阻尼振动。当物体运动速度较小时,阻力与速度成正比,即

$$f=-\gamma v=-\gamma\frac{\mathrm{d}x}{\mathrm{d}t} \tag{15-25}$$

式中 γ 为正的比例系数,它的大小由物体的形状、大小、表面情况及介质的性质来确定。质量为 m 的物体在恢复力和上述阻力作用下运动时,其运动方程为

$$m\frac{\mathrm{d}^2x}{\mathrm{d}t^2}=-kx-\gamma\frac{\mathrm{d}x}{\mathrm{d}t} \tag{15-26}$$

令 $\omega_0^2=\frac{k}{m}$,$2\beta=\frac{\gamma}{m}$,代入式(15-26)得

$$\frac{\mathrm{d}^2x}{\mathrm{d}t^2}+2\beta\frac{\mathrm{d}x}{\mathrm{d}t}+\omega_0^2x=0 \tag{15-27}$$

其中,ω_0 为振动系统的固有角频率;β 称为阻尼系数。在阻尼作用较小,即 $\beta<\omega_0$ 时,式(15-27)的解为

$$x=A_0\mathrm{e}^{-\beta t}\cos(\omega t+\varphi_0) \tag{15-28}$$

其中,$\omega=\sqrt{\omega_0^2-\beta^2}$;$A_0$,$\varphi_0$ 是由初始条件决定的积分常数。式(15-28)即为阻尼振动表达式,图 15-17 所示的是相应的位移时间曲线。严格来说,阻尼振动不再是简谐运动,但在阻尼不大时,可近似看作一种振幅逐渐减小的振动,它的周期为

$$T=\frac{2\pi}{\omega}=\frac{2\pi}{\sqrt{\omega_0^2-\beta^2}}$$

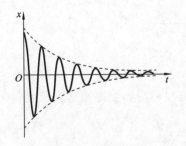

图 15-17　阻尼振动曲线

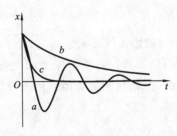

图 15-18　三种阻尼的比较

　　显然,阻尼振动的周期比振动系统的固有周期要长。这种阻尼较小的振动称为欠阻尼,如图 15-18 所示的曲线 a。当阻尼很大,即 $\beta>\omega_0$ 时,式(15-28)不再是式(15-27)的解。此时物体以非周期性运动的方式慢慢回到平衡位置,这种情形称为

过阻尼,如图 15-18 所示的曲线 b。如果阻尼作用使得 $\beta=\omega_0$,则物体刚刚能做非周期运动,最后也回到平衡位置,这种情形称为**临界阻尼**,如图 15-18 所示的曲线 c。和过阻尼相比,这种非周期性运动回到平衡位置的时间最短。

2. 受迫振动　共振

在实际振动系统中,阻尼总是存在的。要使振动持续不断地进行,需要对系统施加一个周期性外力,这种周期性外力称为驱动力。在驱动力作用下发生的振动称为受迫振动。为简单起见,设驱动力随时间变化的规律为 $F=F_0\cos\omega t$,其中,F_0 为驱动力的幅值,ω 为驱动力的角频率。物体在驱动力、阻尼力、线性恢复力的作用下,其动力学方程为

$$m\frac{\mathrm{d}^2 x}{\mathrm{d}t^2}=-kx-\gamma\frac{\mathrm{d}x}{\mathrm{d}t}+F_0\cos\omega t$$

令 $\omega_0^2=\dfrac{k}{m}$,$2\beta=\dfrac{\gamma}{m}$,$\dfrac{F_0}{m}=f_0$,则上式可以写成

$$\frac{\mathrm{d}^2 x}{\mathrm{d}t^2}+2\beta\frac{\mathrm{d}x}{\mathrm{d}t}+\omega_0^2 x=f_0\cos\omega t$$

这个微分方程的解为

$$x=A_0\mathrm{e}^{-\beta t}\cos(\sqrt{\omega_0^2-\beta^2}\,t+\varphi_0)+A\cos(\omega t+\varphi)$$

即受迫振动是阻尼振动和简谐振动的合成运动。在开始阶段,受迫振动比较复杂,经过一段时间以后,阻尼振动部分可以忽略不计,此时受迫振动达到稳定状态,并且振动周期即为驱动力的周期,振动的振幅保持不变,即受迫振动变为简谐振动,有

$$x=A\cos(\omega t+\varphi)$$

计算结果表明

$$A=\frac{f_0}{\sqrt{(\omega_0^2-\omega^2)^2+4\beta^2\omega^2}} \tag{15-29}$$

$$\varphi=\arctan\frac{-2\beta\omega}{\omega_0^2-\omega^2} \tag{15-30}$$

即 A 和 φ 与初始条件无关。

由式(15-29)可得,受迫振动的振幅与驱动力的频率有关。当驱动力的频率为某一数值时,振幅达到最大值。用求极值的方法可得到使振幅达到极大值时的角频率为

$$\omega_\tau=\sqrt{\omega_0^2-2\beta^2} \tag{15-31}$$

相应的振幅为

$$A_\tau=\frac{f_0}{2\beta\sqrt{\omega_0^2-\beta^2}} \tag{15-32}$$

在弱阻尼即 $\beta\ll\omega_0$ 的情况下,由式(15-31)可以看出,$\omega_\tau\approx\omega_0$,即驱动力的频率等

于振动系统的固有频率时,振幅达到最大值。我们把这种振幅达到最大值的现象叫作**共振**,如图15-19所示。

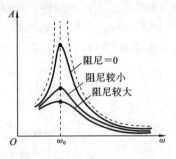

图 15-19 受迫振动的振幅曲线

共振现象是极其普遍的,收音机利用电磁共振进行选台;一些乐器利用共振提高音响效果;核磁共振用来进行物质结构研究以及医疗诊断等。

思 考 题

15-1 简谐振动有何特征?试从运动学和动力学的角度分别说明。

15-2 分析下列几种运动是否属于简谐振动?

(1) 拍皮球时,皮球的运动(设皮球与地面的碰撞是弹性的);

(2) 质点做匀加速圆周运动时,它在直径上投影点的运动;

(3) 把浮在静水面上的木块按下去然后松开,木块的运动;

(4) U形玻璃管中的水银作上下振动。

15-3 将水平弹簧振子改成竖直弹簧振子,其固有频率有无变化?

15-4 一台摆钟的等效摆长 $l = 0.995$ m,其摆锤可以上、下移动以调节其周期,该摆钟每天快1分27秒,假如将此摆锤当作质量集中在摆锤中心的一个单摆来考虑,则应将摆锤向下移动多少距离,才能使摆钟走得准确?

15-5 两个完全相同的弹簧振子,它们的运动状态不同,如果一个振子通过平衡位置的速度比另一个的大,问二者周期是否相同?振动系统能量是否相同?

15-6 有人说:"当物体受到一个总是指向平衡位置的力时,物体作简谐振动",此说法对吗?

15-7 弹簧振子作简谐振动,如果它的振幅增大为原来的两倍,而频率减小为原来的一半,问它的能量怎样改变?

15-8 两个劲度系数均为 k 的弹簧,把它们串联起来,下面挂质量为 m 的物体,其振动周期为多少?若把两个弹簧并联起来,然后挂上质量同为 m 的物体,其振动周期又是多少?

15-9 质量为 m 的质点在 $F = -\pi^2 x$ (SI)的力的作用下,沿 x 轴运动,其运动的周期是多少?

15-10 两个同方向、同频率、同相位的简谐振动合成时,其合振动的位移是否可以为零?

习 题

15-1 如图15-20所示,在竖直面内半径为 R 的一段光滑圆弧形的轨道上放一小物体,使其静止于轨道的最低处,然后轻碰一下此物体,使其沿圆弧形轨道来回作小幅度运动。(1)证明物体作简谐振动;(2)求简谐振动的周期。

15-2 作简谐振动的小球,其速度最大值为 $v_m = 3$ cm/s,振幅 $A = 2$ cm,从速度为正的最大值的某点开始计算时间。(1)求振动的周期;(2)求加速度的最大值;(3)写出振动表达式。

15-3 如图15-21所示,弹簧的一端固定在墙上,另一端连接一质量为 M 的容器,该容器可在光滑水平面上运动。当弹簧未变形时,容器位于点 O 处,今使容器自点 O 左端 l_0 处从静止开始运动,每经过 O 点一次时,从上方滴管中滴入一滴质量为 m 的油滴。求:(1) 滴入容器 n 滴以后,容器能运动到距点 O 的最远距离;(2) 第 $n+1$ 滴与第 n 滴的时间间隔。

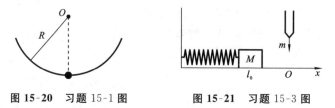

图 15-20 习题 15-1 图   图 15-21 习题 15-3 图

15-4 质量为 0.4 kg 的质点作简谐振动,其运动方程为 $x=0.4\sin\left(5t-\dfrac{\pi}{2}\right)$(SI)。求:(1) 初位移和初速度;(2) $t=\dfrac{4\pi}{3}$ s 时的位移、速度和加速度;(3) 质点在最大位移一半处且向 x 轴正方向运动的速度、加速度和所受的力。

15-5 质量为 10 g 的物体作简谐振动,其振幅为 24 cm,周期为 4.0 s。当 $t=0$ 时,位移为 $+24$ cm,求:(1) 当 $t=0.5$ s 时,物体所在的位置;(2) 当 $t=0.5$ s 时,物体所受力的大小和方向;(3) 由起始位移运动到 $x=12$ cm 处所需最短时间。

15-6 一弹簧振子作简谐振动,振幅 $A=0.20$ m,弹簧的劲度系数 $k=2.0$ N/m,所系物体的质量 $m=0.50$ kg。求:(1) 当动能和势能相等时,物体的位移是多少?(2) 设 $t=0$ 时,物体在正最大位移处,达到动能和势能相等处所需的时间是多少(在一个周期内)?

15-7 如图 15-22 所示,倾角为 θ 的固定斜面上放一质量为 m 的物体,用细绳跨过滑轮把物体与一弹簧相连接,弹簧的另一端与地面固定,弹簧的劲度系数为 k,滑轮可视为半径为 R,质量为 M 的均质圆盘,设绳与滑轮之间不打滑,物体与斜面之间以及滑轮转轴处摩擦忽略不计,求系统作微振动的振动周期。

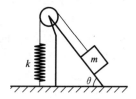

图 15-22 习题 15-7 图

15-8 一振动台上放一质量为 1.0 kg 的物体,振动频率为 2.0 Hz,振幅为 2 cm。求:

(1) 当物体处于最高处和最低处时,物体对振动台的压力各是多少?

(2) 保持频率不变,当振幅多大时,物体会脱离平台?

(3) 保持振幅不变,当频率多高时,物体会脱离平台?

15-9 已知一简谐振动的周期为 1 s,振动曲线如图 15-23 所示。求:(1) 简谐振动的余弦表达式;(2) a、b、c 各点的位相及这些状态所对应的时刻。

15-10 已知两个同方向简谐振动的表达式分别为

$$x_1=4\times10^{-2}\cos\left(2t+\dfrac{\pi}{6}\right)$$

$$x_2=3\times10^{-2}\cos\left(2t-\dfrac{5\pi}{6}\right)$$

求它们合振动的振幅和初相。

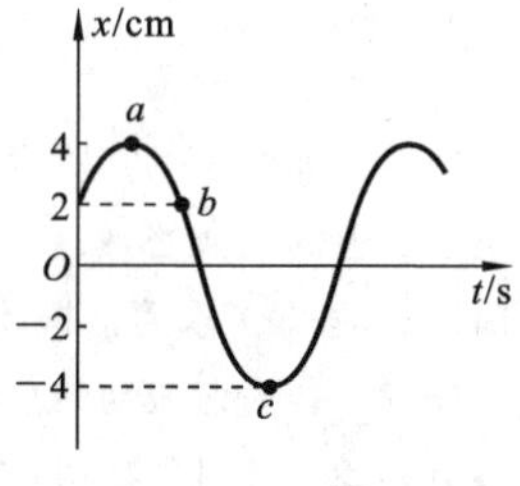

图 15-23 习题 15-9 图

第16章　波动学基础

振动的传播过程称为**波动**。机械振动在弹性介质中的传播过程称为**机械波**,如声波、水波、地震波等。波动是一种普遍的运动形式,除了机械波外,还有电磁波、物质波(微观粒子的波动性)等。虽然各类波的本质不同,但它们具有波动的共性,例如,波动具有一定的传播速度,都伴有能量的传播,也都能产生反射、折射、干涉、衍射等现象,并具有相似的数学表达式。

16.1　机械波的产生和传播

1. 机械波产生的条件

如何才能产生机械波? 机械波的产生,首先要有激发波动的振动系统,即波源;其次要有能够传播这种机械振动的弹性介质,只有通过介质的质点之间的相互作用,才能把机械波向外传播。例如音叉振动时,会引起周围空气分子的振动,前面的质点带动后面的质点,使振动由近及远传播出去,从而形成声波。当振动传播时,振动的质点仅在它们各自的平衡位置附近振动,并没有随波迁移,而传播的只是这种振动的运动形式,且沿着振动状态的传播方向,质点的振动状态依次落后。

2. 横波和纵波

介质中质点振动方向与波的传播方向互相垂直的波,称为**横波**。如图 16-1 所

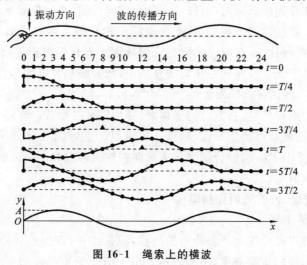

图 16-1　绳索上的横波

示,上下抖动绳子时,沿着绳子传播的波就是横波。介质中质点振动方向和波的传播方向相互平行的波,称为**纵波**。如图 16-2 所示,一根水平放置的长弹簧一端固定,用手掌压另一端,各部分弹簧就依次振动起来,这就是纵波。可以看到,弹簧交替出现稀疏和稠密区域,并以一定速度传播出去。

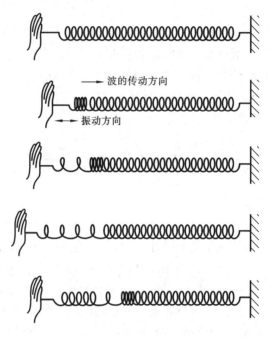

图 16-2 纵波的形成

3. 波射线 波阵面 同相面

波源在弹性介质中振动时,其振动向各个方向传播,我们把表示波传播方向的射线称为**波射线**。波在传播过程中,所有振动相位相同的点连成的面称为**同相面**。把某一时刻 t 波动所到达各点连成的面称为**波阵面**。在任意时刻波阵面只有一个,而同相面有任意多个。在各向同性均匀的介质中,波射线和波阵面垂直。

4. 平面波 球面波 柱面波

按照波阵面的形状,可将波分为平面波、球面波和柱面波。在均匀各向同性介质中,很大的平面波源可以产生平面波,点波源可以产生球面波,线波源可以产生柱面波。图 16-3(a)和图 16-3(b)分别表示了球面波的波阵面和平面波的波阵面,图中带箭头的直线表示波射线。

5. 波速、波长、波的周期和频率

1) 波的传播速度

波的传播过程就是振动状态的传播过程,通常把单位时间里振动状态(或相位)传播的距离称为**波的传播速度**,用 u 表示。由于横波的质点振动方向与传播方向垂

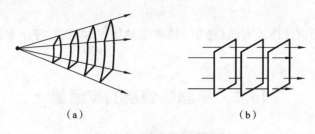

图 16-3　波阵面与波射线

(a) 球面波的波阵面；(b) 平面波的波阵面

直,所以横波传播时介质要发生切变,因此只有在固体中才能传播横波。可以证明,在无限大均匀各向同性固体介质中传播的横波,其波速为

$$u=\sqrt{\frac{G}{\rho}}$$

式中 G 为介质的切变横量,ρ 是介质的密度。在张紧的弦上传播的横波,其波速为

$$u=\sqrt{\frac{F}{\mu}}$$

式中 F 是弦上的张力,μ 是弦的线密度。液体和气体只有体变弹性,因此流体中只能传播纵波。理论上证明流体中纵波的传播速度为

$$u=\sqrt{\frac{K}{\rho}}$$

式中 K 为介质的体积模量,ρ 是介质的密度。在均匀细棒中传播的是纵波,其波速为

$$u=\sqrt{\frac{E}{\rho}}$$

式中 E 是介质的杨氏模量,ρ 是介质的体密度。

弹性模量是与介质性质有关的物理量,所以波的传播速度取决于介质的性质。对于大多数金属材料而言,杨氏模量大于切变模量,所以固体中纵波的传播速度大于横波的传播速度。例如,地震中的纵波速率约为 6 m/s,而横波只有 3.5 m/s 左右。

2）波长

沿着波的传播方向,两个相邻的同相位质点之间的距离叫作**波长**,用 λ 表示。在波的传播方向上,每隔一个波长的距离,振动状态就重复一次。

3）周期

传播一个波长的距离所需的时间,叫作**波的周期**,用 T 表示。波的周期也等于各质点振动的周期。波的周期的倒数称为**波的频率**,用 ν 表示,波的频率等于单位时间里波前进距离中所包含的完整的波长数目。波速、波长、周期与频率的关系是

$$u=\frac{\lambda}{T} \qquad\qquad (16\text{-}1)$$

$$u = \lambda\nu \qquad\qquad (16\text{-}2)$$

波的频率是由波源决定的,它等于波源振动频率,而波速与介质有关,所以波长也与介质有关。

16.2 平面简谐波的波函数

1. 平面简谐波的波函数表达式

若在平面波的传播过程中,振源作简谐振动,而且它所经历的所有质元都作振幅相等的简谐振动,且频率相同,则此平面波称为**平面简谐波**。它是最简单、最基本的波动形式。设有一平面简谐波沿某一方向传播,任取一条波线,在这条波线上任取一质元的平衡位置为坐标原点 O,波线方向为 x 轴正方向,如图16-4所示,纵坐标 y 表示波线上各质点相对它的平衡位置的位移。下面求任一时刻 t,距离原点 O 为 x 的任一点 P 的位移。假定平面余弦波在无吸收的均匀无限大的介质中沿 x 轴正向传播,设原点 O 处质点振动方程为

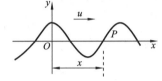

图 16-4　波动表达式的推导

$$y_0 = A\cos(\omega t + \varphi) \qquad (16\text{-}3)$$

式中 A 是振幅,ω 是角频率,φ 是初相位。振动状态从 O 点传到 P 点所需时间为 $\Delta t = \dfrac{x}{u}$,波动传到 P 点时,P 点也以振幅 A 和角频率 ω 振动,但 P 点的相位落后于 O 点相位,所以 P 点在 t 时刻的相位等于 O 点在 $t - \Delta t$ 时刻的相位,所以 P 点在时刻 t 的相位为 $\omega\left(t - \dfrac{x}{u}\right) + \varphi$,其位移为

$$y = A\cos\left[\omega\left(t - \frac{x}{u}\right) + \varphi\right] \qquad\qquad (16\text{-}4)$$

由于 $\omega = \dfrac{2\pi}{T} = 2\pi\nu, uT = \lambda$,所以上式又可以写为

$$y = A\cos\left[2\pi\left(\frac{t}{T} - \frac{x}{\lambda}\right) + \varphi\right] = A\cos\left[2\pi\left(\nu t - \frac{x}{\lambda}\right) + \varphi\right] \qquad (16\text{-}5)$$

式(16-4)或式(16-5)给出了任意质元在任一时刻的位移,这就是沿 x 轴正向传播的平面简谐波的波动表达式,即波函数 $y(x, t)$。式(16-4)和式(16-5)既可表示横波,又可表示纵波。

2. 波函数的物理意义

(1) 如果 x 给定,如 $x = x_0$,那么 y 只是 t 的函数,此时波函数的物理意义表示 x_0 处的质点的振动方程,如图 16-5 所示,质点作简谐振动。

(2) 如果 t 给定,如 $t = t_0$,那么 y 只是 x 的函数,此时波函数表示在给定时刻波线上不同质点的振动位移,也就是给定时刻的波形图,如图 16-6 所示。

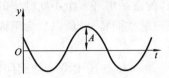

图 16-5 *x* 给定,质点的位移时间曲线

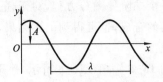

图 16-6 *t* 给定,波线上各质点的位移

（3）如果 x 和 t 都发生变化,那么波函数反映了波形的传播,这样的波称为行波。由于 $y=A\cos\left[\omega\left(t_1-\dfrac{x}{u}\right)+\varphi\right]=A\cos\left[\omega\left(t_1+\Delta t-\dfrac{x+u\Delta t}{u}\right)+\varphi\right]$,这说明振动状态或波形在 Δt 时间里沿波的传播方向传播的距离为 $\Delta x=u\Delta t$,图 16-7 所示的实线表示 t_1 时刻的波形图,图 16-7 所示的虚线表示 $(t_1+\Delta t)$ 时刻的波形图。

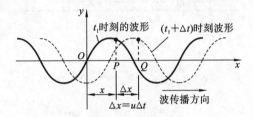

图 16-7 波的传播

（4）同一时刻 t 同一波线上,位置坐标为 x_1 和 x_2 的两质点的相位差为

$$\Delta\varphi=\frac{2\pi}{\lambda}(x_2-x_1)$$

如果 $x_2-x_1=k\lambda,k=\pm1,\pm2,\pm3,\cdots,\Delta\varphi=2k\pi$,则 x_1、x_2 两质点振动相位同相,任意时刻 t 它们具有相同的位移和速度;如果 $x_2-x_1=(2k+1)\dfrac{\lambda}{2},k=0,\pm1,\pm2,\pm3,\cdots,\Delta\varphi=(2k+1)\pi$,则 x_1、x_2 两质点振动相位反相,任意时刻 t 它们的位移和速度大小相等,方向相反。

（5）如果平面简谐波是沿着 x 轴负向传播,若其他条件不变,则波函数应写为

$$y=A\cos\left[\omega\left(t+\frac{x}{u}\right)+\varphi\right]=A\cos\left[2\pi\left(\frac{t}{T}+\frac{x}{\lambda}\right)+\varphi\right] \tag{16-6}$$

3. 波动方程

将波函数分别对 t 和 x 求二阶偏导数,得到

$$\frac{\partial^2 y}{\partial t^2}=-A\omega^2\cos\left[\omega\left(t-\frac{x}{u}\right)+\varphi\right]$$

$$\frac{\partial^2 y}{\partial x^2}=-A\frac{\omega^2}{u^2}\cos\left[\omega\left(t-\frac{x}{u}\right)+\varphi\right]$$

比较上面两式可得

$$\frac{\partial^2 y}{\partial x^2}=\frac{1}{u^2}\frac{\partial^2 y}{\partial t^2}$$

这是一个二阶偏微分方程,对于任一平面波,可以认为它是由许多个不同频率的平面简谐波的合成,也可得到上述结果。它反映了平面波的共同特征,所以称为**平面波波动方程**。

例 16-1 如图 16-8 所示,一平面简谐波以 $u=20$ m/s 的速度沿 x 轴正向传播,已知波线上 A 点的简谐振动方程式为 $y_A=3\times10^{-2}\cos(4\pi t)$(m)。试求:

(1) 以 A 为坐标原点,写出波函数表达式;

(2) 以 B 为坐标原点,写出波函数表达式;

(3) 以 A 为坐标原点,写出 C、D 两点的简谐振动方程式;

(4) 分别写出 B 与 C、C 与 D 两点间的相位差。

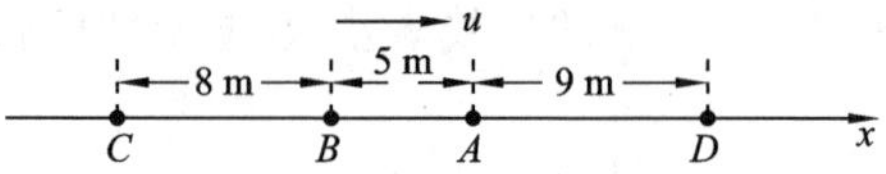

图 16-8

解
$$\nu=\frac{\omega}{2\pi}=\frac{4\pi}{2\pi}\ (\text{s}^{-1})=2\ (\text{s}^{-1})$$

$$\lambda=\frac{u}{\nu}=\frac{20}{2}\ (\text{m})=10\ (\text{m})$$

(1) 点 A 的振动方程为 $y_A=3\times10^{-2}\cos(4\pi t)$(m),所以以 A 点为原点时,波函数的表达式为

$$y=3\times10^{-2}\cos\left[4\pi\left(t-\frac{x}{20}\right)\right]=3\times10^{-2}\cos\left(4\pi t-\frac{\pi}{5}x\right)\ (\text{m})$$

(2) 点 B 的振动方程为 $y_B=3\times10^{-2}\cos(4\pi t+\pi)$,所以以 B 点为原点时,波函数表达式为

$$y=3\times10^{-2}\cos\left[4\pi\left(t-\frac{x}{u}\right)+\pi\right]=3\times10^{-2}\cos\left(4\pi t-\frac{\pi}{5}x+\pi\right)\ (\text{m})$$

(3) C 点相位超前于 A 点相位,所以有

$$y_C=3\times10^{-2}\cos\left[4\pi\left(t+\frac{\overline{AC}}{u}\right)\right]=3\times10^{-2}\cos\left(4\pi t+\frac{13}{5}\pi\right)\ (\text{m})$$

D 点相位落后于 A 点相位,所以有

$$y_D=3\times10^{-2}\cos\left[4\pi\left(t-\frac{\overline{AD}}{u}\right)\right]=3\times10^{-2}\cos\left(4\pi t-\frac{9}{5}\pi\right)\ (\text{m})$$

(4) 由图 16-8 可知,B 与 C、C 与 D 两点间的距离分别为 0.8λ 和 2.2λ,相位差分别为

$$\varphi_B-\varphi_C=-\frac{2\pi(x_B-x_C)}{\lambda}=-1.6\pi$$

$$\varphi_C-\varphi_D=-\frac{2\pi(x_C-x_D)}{\lambda}=4.4\pi$$

例 16-2　如图 16-9 所示,一平面余弦横波,在 $t=0$ 时,坐标原点 O 处的质点处于平衡位置且向下运动,此时 P 处质点的位移为 $\dfrac{A}{2}$,A 为振幅,且向上运动。若 $\overline{OP}=10$ cm,且小于波长 λ,求该波的波长。

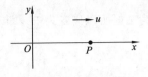

图 16-9　例 16-2 图

解　由题意知,O 点振动的初相位为 $\varphi_O=\dfrac{\pi}{2}$,P 点振动的初相位为 $\varphi_P=-\dfrac{\pi}{3}$(可由旋转矢量判断),所以 O、P 两点的相位差为

$$\Delta\varphi=\varphi_O-\varphi_P=\frac{\pi}{2}-\left(-\frac{\pi}{3}\right)=\frac{5}{6}\pi$$

又由于

$$\varphi_O-\varphi_P=\frac{2\pi}{\lambda}(x_P-x_O)=\frac{2\pi}{\lambda}\times\overline{OP}=\frac{5}{6}\pi$$

所以

$$\lambda=\frac{2\pi}{\frac{5}{6}\pi}\times\overline{OP}=24(\text{cm})$$

16.3　波 的 能 量

波动过程就是振动的传播过程,波传到介质中某处时,该处原来静止的质点开始振动,因而具有动能,同时该处介质元将产生形变,因而也具有势能。波动传播时,介质由近及远开始振动,能量也随之传播。以平面余弦纵波在细棒中传播为例,推导波的能量公式。

1. 波的能量

如图 16-10 所示,在细棒中取体积元 ΔV,其质量为 $\Delta M=\rho\Delta V$,ρ 为棒的体密度,没有形成波动时,体积元左端坐标为 x,右端坐标为 $x+\Delta x$,即其长度为 Δx。设棒的横截面积为 S,则 $\Delta V=S\Delta x$,当波动传到这个体积元时,它具有动能和弹性势能。

设棒中平面简谐波的表达式为 $y=A\cos\omega\left(t-\dfrac{x}{u}\right)$,体积元的振动速度为

$$v=\frac{\partial y}{\partial t}=-\omega A\sin\omega\left(t-\frac{x}{u}\right)$$

则其动能为

$$\Delta E_k=\frac{1}{2}\Delta Mv^2=\frac{1}{2}\rho\Delta V\omega^2A^2\sin^2\omega\left(t-\frac{x}{u}\right)$$
$$(16\text{-}7)$$

从图 16-10 中可以看出,体积元的长度变化

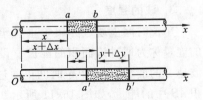

图 16-10　波的能量推导用图

为 Δy,所以应变为 $\dfrac{\Delta y}{\Delta x}$,即

$$\frac{\partial y}{\partial x}=\frac{\omega A}{u}\sin\omega\left(t-\frac{x}{u}\right)$$

依据胡克定律,该体积元所受弹性力为

$$F=ES\frac{\Delta y}{\Delta x}=k\Delta y \tag{16-8}$$

式中 E 为杨氏模量,在外力较小时,$k=\dfrac{ES}{\Delta x}$ 为常数,称为**劲度系数**,所以体积元的弹性势能为

$$\Delta E_{\mathrm{p}}=\frac{1}{2}k(\Delta y)^2=\frac{1}{2}\frac{ES}{\Delta x}(\Delta y)^2=\frac{1}{2}ES\Delta x\left(\frac{\partial y}{\partial x}\right)^2$$

因为 $\Delta V=S\Delta x,u=\sqrt{\dfrac{E}{\rho}}$,所以有

$$\Delta E_{\mathrm{p}}=\frac{1}{2}\rho\Delta V\omega^2A^2\sin^2\omega\left(t-\frac{x}{u}\right) \tag{16-9}$$

体积元的总机械能为

$$\Delta E=\Delta E_{\mathrm{k}}+\Delta E_{\mathrm{p}}=\rho\Delta V\omega^2A^2\sin^2\omega\left(t-\frac{x}{u}\right) \tag{16-10}$$

由上面讨论可以看出,在任意时刻 t,体积元 ΔV 的动能和势能不仅大小相等,而且相位相同,动能和势能同时达到最大值,又同时变为零。体积元 ΔV 中的总能量并不守恒,它随时间作周期性变化,这说明波动过程也是能量传播过程。

2. 波的能量密度

介质中单位体积内波的能量称为**波的能量密度**,可以表示为

$$w=\frac{\Delta E}{\Delta V}=\rho A^2\omega^2\sin^2\omega\left(t-\frac{x}{u}\right) \tag{16-11}$$

波的能量密度随时间 t 的变化而变化,它在一个周期内的平均值称为**平均能量密度**,即

$$\overline{w}=\frac{1}{T}\int_0^T w\mathrm{d}t=\frac{1}{T}\int_0^T\rho A^2\omega^2\sin^2\omega\left(t-\frac{x}{u}\right)\mathrm{d}t=\frac{1}{2}\rho A^2\omega^2 \tag{16-12}$$

上述结论对于所有弹性波都是适用的。

3. 波的强度

单位时间里通过介质中垂直于传播方向上某面积的能量称为通过该面积的**能流**。设在介质中取垂直于波速 u 的面积 S,则单位时间里通过 S 面的能量等于体积 uS 中的能量,如图 16-11 所示。该能量也是周期性变化的,取其中一个周期内的平均值,即为平均能流 $\overline{P}$

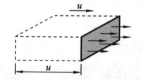

图 16-11　体积 uS 内的能量
在单位时间内通过

$=\overline{w}uS$,其中,$\overline{w}$ 为平均能量密度。单位时间里通过垂直于波线的单位面积上的平均能量称为**平均能流密度**,又称为**波的强度**,用 I 表示,即

$$I=\overline{w}u=\frac{1}{2}\rho u\omega^2 A^2 \tag{16-13}$$

16.4　惠更斯原理

在波动中,波源的振动是通过介质中的质点依次传播出去的,因此每个质点都可以看作一个新波源(子波)。水面波进行传播时,如果遇到一个障碍物,当障碍物上小孔的尺寸与波长相近时,就可以看到穿过小孔的波是圆形的,与原来波的形状无关,这说明小孔可以看作新波源。荷兰物理学家惠更斯总结了大量实验事实后提出:介质中波动传到的各点都可以看作是发射子波的波源,而在其后的任意时刻,这些子波的包络就是新的波阵面。这就是**惠更斯原理**。根据这一原理,只要知道某一时刻的波阵面,就可以用几何方法决定下一时刻的波阵面,如图 16-12 所示。

惠更斯原理对任何波动过程都成立。不论介质是均匀的还是非均匀的,惠更斯原理都是适用的。惠更斯原理可以定性说明波的衍射现象,如图 16-13 所示,可以看出,波阵面已不再是平面,波阵面进入了阻挡区域,表示波已经绕过障碍物边缘而传播了。

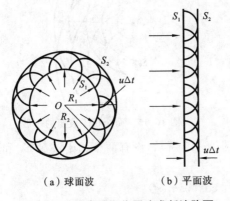

（a）球面波　　（b）平面波

图 16-12　用惠更斯作图法求新波阵面

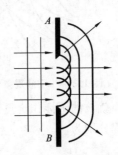

图 16-13　波的衍射

16.5　波的干涉及驻波

1. 波的叠加原理

如果有几列波是在同一种介质中传播的,实验表明,只要振动不是十分强烈,各列波相遇后,仍会保持它们各自原有的性质,如频率、振幅、振动方向等是不变的,并

按照自己原有的方向继续传播,这个性质称为波的独立性;各列波在相遇的区域内,任一点的振动为每列波所引起的振动的叠加,这个性质称为**波的叠加性**。这就是所谓的波的**叠加原理**。

2. 波的干涉

一般来说,振幅、频率、相位等都不同的波在叠加时,情形是比较复杂的。我们讨论一种最简单却又最重要的情况,即由两个频率相同、振动方向相同、相位差恒定的波源所发出的波的叠加。满足上述条件的两列波在空间中交叠时,某些点的振动始终最强,而某些点的振动始终最弱或完全消失,这种现象就是**波的干涉现象**。产生干涉现象的波称为**相干波**,相应的波源称为**相干波源**。两个相位相同的相干波源 S_1、S_2 发出的波在空间相遇并发生干涉的示意图如图 16-14 所示。图中实线表示波峰,虚线表示波谷,峰峰相交处或谷谷相交处,合振幅最大,振动最强;峰谷相交处,合振幅最小,振动最弱。

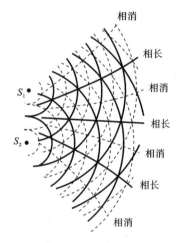

图 16-14　干涉现象示意图

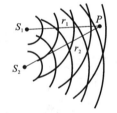

图 16-15　两个相干波源的干涉

下面就波的干涉作定量讨论。如图 16-15 所示,设有两个相干波源 S_1 和 S_2,其振动方程分别为

$$y_{10} = A_{10}\cos(\omega t + \varphi_1)$$
$$y_{20} = A_{20}\cos(\omega t + \varphi_2)$$

P 为由 S_1、S_2 发出的两列相干波,在相遇区域内的某一点,如果两列波到达点 P 的振幅分别为 A_1 和 A_2,那么 P 点的两个分振动分别为

$$y_1 = A_1\cos\left(\omega t + \varphi_1 - \frac{2\pi}{\lambda}r_1\right)$$
$$y_2 = A_2\cos\left(\omega t + \varphi_2 - \frac{2\pi}{\lambda}r_2\right)$$

依据同向同频谐振动的合成规律,合振动仍然是简谐振动,即

$$y = y_1 + y_2 = A\cos(\omega t + \varphi)$$

式中 A 是合振动的振幅，φ 为合振动的初相位，且

$$A = \sqrt{A_1^2 + A_2^2 + 2A_1 A_2 \cos\left(\varphi_2 - \varphi_1 - 2\pi\frac{r_2 - r_1}{\lambda}\right)} \qquad (16\text{-}14)$$

$$\varphi = \arctan \frac{A_1 \sin\left(\varphi_1 - \dfrac{2\pi}{\lambda}r_1\right) + A_2 \sin\left(\varphi_2 - \dfrac{2\pi}{\lambda}r_2\right)}{A_1 \cos\left(\varphi_1 - \dfrac{2\pi}{\lambda}r_1\right) + A_2 \cos\left(\varphi_2 - \dfrac{2\pi}{\lambda}r_2\right)} \qquad (16\text{-}15)$$

合振动的强度为

$$I = I_1 + I_2 + 2\sqrt{I_1 I_2}\cos\left(\varphi_2 - \varphi_1 - 2\pi\frac{r_2 - r_1}{\lambda}\right) \qquad (16\text{-}16)$$

两个分振动的相位差为

$$\Delta\varphi = \varphi_2 - \varphi_1 - 2\pi\frac{r_2 - r_1}{\lambda} \qquad (16\text{-}17)$$

对于给定的 P 点，$\Delta\varphi$ 是一个定值，合振幅 A、合振动强度也是一个恒量。当 $\Delta\varphi = 2k\pi(k=0,\pm1,\pm2,\cdots)$ 时，合振幅 $A = A_1 + A_2$，此时 P 点振动是加强的，称为**干涉相长**；当 $\Delta\varphi = (2k+1)\pi(k=0,\pm1,\pm2,\cdots)$ 时，合振幅 $A = |A_1 - A_2|$，此时 P 点振动是减弱的，称为**干涉相消**。这就是波的干涉。

3. 驻波

驻波是干涉的特例。在同一介质中两列频率相同、振动方向相同，并且振幅也相同的相干简谐波，在同一直线上沿相反方向传播时，叠加形成驻波。如图 16-16 所示，音叉 M 端系有一水平细线，细线另一端系一个砝码，中间通过一个滑轮支撑，这样做的目的是使细线上具有一定的张力。细线在 N 处不能振动，当给音叉一个振动时，这个振动

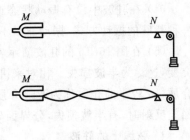

图 16-16　驻波示意图

便沿着细线向右传播，形成入射波。当振动传到 N 点时，将形成向左传播的反射波。当这两列波完成叠加后，细线分段振动，此时没有波向前传播，并且每段振动的两端的质元几乎固定不动，质元振幅最大处位于每段的中间位置。这种情形就是**驻波**，静止不动的点称为驻波的**波节**，振幅最大的点称为驻波的**波腹**。

设有两列波分别沿正、负方向传播，它们的表达式分别为

$$y_1 = A\cos 2\pi\left(\frac{t}{T} - \frac{x}{\lambda}\right)$$

$$y_2 = A\cos 2\pi\left(\frac{t}{T} + \frac{x}{\lambda}\right)$$

合成波为

$$y = y_1 + y_2 = 2A\cos\frac{2\pi}{\lambda}x\cos 2\pi\nu t \qquad (16\text{-}18)$$

式(16-18)就是驻波的表达式。下面把驻波的特点总结一下。

(1) 各点作简谐振动的频率相同。

(2) 各点振幅随位置不同而不同,其大小为 $\left|2A\cos\frac{2\pi}{\lambda}x\right|$。当 $\frac{2\pi}{\lambda}x = k\pi, k = 0,$ $\pm 1, \pm 2, \cdots$ 时,$\left|2A\cos\frac{2\pi}{\lambda}x\right| = 2A$,这些点为腹点,即腹点的位置为

$$x = k\frac{\lambda}{2} \quad (k = 0, \pm 1, \pm 2, \cdots)$$

当 $\frac{2\pi}{\lambda}x = k\pi + \frac{\pi}{2}, k = 0, \pm 1, \pm 2, \cdots$ 时,$\left|2A\cos\frac{2\pi}{\lambda}x\right| = 0$,这些点为节点,即节点的位置为

$$x = (2k+1)\frac{\lambda}{4} \quad (k = 0, \pm 1, \pm 2, \cdots)$$

由此可见,相邻两个波腹或波节之间的距离为 $\frac{\lambda}{2}$。

(3) 相邻两波节各点相位相同,而一个波节两侧各点相位相反。

(4) 在驻波中没有振动状态或相位的传播,也没有能量的传播。驻波实际上是一种特殊的振动方式,振动能量不转化为其他形式的能量。

(5) 在图 16-16 的驻波演示实验中,反射点 N 为波节,说明反射波发生了相位突变,这称为**半波损失**。相对来讲,介质密度和波速的乘积(ρu)较大的介质称为**波密介质**,ρu 较小的介质称为**波疏介质**。当波从波疏介质垂直入射到波密介质,在分界面上反射时,有半波损失,分界面处出现波节;反之,无半波损失,分界面处出现波腹。

4. 弦线上的驻波

将弦线的两端拉紧固定,拨动弦线,弦线中就产生经两端反射而相向传播的两列波,叠加后形成驻波,如图 16-17 所示。由于弦线两端固定,必定形成波节,所以波长满足下列条件:

$$L = n\frac{\lambda}{2} \quad (n = 1, 2, 3, \cdots)$$

其中,L 为弦线长度,用 λ_n 表示与某一个 n 值对应的波长,则由上式得出

$$\lambda_n = \frac{2L}{n} \quad (n = 1, 2, 3, \cdots)$$

由于波速 $u = \nu\lambda$,所以有

$$\nu_n = n\frac{u}{2L} \quad (n = 1, 2, 3, \cdots)$$

也就是说,只有波长满足上述条件的波才能在弦线上形成驻波,其中与 $n = 1$ 对应的

波频称为**基频**,其余称为**谐频**,这些频率称为系统的固有频率。当外界驱动力频率与系统某一固有频率相等时,将产生强驻波,这种现象也称为**共振**。

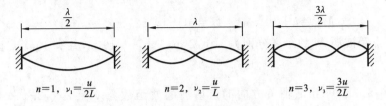

$n=1, \nu_1=\dfrac{u}{2L}$ $n=2, \nu_2=\dfrac{u}{L}$ $n=3, \nu_3=\dfrac{3u}{2L}$

图 16-17 两端固定的弦的几种简正模式

例 16-3 设相干波源 S_1 和 S_2 的振动表达式分别为 $y_{10}=0.1\cos2\pi t$(SI)和 $y_{20}=0.1\cos(2\pi t+\pi)$(SI),如图 16-18 所示,它们传到 P 点相遇叠加。已知波速 $u=20$ cm/s,$r_1=40$ cm,$r_2=50$ cm,问 P 点是干涉加强点还是干涉减弱点?

解 两列波传到 P 点时的分振动分别为

$$y_{1P}=0.1\cos\left[2\pi\left(t-\frac{r_1}{u}\right)\right]=0.1\cos\left[2\pi\left(t-\frac{40}{20}\right)\right]$$

$$y_{2P}=0.1\cos\left[2\pi\left(t-\frac{r_2}{u}\right)+\pi\right]=0.1\cos\left[2\pi\left(t-\frac{50}{20}\right)+\pi\right]$$

于是两者的相位差为

$$\Delta\varphi=\left[2\pi\left(t-\frac{50}{20}\right)+\pi\right]-\left[2\pi\left(t-\frac{40}{20}\right)\right]=0$$

则 P 点的合振幅最大,合振动最强,当然是干涉加强点。

图 16-18 例 16-3 图   图 16-19 例 16-4 图

例 16-4 两波源 M、N 相距 $d=20$ m,如图 16-19 所示,作同方向同频率为 $\nu=100$ Hz 的简谐振动。设波速均为 $u=200$ m/s,且当点 M 为波峰时,点 N 为波谷,求 M、N 连线上因干涉而静止的点的位置。

解 设波源 M、N 的振动方程为

$$y_M=A\cos(2\pi\nu t), \quad y_N=A\cos(2\pi\nu t+\pi)$$

两列波在相遇点 P 的分振动方程分别为

$$y_{MP}=A\cos\left[2\pi\left(\nu t-\frac{MP}{\lambda}\right)\right], \quad y_{NP}=A\cos\left[2\pi\left(\nu t-\frac{d-MP}{\lambda}\right)+\pi\right]$$

P 点因干涉而静止,令

$$\Delta\varphi=\left[2\pi\left(\nu t-\frac{d-MP}{\lambda}\right)+\pi\right]-\left[2\pi\left(\nu t-\frac{\overline{MP}}{\lambda}\right)\right]=(2k+1)\pi$$

化简整理得

$$MP = k\frac{\lambda}{2} + 10 \text{ (m)}, \quad \lambda = \frac{u}{\nu} = \frac{200}{100} \text{ (m)} = 2 \text{(m)}$$

$$MP = k + 10 \text{ (m)} \quad (k = 0, \pm 1, \pm 2, \pm 3, \cdots, \pm 9)$$

相应静止点距波源 M 的距离分别为 1 m,2 m,3 m,$\cdots$,19 m,共有 19 个点因干涉而静止。

例 16-5 已知沿 x 轴负方向的入射波的波函数为 $y_1 = A\cos 2\pi\left(\frac{t}{T} + \frac{x}{\lambda}\right)$,在 $x=0$ 处发生反射,反射点为节点。试求:(1) 反射波的波函数;(2) 写出驻波方程,并确定驻波的波节、波腹的位置。

解 (1) 入射波在 $x=0$ 处的振动方程为 $y_{10} = A\cos 2\pi\frac{t}{T}$,入射波和反射波在 $x=0$ 处形成波节,所以在 $x=0$ 处,反射波的振动方程为 $y_{20} = A\cos\left(2\pi\frac{t}{T} + \pi\right)$,沿 x 轴正方向传播的反射波的波函数为

$$y_2 = A\cos\left[2\pi\left(\frac{t}{T} - \frac{x}{\lambda}\right) + \pi\right]$$

(2) 由波的叠加原理得驻波方程为

$$y = y_1 + y_2 = 2A\cos\left(\frac{2\pi}{\lambda}x - \frac{\pi}{2}\right)\cos\left(2\pi\frac{t}{T} + \frac{\pi}{2}\right)$$

当 $\frac{2\pi}{\lambda}x - \frac{\pi}{2} = k\pi$ 时,振幅最大为 $2A$,即波腹位置满足

$$x = k\frac{\lambda}{2} + \frac{\lambda}{4} \quad (k = 0, 1, 2, 3, \cdots)$$

当 $\frac{2\pi}{\lambda}x - \frac{\pi}{2} = k\pi + \frac{\pi}{2}$ 时,振幅为零,即波节位置满足

$$x = (k+1)\frac{\lambda}{2} \quad (k = -1, 0, 1, 2, \cdots)$$

16.6 声 波

在弹性介质中,如果波源所激起的纵波频率在 20~20000 Hz 之间,人的听觉就能感应到,这就是声波。频率高于 20000 Hz 的机械波称为**超声波**,频率低于 20 Hz 的机械波称为**次声波**。

1. 声压

介质中有声波传播的压强和无声波的静压强 p_0 之间有一个差额,这个差额称为**声压**。声波是疏密波,在稀疏区域,其实际压强小于原来静压强,声压为负值;在稠密

区域,实际压强大于原来静压强,声压为正值。

设在密度 ρ 的流体中有一平面余弦声波 $y = A\cos\omega\left(t - \dfrac{x}{u}\right)$ 沿 x 轴正方向传播。发生体变时,依据胡克定律有

$$\Delta p = -K\frac{\Delta V}{V}$$

把上式应用于介质中的一个小质元,则 Δp 表示声压,常用 p 表示,K 为介质体积模量,对于平面简谐波而言,体应变 $\dfrac{\Delta V}{V} = \dfrac{\Delta y}{\Delta x} = \dfrac{\partial y}{\partial x}$,则声压为

$$p = -K\frac{\omega}{u}A\sin\omega\left(t - \frac{x}{u}\right)$$

由于纵波波速 $u = \sqrt{\dfrac{K}{\rho}}$,所以上式又可写成为

$$p = -\rho u\omega A\sin\omega\left(t - \frac{x}{u}\right) = -p_{\mathrm{m}}\sin\omega\left(t - \frac{x}{u}\right) = p_{\mathrm{m}}\cos\left[\omega\left(t - \frac{x}{u}\right) + \frac{\pi}{2}\right] \quad (16\text{-}19)$$

式中 $p_{\mathrm{m}} = \rho u\omega A$ 称为**声压振幅**。

2. 声强　声强级

声强就是声波的平均能流密度,依据能流密度公式,有

$$I = \frac{1}{2}\rho A^2\omega^2 u = \frac{1}{2}\frac{p_{\mathrm{m}}^2}{\rho u} \quad (16\text{-}20)$$

能够引起人的听觉的声强范围大约在 $10^{-12} \sim 1\ \mathrm{W \cdot m^{-2}}$ 的范围内,由于可闻声强的数量级相差较大,通常用声强级表示声波的强弱。规定最低声强 $I_0 = 10^{-12}\ \mathrm{W \cdot m^{-2}}$ 作为测定声强的标准,某一声强 I 的声强级用 L 表示为

$$L = 10\lg\frac{I}{I_0} \quad (16\text{-}21)$$

在 SI 中,声强级的单位是分贝,符号为 dB。

16.7　多普勒效应

在前面的讨论中,波源和观察者相对于介质都是静止的,所以观察者接收到的频率和波的频率相同,也和波源的频率相同。如果波源和接收器相对介质运动,则接收器接收到的波的频率和波源的振动频率不同,这种现象称为**多普勒效应**。

1. 波源不动,观察者相对介质运动

如果观察者向着静止的波源运动,那么观察者在单位时间里接收到的完整的波的数目要比静止时接收到的多。如图 16-20 所示,观察者以速度 u_R 向着静止的波源运动,同时波源 S 发出的波以速度 u 向观察者传播,在 dt 时间里,$(u_R + u)dt$ 距离内的波都传给了观察者,所以观察者接收到的频率为

$$\nu_R = \frac{u_R + u}{\lambda} = \frac{u_R + u}{u}\nu$$

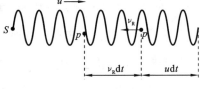

式中 ν 是波的频率。由于波源静止，所以波的频率就是波源的振动频率 ν_S，所以有

$$\nu_R = \frac{u + u_R}{u}\nu_S \qquad (16\text{-}22)$$

图 16-20　波源不动，观察者相对介质运动图

这表明观察者向着静止的波源运动时，接收到的频率变高，当观察者离开波源运动时，可得到观察者接收到的频率为

$$\nu_R = \frac{u - u_R}{u}\nu_S \qquad (16\text{-}23)$$

2. 观察者不动，波源相对介质运动

波源在运动中仍按自己的频率发射波，在一个周期 T 内，传播的距离 $\lambda = uT_S$，即完成一个完整的波形。设波源向着观察者运动，T_S 时间里波源由 S_1 运动至 S_2，移动距离为 $u_S T_S$，如图 16-21 所示。由于波源运动，介质中的波长变小了，实际波长为

$$\lambda' = \lambda - u_S T_S = uT_S - u_S T_S = \frac{u - u_S}{\nu_S}$$

此时波的频率为

$$\nu' = \frac{u}{\lambda'} = \frac{u}{u - u_S}\nu_S$$

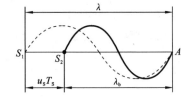

由于观察者静止，所以观察者接收到的频率为

$$\nu_R = \nu' = \frac{u}{u - u_S}\nu_S \qquad (16\text{-}24)$$

图 16-21　观察者不动，波源相对介质运动图

可见，观察者接收到的频率大于波源的频率。当波源远离观察者时，观察者接收到的频率为

$$\nu_R = \frac{u}{u + u_S}\nu_S \qquad (16\text{-}25)$$

3. 波源与观察者同时相对介质运动

当波源和观察者相向运动时，观察者接收到的频率为

$$\nu_R = \frac{u + u_R}{u - u_S}\nu_S \qquad (16\text{-}26)$$

当波源和观察者反向运动时，观察者接收到的频率为

$$\nu_R = \frac{u - u_R}{u + u_S}\nu_S \qquad (16\text{-}27)$$

思　考　题

16-1　真空中能否传播弹性纵波或横波？

16-2 横波、纵波有什么区别？什么叫波线？什么叫波振面？什么叫波面？

16-3 说明波长、波频、波速这三个物理量的含义；在 $u=\nu\lambda$ 中，各个物理量由哪些因素决定？波源发出的机械波通过不同介质传播时，什么量是变化的？什么量是不变的？

16-4 有人说："波是振动状态的传播过程，介质中任一点都重复波源的振动，因此只要掌握了波源的振动规律就得到波的规律"，这种说法对吗？

16-5 平面简谐波中某一点的振动与弹簧振子中质点的简谐振动有什么不同？

16-6 简谐波中质元的振动速度与波的传播速度是否相同？它们的大小分别由什么因素决定？

16-7 有人说："当两列波重叠时，在重叠区域就能看到波的干涉现象"，这种说法对吗？

16-8 有一横波和一纵波在同一种介质中传播，则介质中是否形成通常所说的干涉？

16-9 波动方程 $y=A\cos\left[\omega\left(t-\dfrac{x}{u}\right)+\varphi\right]=A\cos\left(\omega t-\dfrac{\omega x}{u}+\varphi\right)$，式中 $\dfrac{x}{u}$、$\dfrac{\omega x}{u}$、φ 和 y 各表示什么物理意义？

16-10 波动传播过程中，任一质元的总能量随时间变化，这与能量守恒定律是否矛盾？

习　题

16-1 一横波沿绳子传播时的波函数表达式为 $x=0.05\cos(10\pi t-4\pi x)$。求：

（1）此波的振幅、波速、频率和波长；

（2）绳子上各质点振动的最大速度和最大加速度；

（3）$x=0.2$ m 处质点在 $t=1$ s 时的相位，并判断它是原点处质点在哪一时刻的相位。

16-2 如图 16-22 所示，一平面简谐波在介质中以速度 $u=20$ m·s^{-1} 沿 x 轴负方向传播，已知 a 点的振动表达式为 $y_a=3\cos4\pi t$。求：

（1）以 a 为坐标原点写出波动表达式；

（2）以距 a 点 5 m 的 b 点为坐标原点写出波动表达式。

16-3 一平面简谐波沿 x 轴负方向传播，波长为 λ，P 处质点的振动规律如图 16-23 所示，求：

（1）P 处质点的振动方程；（2）该波的波动方程；（3）若图中 $d=\dfrac{\lambda}{2}$，求坐标原点 O 处质点振动方程。

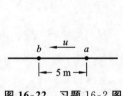

图 16-22　习题 16-2 图

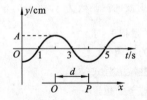

图 16-23　习题 16-3 图

16-4 一平面简谐余弦波沿 x 轴正方向传播，波的周期 $T=2$ s，$t=\dfrac{1}{3}$ s 时刻的波形图如图 16-24 所示，求：

（1）O 点和 P 点的振动方程式；

(2) 该波的波动表达式；

(3) P 点离 O 点的距离。

16-5 一平面简谐波沿 x 轴正方向传播，振幅为 A，波长为 λ，传播速度为 u，如图 16-25 所示。求：

(1) $t=0$ 时，原点 O 处质点由平衡位置向位移正方向运动，写出该波的波函数；

(2) 若经分界面反射后振幅不变，写出反射波的波函数，并求出因反射波和入射波的干涉而静止的各点位置。

图 16-24 习题 16-4 图　　　　　图 16-25 习题 16-5 图

16-6 干涉消声器结构原理如图 16-26 所示，当发电机噪声经过排气管到达 A 点时，分成两路在 B 点相遇，声波干涉相消。若频率 $\nu=300$ Hz，则弯管与直管的长度差至少应为多少(声速 340 m/s)？

16-7 如图 16-27 所示，两相干波源位于同一介质中的 A、B 两点，其振幅相同，频率皆为 100 Hz，B 点比 A 点的相位超前 π，若 A、B 两点相距 30 m，波速为 $u=400$ m·s^{-1}，求 AB 连线上因干涉而静止的点的位置。

图 16-26 习题 16-6 图　　　　　图 16-27 习题 16-7 图

16-8 一平面简谐波的频率为 500 Hz，在空气中以 $u=340$ m·s^{-1} 的速度传播，到达人耳时，振幅 $A=10^{-4}$ cm。求人耳接收到声波的平均能量密度和能流密度(空气的密度 $\rho=1.29\times10^{-3}$ kg·m^{-3})。

16-9 设入射波的波函数为 $y_1=A\cos 2\pi\left(\dfrac{t}{T}+\dfrac{x}{\lambda}\right)$，在 $x=0$ 处发生反射，反射点为一固定端，设反射时无能量损失，求：

(1) 反射波的波函数；

(2) 合成的驻波方程式；

(3) 波腹和波节的位置。

16-10 设相干波源 S_1 和 S_2 的振动方程分别为 $y_{10}=0.1\cos 2\pi t$，$y_{20}=0.1\cos(2\pi t+\pi)$，如图 16-28 所示，它们传到 P 点相遇而叠加。已知波速 $u=20$ cm·s^{-1}，$r_1=40$ cm，$r_2=50$ cm，则 P 是干涉加强点还是干涉减弱点？

16-11 一平面简谐波沿 x 轴负方向传播，波速大小为 u，如图 16-29 所示，若 P 处介质元的振动方程为 $y_P=A\cos(\omega t+\varphi)$，求：

(1) O 处质点振动方程;

(2) 该波的波函数;

(3) 与 P 处质点振动状态相同的点的位置。

图 16-28　习题 16-10 图　　　　**图 16-29　习题 16-11 图**

16-12　汽车驶过车站,车站上的观察者测得汽笛声的频率由 1200 Hz 变到 1000 Hz,设空气中声速为 330 m·s^{-1},求汽车的速率。

16-13　两列火车分别以 72 km·h^{-1} 和 54 km·h^{-1} 的速度相向而行,第一列火车发出了一个频率为 600 Hz 的汽笛声,若声速为 340 m·s^{-1},求第二列火车上的观察者在相遇前后听见该声音的频率分别是多少?

第五篇

波动光学

光，让我们看到丰富多彩的自然界。光学，是最古老的物理学分支之一。

关于光学的研究可以追溯至两三千年前，我国战国时期的《墨经》记载了许多光学现象和成像规律，古希腊数学家欧几里得研究了光的反射，古阿拉伯光学家阿勒·哈增撰写了《光学全书》。

光学真正成为一门学科，是从建立反射定律和折射定律的时代算起，它们奠定了几何光学的基础。斯涅耳和笛卡尔发展了几何光学，在实验基础上用数学方法推导出反射定律、折射定律和一些透镜的几何理论。牛顿对光学的贡献集中呈现在其1704年所著《光学》一书中，涉及光的反射、折射、拐折和颜色等。他的光学研究从实验和现象出发，进行归纳综合，总结出一套完整的科学理论。归纳法是科学研究的重要方法之一。

关于光的本性的讨论是光学发展的一根主线。19世纪以前，粒子说比较盛行，认为光是由微粒组成的，具有直线传播的性质。但随着光学研究的深入，波动说逐渐占据上风。这是因为出现了粒子说不能解释的实验现象，例如光的干涉和衍射现象，但波动说对此却很容易解释。早期波动说的代表人物是惠更斯，他根据罗默的数据和地球轨道直径第一次计算出了光速。由于早期的波动说缺乏数学基础，很不完善，在光的本性之争中处于劣势。1801年，托马斯·杨发展了惠更斯的波动理论，成功地解释了光的干涉现象，有力的证据便是以其名字命名的托马斯·杨双缝干涉实验。这是对光的粒子学说的一起严重挑战，托马斯·杨所面临的压力可想而知，然而不迷信权威，敢于质疑是推动科学向前发展的原动力。正如托马斯·杨所说："尽管我仰慕牛顿的大名，但我并不因此非得认为他是百无一失的。"法国工程师菲涅耳以严密的数学推理，从横波出发，圆满地解释了光的偏振，并用半波带法定量地计算了圆孔、圆板等形状的障碍物所产生的衍射花纹，其结果与实验相吻合。菲涅耳发展了惠更斯和托马斯·杨的波动理论，开创了光学研究的新阶段，称为"物理光学的缔造者"。麦克斯韦于1864年建立了电磁场理论，预言了电磁波的存在，并从理论上得出电磁波的传播速度等于光速。麦克斯韦由此提出"光就是电磁波"的假设。很快，赫兹于1888年通过实验测到了电磁波，验证了电磁波的存在，同时也证明了麦克斯韦电磁场理论的正确性。

光速的测定在历史上起着重要作用，花费了好几代物理学家的心血。拉雷德于1728年根据恒星的光行差计算出了光速。傅科于1850年利用旋转镜法测得水中的光速小于空气中的光速，从而结束了长期以来争论不决的关于光密与光疏介质中哪个光速更大或折射率更大的问题。美国物理学家迈克尔逊历经四十余年，不断改进实验，将光速精密测量视为己任，对结果精益求精。光速是基本物理常数之一，有着重要的物理地位，例如对光的波粒二象性判定、光是电磁波的判定以及爱因斯坦的狭义相对论的基本假设都有着举足轻重的作用。

20世纪60年代，激光问世。科学家们在研究激光与物质的相互作用的过程中，发现了众多的非线性光学效应,进而形成新的光学分支 —— 非线性光学。此外,激光在光信息处理、全息照相、光纤通信等许多领域都有重要应用。

【温故知新】

在高中阶段我们学习了"光及其作用"的模块,所涉及的知识点包括光的折射定律、全反射、光的横波性以及光的干涉、衍射和偏振现象。

折射定律描绘了光在两个各向同性的、均匀介质的分界面上发生折射的规律,即折射光线与入射光线、法线处在同一平面内,折射光线与入射光线分别位于法线的两侧;入射角 i 的正弦与折射角 r 的正弦成正比,等于两种介质折射率之比,即 $\frac{\sin i}{\sin r} = \frac{n_2}{n_1} = n_{21}$,如图所示。其中,折射率是一个反映介质的光学特

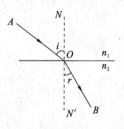

性的物理量,定义为 $n = \frac{c}{v}$;$n_{21} = \frac{n_2}{n_1}$ 称为相对折射率,是第二种介质相对于第一种介质的折射率。当光从光疏介质射入光密介质时,比如从真空(或空气)射入某种介质时,入射角大于折射角;当光从光密介质射入光疏介质产生折射时,折射角大于入射角。而当折射角等于 $90°$ 时,就没有折射光线了,这就是全反射,此时的入射角称为**临界角**,满足 $\sin\theta_0 = \frac{1}{n}$。在光的折射现象中,光路是可逆的。

光具有干涉、衍射和偏振的特性说明了光具有波动性,我们在电磁学的学习中知道光是一种电磁波,属于横波,光矢量的振动方向与光的传播方向垂直。两列相干光(满足相干光条件:频率相等、传播方向相同且具有恒定的相位差)在同一介质中传播相遇时,会在介质中出现明条纹和暗条纹相间的现象,这就是光的干涉现象。依据获得相干光的方式,可将干涉分为分波阵面干涉和分振幅干涉。杨氏双缝干涉实验是典型的分波阵面干涉,也是十大最美经典物理实验之一。杨氏双缝实验中得到的是等间距的干涉条纹,相邻明(暗)条纹的间距与波长成正比,由此关系可测量单色光的波长。分振幅干涉包括等厚干涉和等倾干涉,这将在后续的章节中进行详细阐述。

当光遇到障碍物时,偏离直线传播方向而绕到障碍物后面继续传播的现象称为光的衍射。当孔或障碍物的尺寸比光波波长小,或者与光波波长相差不多时,才能发生明显的衍射现象,其中比较经典的是夫琅禾费单缝衍射。若使用单色光,衍射图样的中央为亮条纹,两侧是间距和亮度不同的明暗相间的条纹;若使用白光,衍射图样的中央仍为白光,最靠近中央的是紫光(波长最小),最远离中央的是红光(波长最大)。当改变衍射孔的形状时,得到的衍射图样也会发生相应的变化,其中典型的是圆孔衍射,这涉及光学仪器的分辨本领。

光的偏振现象证明光的横波性。依据光的偏振特性,将光分为自然光、线偏振

光、部分偏振光等。为了获得和检验偏振光,需要借助一种名为偏振片的光学器件。在偏振光的获得中,我们已经学习了布儒斯特定律,也就是自然光射到两种介质的交界面上,如果光入射的方向合适,使反射光和折射光之间的夹角恰好是 $90°$ 时,则反射光和折射光都是偏振光,且偏振方向相互垂直。在大家高中学习的基础上,我们将在本篇带着大家一起更深入地从光的干涉、衍射和偏振学习和理解光的波动性。

【过关斩将】

1. 如图所示,一束单色光从空气入射到棱镜的 AB 面上,经 AB 和 AC 两个面折射后从 AC 面进入空气。当出射角 i' 和入射角 i 相等时,出射光线相对于入射光线偏转的角度为 θ,已知棱镜顶角为 α,则计算棱镜对该色光的折射率表达式为(   )。

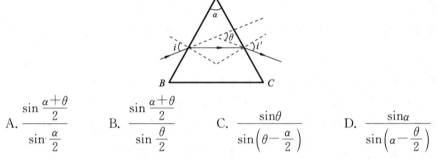

A. $\dfrac{\sin\dfrac{\alpha+\theta}{2}}{\sin\dfrac{\alpha}{2}}$ 　　B. $\dfrac{\sin\dfrac{\alpha+\theta}{2}}{\sin\dfrac{\theta}{2}}$ 　　C. $\dfrac{\sin\theta}{\sin\left(\theta-\dfrac{\alpha}{2}\right)}$ 　　D. $\dfrac{\sin\alpha}{\sin\left(\alpha-\dfrac{\theta}{2}\right)}$

2. 一束复色光由空气射向一块平行平面的玻璃砖,经折射分成两束单色光 a、b。已知 a 光的频率小于 b 光的频率,下面哪个光路图是正确的?(   )

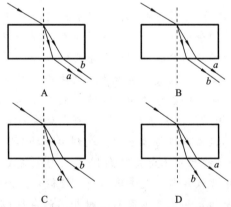

A　　　　　　　　B

C　　　　　　　　D

3. 实验表明,可见光通过三棱镜时各色光的折射率 n 随波长 λ 的变化符合科西经验公式: $n=A+\dfrac{B}{\lambda^2}+\dfrac{C}{\lambda^4}$,其中 A、B、C 是正的常量。太阳光进入三棱镜后发生色散的情形如图所示,则(   )。

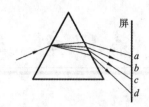

A. 屏上 c 处是紫光   B. 屏上 d 处是红光

C. 屏上 b 处是紫光   D. 屏上 a 处是红光

4. 在双缝干涉实验中,一钠灯发出的波长为 589 nm 的光,在距双缝 1.00 m 的屏上形成干涉图样。图样上相邻两明纹中心间距为 0.350 cm,则双缝的间距为( )。

A. $2.06×10^{-7}$ m   B. $2.06×10^{-4}$ m

C. $1.68×10^{-4}$ m   D. $1.68×10^{-3}$ m

5. 如图所示,a、b、c、d 四个图是不同的单色光形成的双缝干涉或单缝衍射图样。分析各图样的特点,可以得出的正确结论是( )。

A. a、b 是光的干涉图样

B. c、d 是光的干涉图样

C. 形成 a 图样的光的波长比形成 b 图样光的波长短

D. 形成 c 图样的光的波长比形成 d 图样光的波长短

6. (多选)一束光由玻璃射向玻璃与空气分界面时,下列说法正确的是( )。

A. 不会产生全反射

B. 会产生全反射

C. 有可能产生全反射

D. 折射角大于入射角

答案:1. A; 2. B; 3. D; 4. C; 5. A; 6. CD

· 113 ·

第17章 光 的 干 涉

人类对光的本性的认识经历了非常曲折的科学探索的过程。现代物理学已经证明,光具有波粒二象性。只有在一定条件下,光的某一性质才表现得更为突出。除了在研究光与物质的相互作用时需考虑光的粒子性之外,通常情况下只需考虑光的波动性。

通常意义上所说的光指可见光,它在电磁波谱中仅占据很窄的一段波长范围,其波长分布在 400~760 nm 之间,超出这个范围的电磁波人眼就感觉不到。不同波长的光产生不同的颜色,同一波长的光,具有相同的颜色,称为"单色光"。由不同波长的光混合而成的光称为"复色光",白光就是由各种波长的光混合而成的复色光。

光是电磁波的一种,具有波动的基本特征,如具有一定的波长、频率、传播速度,随着波的传播伴随着能量的传递、服从叠加原理等。与机械波类似,满足一定条件的两束光在传播过程中叠加时,在叠加区域会出现光强的明暗、稳定分布,称之为光的干涉现象。

本章介绍光的干涉规律,包括光的干涉条件、干涉分析方法及干涉条纹明暗分布规律等。

17.1 光的相干性

17.1.1 光的电磁理论

麦克斯韦于 1865 年在前人电磁学研究成果的基础上成功总结出了描述电磁现象普遍规律的麦克斯韦方程组,理论预言了电磁波的存在。随后,赫兹于 1888 年通过实验验证了电磁波的存在。根据麦克斯韦电磁理论,光是一定频率范围内的电磁波。电磁波是横波,由振动方向互相垂直的电场强度矢量 E 和磁场强度矢量 H 加以表征,且两者振动方向均垂直于波的传播方向。大量实验表明,对于许多检测光的元件的响应和人眼的视觉效应主要是由电磁波中的电场强度矢量 E 引起的,所以在光学中通常用电场强度矢量 E 表示光场,并将电场强度矢量 E 称为**光矢量**。

当光波在介质中传播时,其波速可表示为

$$u = \frac{1}{\sqrt{\varepsilon\mu}} \tag{17-1}$$

式中,ε 是介质的介电常数,μ 是介质的磁导率。在真空中,光的传播速度为 $c=$

$2.99792458 \times 10^8 \ \mathrm{m \cdot s^{-1}}$,这与当时测得的光速十分接近。将光在介质中的折射率 n 定义为光在真空中的传播速度与介质中传播速度的比,即

$$n = \frac{c}{u} = \sqrt{\frac{\varepsilon\mu}{\varepsilon_0\mu_0}} = \sqrt{\varepsilon_r\mu_r} \tag{17-2}$$

式中,ε_r 是介质的相对介电常数,μ_r 是介质的相对磁导率。

根据波动理论,波的能量传递用能流密度描述,即垂直于波的传播方向上单位时间内通过单位面积的能量。在研究光波时,由于光波中的电场强度矢量 $\boldsymbol{E}$ 以极高的频率振荡,现有的光的检测仪器响应速度远低于光的变化速度。所以,通过仪器实际测得的是检测仪器在响应时间内的平均能流密度,**即光的强度**,用符号 I 表示。由于通常考虑的是光波在同一介质中不同位置处的相对大小,所以光强 I 和光矢量振幅 A 之间的关系可简单表示为

$$I \propto A^2 \tag{17-3}$$

即光强正比于光波振幅的平方。

17.1.2 普通光源发光特点

光源是指能发射光或反射光的物体。常见的普通光源有热光源(如太阳、白炽灯),冷光源(如日光灯、气体放电管)等。光源发光是物体中大量分子或原子进行的一种微观过程。现代物理学已经从理论和实验上完全肯定了分子或原子分立能级的存在。图 17-1 所示的是氢原子能级分布图。能量最低的状态为基态,其他能量较高的状态统称为激发态。分子或原子受到外界作用而吸收能量跃迁到较高的能量状态,处于较高能量状态的分子或原子是不稳定的,它们会自发回到能量较低的状态,这一过程称为从较高能级到低能级的跃迁,如图 17-2 所示,较高能级 M(激发态),该能级能量为 E_M;N 为低能级,其能量为 E_N。当分子或原子由能级 M 跃迁到能级 N 时,它们的能量要减少,并向外辐射电磁波。以 $h\nu$ 表示电磁波的能量,即 $h\nu = E_M - E_N$,其中,$h = 6.63 \times 10^{-34} \ \mathrm{J \cdot s}$,称为**普朗克系数**,$\nu$ 为电磁波的频率。如果能级跃迁时辐射的电磁波的频率位于可见光波频率范围内,此时能级跃迁就发射可见光。这一跃迁过程经历的时间非常短暂,约为 $10^{-8} \ \mathrm{s}$。一个分子或原子一次发光只

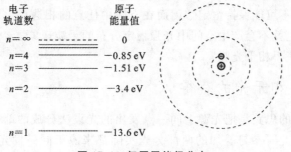

图 17-1 氢原子能级分布

能发出具有有限长度、一定频率和一定振动方向的一段光波,我们称之为一个波列,如图 17-3 所示的 a、b、c 和 d 波列。

图 17-2　能级跃迁　　　　　图 17-3　普通光源发光波列

普通光源含有大量分子或原子,这些受激发的分子或原子从较高能级向较低能级跃迁时,多余的能量以光波的形式辐射出来。这些光波相互独立、互不相干,如图 17-3 中的 a 与 c 波列,b 与 d 波列,它们的振动方向和相位都是不同的。光源内分子或原子处于激发态时,向低能级的跃迁是完全自发随机的;即使同一个分子或原子,其先后两次发光的时间间隔也完全是随机的。因此,普通光源发出的光在空间叠加时,合成振幅不可能保持稳定,也就不可能产生光的强度在空间中的稳定分布。

普通光源是非相干光源,发出的光是非相干的。

17.1.3　光的相干条件

光既然是一种波动现象,就能够产生波的干涉现象。在机械波的学习中,我们讨论了机械波的干涉,得到机械波的相干条件,即频率相同、振动方向相同和相位差恒定,这也是光的**相干条件**。但是,我们观察日光灯管发出光的叠加现象时,却难以观察到不同灯管发出的光的干涉条纹。这是为什么呢?

首先,对于机械波或无线电波,由于其波长较长,相干条件容易满足,因此其干涉现象很容易观察到。而对光波来说,由于可见光波长较短,只能在特定条件下或通过特殊手段才能观察到干涉现象。

其次,在上节讨论普通光源的发光机制中,我们知道普通光源发出的光是非相干光,尽管使用单色光学光源可以使得这些波列的频率基本相同,但是两个单色光源或是同一光源上的不同部分发出的光叠加时,波列的振动方向也不可能相同,特别是它们之间的相位差不可能保持恒定。因而在空间中任意的相遇点,合成振动的振幅不可能保持稳定,也就不会产生空间中光强稳定分布的干涉现象。

那么,如何获得相干光呢?

17.1.4　相干光的获得

获得相干光的思路是把光源上同一点发出的光设法分成两部分,然后再使这两部分叠加起来。此时参与叠加的两部分光实际都来源于同一发光原子的同一次发光,这两个波列就满足频率相同、振动方向相同、相位差恒定的相干条件。它们就是相干光,在空间相遇区域就能产生干涉现象。

将同一光源的光分成两部分的装置基本可分为两类:分波阵面法(见图 17-4)和分振幅法(见图 17-5),两种方法都满足"一分为二、合二为一"的基本原则。如图 17-4 所示,两束相干光是在 S 波源发出的同一个波阵面上 S_1 和 S_2 两个不同位置处获得的,例如杨氏双缝干涉实验就属于典型的**分波阵面法干涉**。我们在日常生活中常常观察到肥皂泡表面的五颜六色的花纹、照相机镜头呈现蓝紫色条纹等现象,这些都是光在薄膜上的干涉结果。如图 17-5 所示,一束入射光入射到透明薄膜表面,在薄膜上表面处由于发生反射和折射,入射光分为两部分相干光,一部分在薄膜上表面发生反射形成光束 a',另一部分经折射进入薄膜内部,经薄膜下表面反射后再通过薄膜上表面处折射出来形成光束 a'',光束 a' 和 a'' 都是从同一入射光束 a 中分离出来的,满足相干条件。反射光束和折射光束的能量都来源于入射光,而光波的能量正比于振幅的平方,所以这种产生相干光的方法称为**分振幅干涉法**,也称为分能量干涉法。

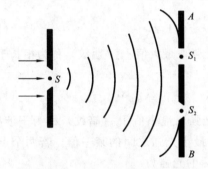

图 17-4　分波阵面干涉法示意图

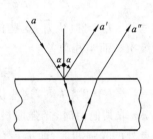

图 17-5　分振幅干涉法示意图

17.2　光的相干叠加和非相干叠加

1. 光的相干叠加

为分析简单起见,考虑如图 17-6 所示的两个相干点光源 S_1 和 S_2 发出的两束光在 P 点的叠加。两束光在 P 点处的光振动可表示为

$$E_{1P} = A_1 \cos\left(\omega t - \frac{2\pi}{\lambda} r_1 + \varphi_1\right) \tag{17-4}$$

$$E_{2P} = A_2 \cos\left(\omega t - \frac{2\pi}{\lambda} r_2 + \varphi_2\right) \tag{17-5}$$

其中,A_1 和 A_2 分别为两相干光在 P 点处的光振动振幅;φ_1 和 φ_2 分别为点光源 S_1 和 S_2 的初相位;λ 为光束在介质中的波长;r_1 和 r_2 分别为两个点光源到 P 点的距离。根据同方向、同频率简谐振动的合成公式,得 P 点处的光振动振幅满足

$$A^2 = A_1^2 + A_1^2 + 2A_1 A_2 \cos(\Delta\varphi) \tag{17-6}$$

其中，$\Delta\varphi$ 为两个分振动的相位差，即

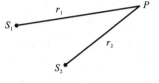

$$\Delta\varphi=\frac{2\pi}{\lambda}(r_2-r_1)+\varphi_1-\varphi_2 \qquad (17\text{-}7)$$

由式(17-3)知，P 点处的光强 I 与光矢量的振幅 A^2 成
正比，所以

图 17-6 光的相干叠加

$$I=I_1+I_2+2\sqrt{I_1 I_2}\cos(\Delta\varphi) \qquad (17\text{-}8)$$

其中，I_1 和 I_2 分别是两束光单独在 P 点处的光强。

由式(17-8)可以看出，两束光相干叠加后的光强不仅取决于两束光单独在场点
处的光强 I_1 和 I_2，还与两束光在相遇点的相位差 $\Delta\varphi$ 有关。两束光在空间中不同位
置相遇时，由于相遇位置到点光源的距离不同，它们的相位差 $\Delta\varphi$ 也将不同，相遇点
的光强也就不同。当相遇点的位置连续变化时，不同场点处的光强将发生连续变化，
即显示出光的干涉现象。

由式(17-8)知，当相位差

$$\Delta\varphi=\pm 2k\pi, \quad k=0,1,2,\cdots \qquad (17\text{-}9)$$

时，$I_{\max}=I_1+I_2+2\sqrt{I_1 I_2}$，这些位置处的光强取最大值 $I_{\max}$（**明纹**），称为**相长干涉**，k
为干涉级次。而当相位差

$$\Delta\varphi=\pm(2k+1)\pi, \quad k=0,1,2,\cdots \qquad (17\text{-}10)$$

时，$I_{\min}=I_1+I_2-2\sqrt{I_1 I_2}$，这些位置处的光强取最小值 $I_{\min}$（**暗纹**），称为**干涉相消**。
相位差 $\Delta\varphi$ 取其他值时，光强取最大光强与最小光强之间的某一值。若两个点光源
在相遇点处的光强相等，即 $I_1=I_2$，则合成后的光强为

$$I=2I_1[1+\cos(\Delta\varphi)]=4I_1\cos^2\frac{\Delta\varphi}{2} \qquad (17\text{-}11)$$

相干叠加光强 I 随相位差 $\Delta\varphi$ 的连续变化如图 17-7(a)所示，此时 $I_{\max}=4I_1$，$I_{\min}=$
0，这就是光的干涉现象。

当两束光的光强不相等（$I_1\neq I_2$）时，由式(17-8)知，相干叠加的最大光强 $I_{\max}<$
$2(I_1+I_2)$ 且最小光强 $I_{\min}>0$，也就是说，当两相干光的强度不同时，干涉相长的强度
变小而干涉相消的强度变大，图 17-7(b)给出了 $I_1\neq I_2$ 时干涉强度随相位差的变化
曲线。对比图 17-7(a)可以明显看出，干涉图样的明暗对比不明显即清晰度下降。
为了定量描述干涉图样的清晰度，引入条纹对比度 K：

$$K=\frac{I_{\max}-I_{\min}}{I_{\max}+I_{\min}} \qquad (17\text{-}12)$$

式中 $I_{\max}$ 为最大光强，$I_{\min}$ 为最小光强。当 $I_{\min}=0$ 时，$K=1$，条纹对比度最大，明暗对
比最明显，条纹最清晰；当明暗条纹强度变化不大，即 $I_{\min}\rightarrow I_{\max}$ 时，$K\rightarrow 0$，条纹对比度
最小，明暗对比不明显，条纹最模糊。由式(17-3)，并结合 $I_{\max}$ 及 $I_{\min}$ 的表达式，可得
条纹对比度 K 与振幅的关系：

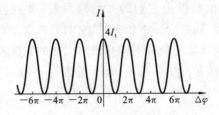

（a）两支相干光强度相同

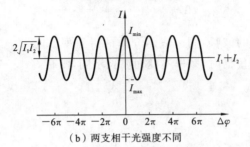

（b）两支相干光强度不同

图 17-7　光的干涉

$$K=\frac{2A_1A_2}{A_1^2+A_2^2}=\frac{2(A_1/A_2)}{1+(A_1/A_2)^2} \qquad (17\text{-}13)$$

上式表明，当 $A_1=A_2$ 时，$K=1$，干涉条纹明暗对比最明显。为获得明暗对比明显的干涉条纹，就要求参与干涉的两束光的振幅（光强）尽量相等。

2. 光的非相干叠加

如果两束光是非相干光，两束光波之间的相位差随机变化，并以相等的概率取 0 到 2π 之间的一切数值，所以，在观测时间内有 $\overline{\cos(\Delta\varphi)}=0$。由此可得

$$I=I_1+I_2 \qquad (17\text{-}14)$$

上式表明，两束非相干光在相遇点处的合成光强等于两束光单独存在时在该点的光强之和，称之为**光的非相干叠加**。

17.3　光程和光程差

研究光的干涉现象，重点在于分析两束相干光在相遇点的相位差，进而确定光在相遇点是发生相长干涉还是相消干涉。在上节讨论中，我们知道两束相干光在同一种介质中传播到空间某一点的相位差为

$$\Delta\varphi=\frac{2\pi}{\lambda}(r_2-r_1)+\varphi_1-\varphi_2=\Delta\varphi_P+\Delta\varphi_0$$

该相位差除了与两束相干光的初始相位差 $\Delta\varphi_0=\varphi_1-\varphi_2$ 有关外，还与两束光在传播过程中的相位落后所对应的相位差 $\Delta\varphi_P=\frac{2\pi}{\lambda}(r_2-r_1)$ 有关。若两束相干光在同一种

介质中传播,它们的相位差仅由它们的几何路程差(波程差)$\Delta r = r_2 - r_1$决定。然而,若两束相干光通过不同的介质再相遇时,它们的相位差就不能仅由其几何路程差决定了。为方便分析和计算光经过不同介质时引起的相位差,我们引入光程的概念。

光源S_1发射的光在介质中传播r_1的距离达到P点,如图17-8所示,设在介质中光波波长为λ_n,则光传播到P点的相位差为

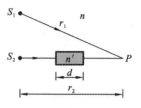

图 17-8 光程差的计算

$$\Delta\varphi = \frac{2\pi}{\lambda_n}r_1$$

用λ表示光在真空中的波长,用n表示介质的折射率。同一束光在不同介质中传播时,频率不变而波长不同,则有

$$\lambda_n = \frac{\lambda}{n}$$

代入上式得

$$\Delta\varphi = \frac{2\pi}{\lambda}nr_1$$

上式表明,光在介质中传播的光所引起的相位差不仅与几何路程r_1及真空中的波长有关,而且还与介质的折射率n有关。很明显,光在折射率为n的介质中传播距离为r时引起的相位差和它在真空中传播距离为nr时引起的相位差相同。这时nr就叫作与光在介质中行进的路程r所对应的**光程**。光程实际上是把光在介质中通过的路程按相位变化相同折算为光在真空中的路程。

当光传播过程中通过几种不同介质时,有

$$L = \sum_i n_i r_i$$

两束相干光波经历不同的路径、不同的介质后,两束光的光程之差称为**光程差**,用δ表示。相位差与光程差的关系是

$$\Delta\varphi = \frac{2\pi}{\lambda}\delta \qquad\qquad (17\text{-}15)$$

式中,λ为光在真空中的波长。

例如,如图17-8所示,两个初相位相同的相干点光源S_1和S_2位于折射率为n的介质中,它们发出的光分别经历不同路程r_1和r_2并在P点相遇,其中在S_2发出的光波路径上放置了一块折射率为n'、长为d的透明材料,则两束光的光程分别为nr_1和$n(r_2-d)+n'd$,它们的光程差为$\delta = n(r_2-d)+n'd-nr_1$。因此,两束光在相遇点处的相位差为

$$\Delta\varphi = \frac{2\pi}{\lambda}\delta = \frac{2\pi}{\lambda}\big[n(r_2-d)+n'd-nr_1\big]$$

式中,λ为光在真空中的波长。由此可见,两束相干光的相位差不是由它们的波程差决定的,而是取决于它们的光程差。

在引入光程和光程差的概念后,对两束相干光的相位差的分析就转换为对光程差的分析。若两束相干光的初相位相同,则由式(17-9)和式(17-10)知,两束光相遇产生干涉时决定干涉相长和干涉相消的条件为

干涉加强: $\qquad \delta = \pm k\lambda, \quad k = 0,1,2,\cdots$ $\qquad$ (17-16)

干涉减弱: $\qquad \delta = \pm(2k+1)\dfrac{\lambda}{2}, \quad k = 0,1,2,\cdots$ $\qquad$ (17-17)

在光的干涉和衍射实验中,为了改变光的传播方向,通常在光路中使用各类透镜。接下来简单分析光通过透镜的**等光程性**。

由几何光学知识可知,平行光经过透镜后,各条光线汇聚于透镜的焦平面上,形成一个亮点,如图 17-9(a)和(b)所示。这是因为对平行光而言,其等相位面是一系列垂直于光线方向的平面,平面上各点(如图 17-9 中 A、B、C 点)的相位相同,到达焦平面上相位依然相同,因而振动相互加强,说明 AF、BF、CF 三条光线等光程,AP、BP、CP 三条光线也等光程。在平行光路中计算光程时可以选择任意一个与平行光垂直的平面,此平面到像点,或物点到此平面的所有光线均为等光程。在图 17-9(c)中,实物点 S 发出的光经透镜成像于实像点 S',物点与像点之间的各条光线也是等光程的。透镜可以改变光的传播方向,但是不产生附加的光程差。

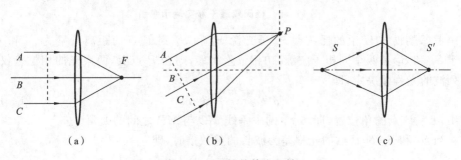

(a) $\qquad$ (b) $\qquad$ (c)

图 17-9 透镜的等光程性

17.4 分波阵面干涉——杨氏双缝干涉

17.4.1 杨氏双缝干涉实验

英国物理学家托马斯·杨于 1801 年做了杨氏干涉实验,该实验被评为十大最美物理实验之一。他发展了惠更斯的波动理论,利用"波"的概念成功解释了干涉现象并首次测得了光波波长,为光的波动学说提供了有力证据。

在托马斯·杨的干涉实验中,使用了两个小孔点光源作为相干光源,称为杨氏双孔干涉。为了提高干涉条纹的亮度,常用互相平行的狭缝来代替小孔,称为**杨氏双缝**

干涉实验,其实验装置如图 17-10 所示。在单色光源(波长为 λ)后放置一个狭缝 S,S 的长度方向与纸面垂直,相当于一个线光源,在 S 线光源后再放置与 S 平行且等距离的两个平行狭缝 S_1 和 S_2,S_1 和 S_2 两缝之间的距离为 d。由线光源 S 发出的光的波阵面同时到达 S_1 和 S_2,在 S_1 和 S_2 上构成了两个相干子光源,从 S_1 和 S_2 发出的光波在空间相遇,从而产生干涉现象。其干涉条纹可由放置于双缝后并与之平行的接收屏 H 来观测,接收屏 H 与双缝之间的距离为 $D(D \gg d)$。这里,S_1 和 S_2 两个相干子光源是在 S 线光源的同一波阵面上由两个不同部分取出,所以由这种产生相干光的干涉称为**分波阵面干涉**。

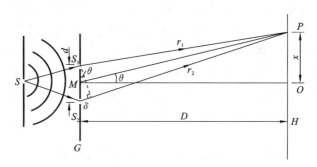

图 17-10　杨氏双缝干涉实验示意图

考虑接收屏 H 上的任一点 P,子光源 S_1 和 S_2 到 P 点的距离分别为 r_1 和 r_2。由于 S_1 和 S_2 是两个同相子波源,初相位差为零,则在 P 点上,两束光的相位差仅由两列波的光程差决定,即

$$\delta = r_2 - r_1 \approx d\sin\theta \qquad (17\text{-}18)$$

式中,θ 为 P 点的角位置,即 S_1S_2 的中垂线 MO 与 MP 之间的夹角。

当 S_1 和 S_2 到 P 点的光程差为波长的整数倍时,即

$$\delta = \pm k\lambda, \quad k = 0, 1, 2, \cdots \qquad (17\text{-}19)$$

时,两束光在 P 点发生相长干涉,其中 P 点光强最强,形成明纹。式(17-19)中,k 称为明纹的干涉级次,$k=0$ 的明纹称为零级明纹或中央明纹,$k=1,2,\cdots$ 的亮纹称为第 **1 级明纹**,**第 2 级明纹**,……

当 S_1 和 S_2 到 P 点的光程差为半波长的奇数倍时,即

$$\delta = \pm(2k-1)\frac{\lambda}{2}, \quad k = 1, 2, \cdots \qquad (17\text{-}20)$$

时,两束光在 P 点发生相消干涉,其中 P 点光强最小,形成暗纹。式(17-20)中,k 称为暗纹的干涉级次。

为具体确定明暗条纹中心的位置 x,由图 17-10 可知,在 $D \gg d$ 的条件下,光程差可表示为

$$\delta = r_2 - r_1 \approx d\sin\theta = d\tan\theta = d\frac{x}{D}$$

将上式分别代入式(17-19)和式(17-20),得到明纹中心的位置为

$$x = \pm k \frac{D}{d}\lambda, \quad k = 0, 1, 2, \cdots \tag{17-21}$$

暗纹中心的位置为

$$x = \pm (2k-1)\frac{D\lambda}{2d}, \quad k = 1, 2, \cdots \tag{17-22}$$

相邻明(暗)条纹的间距为

$$\Delta x = x_{k+1} - x_k = \frac{D}{d}\lambda \tag{17-23}$$

上式表明:接收屏上两相邻明条纹(或暗条纹)间距相等。依据上式,我们可以通过实验求得实验用的单色光的波长。

因此,杨氏双缝干涉实验中干涉条纹有如下特点。

(1) 条纹干涉级次中间低,外侧高。

(2) 明暗条纹等间距排布,与干涉级次无关。

(3) 条纹间距与 D 成正比,与 d 成反比,与波长成正比。

(4) 白光入射时,除零级明纹仍是白光外,其余明纹将分解为彩色光带,同级明纹的颜色中从中心到外侧依次为紫、蓝、青、绿、黄、橙、红色。

例 17-1　单色光源照射相距 2×10^{-4} m 的双缝,双缝与接收屏之间的距离为 1 m,若观察到的干涉条纹中同侧第 1 级明纹到第 4 级明纹的间距为 9×10^{-3} m,试求此单色光波长。

解　由双缝干涉明纹位置条件 $x = k\frac{D}{d}\lambda$,可知

$$\Delta x_{41} = x_4 - x_1 = x = (4-1)\frac{D}{d}\lambda$$

所以　　$\lambda = \dfrac{\Delta x_{41} \cdot d}{3D} = \dfrac{9 \times 10^{-3} \times 2 \times 10^{-4}}{3 \times 1}$ (m) $= 6.0 \times 10^{-7}$ (m) $= 600$ (nm)

例 17-2　在杨氏双缝干涉实验中,入射光波波长为 600 nm,如图 17-11 所示,在接收屏的 P 点观察到第 5 级明条纹,现在 S_2 缝后放置一片厚度为 6000 nm 的透明介质,此时 P 点处的第 5 级明纹移动到 O 点处。试求该透明介质的折射率。

解　S_2 缝放置透明介质后,通过 S_2 缝的光的光程将增加,此时过 S_1 和 S_2 两缝的光的光程差为零的地方将移动到 O 点下方,即干涉条纹将整体下移。

因 O 点处形成的是第 5 级干涉明纹,由双缝干涉明纹条件知

$$\delta = [r_2' + (n-1)e - r_1'] = 5\lambda$$

r_1' 和 r_2' 分别是 S_1 和 S_2 到 O 点的几何路

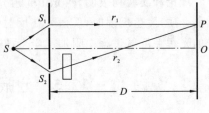

图 17-11　例 17-2 图

程,有 $r'_1 = r'_2$,则

$$(n-1)e = 5\lambda$$

即

$$n = \frac{5\lambda}{e} + 1 = \frac{5 \times 6.0 \times 10^{-7}}{6.0 \times 10^{-6}} + 1 = 1.5$$

17.4.2 洛埃镜实验

洛埃镜实验也是利用分波阵面干涉的实验,它是由洛埃于 1834 年提出的一种简单观察干涉的装置,如图 17-12 所示。

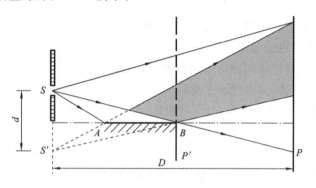

图 17-12 洛埃镜实验示意图

AB 为洛埃镜,是一块平面反射镜。S 为狭缝光源,它与洛埃镜平行且垂直于纸面,狭缝 S 发出的光一部分掠入射(入射角约等于90°)到洛埃镜上,经反射后再到达接收屏 P 上,另一部分光直接入射到接收屏上。反射光可看作由虚光源 S' 发出的光。S 和 S' 就构成两个相干光源。这一装置与杨氏双缝干涉实验类似,杨氏双缝干涉实验中得到的公式可用于洛埃镜实验的干涉条纹的分析中。图 17-12 中阴影部分是两相干光可重叠区域,在接收屏上的该区域可观测到明暗相间的干涉条纹。

有趣的是,当我们把接收屏移动到与洛埃镜相接触的 B 点时,有 $\overline{SB} = \overline{S'B}$,此时两光源发出的光到达 B 点的光程差为零,则 B 点应为零级明条纹,但实验中却观察到 B 点处为暗条纹,说明入射到 B 点的两条光线 SB 和 $S'B$ 在 B 点相遇时光程差不为零,而是 $\frac{\lambda}{2}$,这种现象称为光的**半波损失**。

理论和实验均表明,当光由光疏介质(折射率小的介质)入射到光密介质(折射率大的介质)发生反射时,反射光在反射点的相位发生了 π 的突变。这一变化导致反射光的光程在反射过程中附加了半个波长,这一现象称为"半波损失"。

17.5 分振幅干涉-等厚干涉

雨后油污表面的彩色条纹、肥皂泡表面的五颜六色的花纹及昆虫翅膀表面呈现出的彩色条纹等现象,都是光在透明薄膜上的干涉结果。此类干涉方式源于光在透明薄膜表面的反射光相干叠加,属于分振幅干涉法。薄膜干涉是一类非常重要的干涉现象,在生产实践和现代工业技术中有着广泛的应用。例如,基于薄膜干涉的检测技术,以及提高光学仪器成像质量的增反膜、增透膜等都应用了薄膜干涉。

常见的薄膜干涉条纹分为两类,一类是厚度不均匀薄膜产生的等厚干涉条纹,另一类是厚度均匀的平行平面薄膜产生的等倾干涉条纹。

17.5.1 劈尖干涉

劈尖是一类常见的光学元件,它由两个平行表面构成。它们之间的夹角 θ 一般很小,通常为 $10^{-4} \sim 10^{-3}$ rad,它们的交线称为**劈棱**。劈尖分为介质劈尖和空气劈尖。介质劈尖的两个平面之间由折射率为 n 的介质构成,通常放置在空气中观察劈尖干涉现象,如图 17-13(a)所示。若将两块平面玻璃一端接触,另一端垫入一张纸片或一根细丝,则两块平面玻璃之间的空气隙构成了一个空气劈尖,如图 17-13(b)所示。当光入射到劈尖上时,在劈尖的表面处可观察到明暗相间的干涉条纹,这是由劈尖的上下表面的反射光相干叠加形成的。

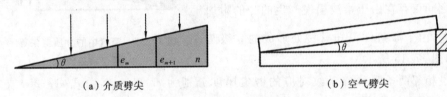

(a)介质劈尖　　　　　　　　　　(b)空气劈尖

图 17-13　劈尖示意图

下面以介质劈尖为例来分析干涉条纹的特点。如图 17-14 所示,介质劈尖折射率为 n_2,与劈尖上下表面接触的上下方空间折射率分别为 n_1 和 n_3。将一束平行单色光近乎垂直入射到劈尖上表面的 A 点时,一部分发生反射,成为光线 1;另一部分发生折射进入劈尖内部,它到达劈尖下表面发生反射,然后经劈尖上表面折射出来,成为光线 2。由于劈尖夹角很小,而入射光几乎垂直入射,可以近似把上下表面

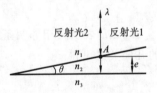

图 17-14　劈尖干涉光路图

反射的光线看作均沿垂直方向传播,反射光线 1 和反射光线 2 在劈尖的上表面处几乎重合。它们是同一入射光线、同一波阵面上同一部分分出来的,满足相干条件。这种产生相干光的干涉称为**分振幅干涉**。

设入射点 A 处的劈尖厚度为 e,则反射光 1 和 2 的光程差为

$$\delta = 2n_2 e + \delta' \qquad (17\text{-}24)$$

其中,$2n_2 e$ 项源于两反射光传播距离不同引起的光程差;δ' 项源于光线在劈尖上下表面处反射时产生的附加光程差。由半波损失现象可知,当光波由光疏介质入射到光

密介质发生反射时,反射光在反射点的相位发生了 π 的突变,反之则没有。因此,当只有一个表面的反射有半波损失时,$\delta' = \frac{\lambda}{2}$;当两个表面的反射都有半波损失或者都没有半波损失时,$\delta' = 0$。

由干涉条件可知,相长干涉的条件为

$$2n_2 e + \delta' = k\lambda, \quad k = 0,1,2,3,\cdots \tag{17-25}$$

相消干涉的条件为

$$2n_2 e + \delta' = (2k+1)\frac{\lambda}{2}, \quad k = 0,1,2,\cdots \tag{17-26}$$

其中,k 为干涉条纹的级次。式(17-25)和式(17-26)表明,在劈尖厚度相同的地方形成同一级干涉条纹。因此,这样的干涉也称为**等厚干涉**。

对劈尖而言,其厚度由距离棱边的长度决定,因此劈尖的干涉条纹是一系列明暗相间且与棱边平行的直条纹,条纹的干涉级次随劈尖厚度增加而增加。若将介质劈尖放于空气环境中,由于在棱边处劈尖厚度 $e = 0$,两束相干光之间仅存在由于半波损失产生的 $\frac{\lambda}{2}$ 的附加光程差,由干涉条件可知劈棱处形成的零级暗纹,如图 17-15 所示。

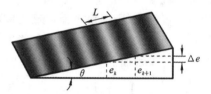

图 17-15 空气中的介质劈尖等厚干涉条纹

设相邻两条明(暗)条纹对应的劈尖厚度分别为 e_k 和 e_{k+1},由式(17-25)或式(17-26)可得相邻明(暗)条纹对应的厚度差为

$$\Delta e = e_{k+1} - e_k = \frac{\lambda}{2n_2} \tag{17-27}$$

以 ΔL 表示两相邻明条纹或暗条纹在劈尖表面上的**条纹间距**,由图 17-15 所示的几何关系可得

$$\Delta L = \frac{\Delta e}{\sin\theta} = \frac{\lambda}{2n_2 \sin\theta} \approx \frac{\lambda}{2n_2 \theta} \tag{17-28}$$

由式(17-27)和式(17-28)可知,劈尖干涉条纹是等间距的,条纹间距与劈尖角 θ 成反比,即 θ 越小,条纹间距越大,越利于干涉条纹的观测。

当夹角 θ 改变时,不仅条纹间距会发生变化,条纹位置也会产生相应移动。如图 17-16(a)所示,当夹角 θ 增加时,劈尖表面上的条纹间距会变小,条纹整体向棱边移动。而当保持夹角 θ 不变,使劈尖厚度均匀增加时,劈尖表面上的条纹间距保持不变,但是条纹整体还是向着棱边方向移动,如 17-16(b)所示。

劈尖干涉实验常被用于微小量的测量。如果已知干涉光波波长 λ 和介质折射率 n_2,通过测量干涉条纹间距就可求出劈尖的夹角 θ,这一方法常被用来测定细丝直径和纸张厚度。同理,若已知劈尖的夹角 θ 和折射率 n_2,测得干涉条纹间距后就可计算

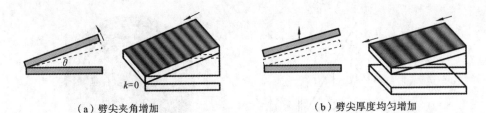

(a)劈尖夹角增加   (b)劈尖厚度均匀增加

图 17-16   劈尖等厚干涉随夹角和厚度的变化

出干涉光波波长 λ。根据等厚干涉条纹的特定条件和弯曲程度及方向就可以检测物体表面的平整度。

例 17-3 SiO_2 单层介质薄膜由于其优良的物理性能被广泛应用于微电子领域。该薄膜通常采用化学气相沉积方法在硅基底上制作。为精确测定 SiO_2 薄膜的厚度，将它的一部分磨成劈尖形，如图 17-17 所示。波长为 600 nm 的单色平行光垂直入射，观察到第 8 级等厚干涉暗纹。求该 SiO_2 薄膜的厚度（Si 的折射率为 3.42，SiO_2 的折射率为 1.5）。

解   由折射率分布知，在薄膜的上下表面反射情况相同，附加光程差为零。在干涉条纹中，第 1 级暗纹对应 $k=0$，第 8 级暗纹对应 $k=7$。由等厚干涉暗纹条件知，最高级次暗纹处对应着薄膜厚度 e 为

图 17-17   例 17-3 图

$$2ne=(2k+1)\frac{\lambda}{2}$$

$$e=\frac{(2k+1)\lambda}{4n}=\frac{(2\times7+1)\times6.0\times10^{-7}}{4\times1.5}\ (m)=1.5\times10^{-6}\,(m)=1.5\,(\mu m)$$

17.5.2   牛顿环干涉

牛顿环实验装置如图 17-18(a)所示，一个曲率半径很大（2～6 m）的平凸透镜放置于平板玻璃上，在它们之间便形成了一层厚度变化的空气薄膜。当单色光垂直入射时，在空气薄膜的上表面处可产生等厚的干涉条纹。由于该空气薄膜厚度相同的地方是以接触点为圆心的一系列的圆环，所以形成的等厚干涉条纹是以接触点为圆心的一组明暗相间、间距不等的同心圆环，如图 17-18(b)所示，称为**牛顿环**。

设入射点对应的空气薄膜厚度为 e，存在附加光程差 $\frac{\lambda}{2}$，则光程差可表示为

$$\delta=2e+\frac{\lambda}{2}$$

相长干涉（明纹）条件为

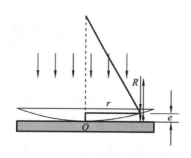

（a）牛顿环光路图

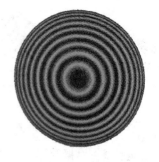

（b）牛顿环干涉条纹

图 17-18　牛顿环及干涉条纹分布

$$2e+\frac{\lambda}{2}=k\lambda,\quad k=1,2,3,\cdots \qquad (17\text{-}29)$$

相消干涉（暗纹）条件为

$$2e+\frac{\lambda}{2}=(2k+1)\frac{\lambda}{2},\quad k=0,1,2,\cdots \qquad (17\text{-}30)$$

其中，k 为条纹的干涉级次。在平凸透镜和平板玻璃接触点处，空气薄膜厚度为零。由暗纹条件知，牛顿环干涉图样的中心为零级暗纹，由中心向外，由于空气薄膜厚度逐渐增加，干涉级次变大，所以干涉条纹级次将呈现内低外高的分布。

我们更加感兴趣的是牛顿环暗环半径 r_k，由式（17-30）可得第 k 级暗环对应的空气薄膜厚度 e_k 为

$$2e_k=k\lambda \qquad (17\text{-}31)$$

由图 17-18(a)，R 为平凸透镜的半径，由几何关系知

$$r_k^2=R^2-(R-e_k)^2=2Re_k-e_k^2$$

由于 $R\gg e_k$，故略去 e_k^2，得

$$r_k^2=2Re_k \qquad (17\text{-}32)$$

由式（17-31）和式（17-32）可得，第 k 级暗环半径为

$$r_k=\sqrt{kR\lambda} \qquad (17\text{-}33)$$

由此可见，牛顿环干涉除中心暗环外，其他暗环半径为

$$r=\sqrt{R\lambda},\sqrt{2R\lambda},\sqrt{3R\lambda},\cdots,$$

这说明由中心向外，k 越大，暗纹半径越大，而相邻条纹间距变小，即条纹分布不均匀，呈现**内疏外密**的分布规律。

对第 k 级和第 $k+m$ 级暗环半径，有

$$r_k^2=kR\lambda$$

$$r_{k+m}^2=(k+m)R\lambda$$

由此可得

$$R = \frac{r_{k+m}^2 - r_k^2}{m\lambda}$$

在实验中通常采用此式来测量平凸透镜的曲率半径,它规避了实际级数 k,只要数出相对级数 m 即可。同时为了规避寻找圆心的麻烦,通常采用测量暗环直径的办法。

例 17-4　在牛顿环干涉实验中,从中心向外测量得到第 k 级暗环的直径为 8.45 mm,第 $k+10$ 级暗环的直径为 12.20 mm,已知实验所用钠黄光波长为 589.3 nm,求此牛顿环装置中平凸透镜的曲率半径。

解　由式(17-33)知

$$D_k^2 = 4kR\lambda$$
$$D_{k+10}^2 = 4(k+10)R\lambda$$

可得

$$R = \frac{D_{k+10}^2 - D_k^2}{40\lambda} = \frac{(12.20^2 - 8.45^2) \times 10^{-6}}{40 \times 589.3 \times 10^{-9}} \text{ (m)} = 3.29 \text{ (m)}$$

17.6　分振幅干涉-等倾干涉

17.6.1　等倾干涉

如图 17-19(a)所示,平行薄膜厚度为 e,折射率为 n_2,与薄膜上下表面接触的上、下方空间折射率分别为 n_1 和 n_3。点光源 S 发出的某条光线以入射角 i 入射到薄膜上,一部分在薄膜的上表面 A 处产生反射光线 1,另一部分发生折射进入膜内,其折射角为 r,在薄膜的下表面 B 处反射至 C 后折射到膜上方,成为光线 2。光线 1 和光

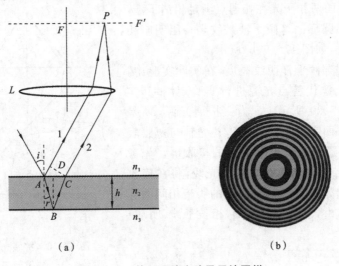

（a）　　　　　　　（b）

图 17-19　等倾干涉光路及干涉图样

线 2 是由同一入射光线分得,满足相干条件。由光的折射定律和反射定律可知,光线 1 和光线 2 是平行的,它们将在无穷远处叠加干涉。为在有限距离观察干涉现象,在反射平行光路中放置一个凸透镜 L,使透镜的光轴垂直于平行薄膜。平行光线 1 和光线 2 经透镜汇聚在焦平面 FF' 上一点 P 产生干涉。

由 C 点作光线 1 的垂线段 CD,垂足为 D,由于透镜的等光程性,点 C 和点 D 到点 P 的光程相等,所以两条光线的光程差就是 ABC 和 AD 两条光程之差,即

$$\delta = n_2(AB+BC) - n_1 AD + \delta'$$

式中,δ' 为光线在薄膜上下表面反射时的附加光程差。δ' 的取值与劈尖干涉中情形类似,当只有一个表面的反射有半波损失时,$\delta' = \dfrac{\lambda}{2}$;当两个表面的反射都有半波损失或者都没有半波损失时,$\delta' = 0$。

由于 $AB = BC = \dfrac{e}{\cos r}$,$AD = AC\sin i = 2e \cdot \tan r \cdot \sin i$,再由折射定律知 $n_1 \sin i = n_2 \sin r$,得

$$\delta = 2n_2 \frac{e}{\cos r} AB - 2n_1 e \cdot \tan r \cdot \sin i + \delta' = 2e\sqrt{n_2^2 - n_1^2 \sin^2 i} + \delta' \quad (17\text{-}34)$$

式(17-34)表明,光程差取决于入射角,相同倾角入射到平行薄膜上的光线,经薄膜上下表面反射后产生的相干光有相等的光程差,并形成同一级干涉条纹。这样形成的干涉称为**等倾干涉**。

对点光源 S 发出的光线来说,入射角相同的入射光线形成一个圆锥面,这样的入射光线经薄膜上下表面反射,再经透镜汇聚,在透镜焦平面上的轨迹是一个圆周。若入射角 i 使得反射的两相干光在相遇点满足相长干涉,则形成一个亮圆环;若入射角 i 使得反射的两相干光在相遇点满足相消干涉,则形成一个暗圆环。等倾干涉条纹是一组明暗相间的同心圆环,如图 17-19(b)所示。

为了增强等倾干涉明纹亮度,在实际实验中,通常用扩展光源代替点光源进行实验观测,其实验装置如图 17-20 所示。S 为一扩展光源,M 是一半反半透平面镜,L 为凸透镜,其光轴与薄膜表面垂直,H 为置于透镜焦平面上的接收屏。先考虑扩展光源上任一点光源发出的光线,将在接收屏上形成一套如图 17-19(b)所示的明暗相间的等倾干涉条纹。由式(17-34)可知,相长干涉(明环)条件为

$$\delta = 2e\sqrt{n_2^2 - n_1^2 \sin^2 i} + \delta' = k\lambda, \quad k = 1, 2, 3, \cdots$$
$$(17\text{-}35)$$

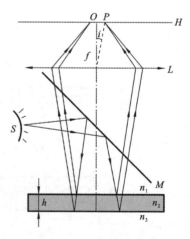

图 17-20 扩展光源观测等倾干涉光路

相消干涉（暗环）条件为

$$\delta = 2e\sqrt{n_2^2 - n_1^2 \sin^2 i} + \delta' = (2k+1)\frac{\lambda}{2}, \quad k = 0, 1, 2, \cdots \tag{17-36}$$

光源上每个点发出的光束都会产生一组相应的明暗相间的同心干涉圆环。由于方向相同的平行光线将被透镜汇聚到其焦平面的同一点，与光线的来源无关。凡是入射角相同的，它们形成的干涉圆环都将重叠在一起。使用扩展光源形成的等倾干涉条纹的总光强为各个点光源等倾干涉条纹光强的非相干叠加，因而明暗对比更为强烈。

由式（17-35）可以看出，干涉级次越大的亮环，即 k 值越大，其对应的光线的入射角 i 和折射角 r 越小，所以，等倾干涉条纹的干涉级次**内高外低**，这一特点与牛顿环等厚干涉条纹分布恰好相反。

式（17-34）可用折射角 r 表示为 $\delta = 2en_2\cos r + \delta' = k\lambda$，两边对 r 取微分，可得相邻亮环（或暗环）的角距离为

$$\delta r = -\frac{\lambda}{2n_2 e \sin r} \tag{17-37}$$

式中，负号表明随干涉级次的增高，对应的倾角 r 变小。当距离中心越远，折射角 r 越大，δr 越小，相邻条纹间距越小。这说明等倾干涉条纹分布**内疏外密**，这一特点与牛顿环干涉条纹的分布规律类似。

对于确定的干涉条纹，其干涉级次是确定的，且对应的光程差是一定的。当薄膜厚度改变时，等倾干涉条纹将产生移动，条纹的移动方向可依据保持确定条纹的光程差不变的点如何移动加以判断。由 $\delta = 2en_2\cos r + \delta'$ 可知，当薄膜厚度 e 减小，要保持光程差一定，只有增加 $\cos r$，即 r 要减小，当薄膜厚度减小时，干涉条纹一个接一个地缩向中心消失；同理，当薄膜厚度增加时，干涉条纹将一个接一个地从中心冒出来。

对于空气中的薄膜，等倾干涉圆环中心处的入射角 i 和折射角 r 都等于零，如果干涉圆环中心出现亮斑，设此时薄膜厚度为 e_1，则

$$2ne_1 + \frac{\lambda}{2} = k\lambda$$

当薄膜的厚度连续增加时，第 k 级亮斑扩大成亮环，中心逐渐变暗，但随着薄膜厚度的继续增加，中心又一次变亮，当中心出现 $k+1$ 级亮斑时，此时波膜厚度为 e_2 满足

$$2ne_2 + \frac{\lambda}{2} = (k+1)\lambda$$

得

$$2n(e_2 - e_1) = 2n\Delta e = \lambda$$

这说明每当中心冒出一个亮斑时，薄膜厚度就增加

$$\Delta e = \frac{\lambda}{2n}$$

利用这个方法可以精确测量薄膜厚度的变化。若中心处亮斑(或暗斑)产生变化的次数为 N,则薄膜厚度的总的改变量为

$$\Delta d = N \Delta e = N \frac{\lambda}{2n}$$

17.6.2 增透膜与增反膜

薄膜干涉原理在工程技术中有许多现实应用。例如,为完成高清晰度、无变形成像需求,光学系统通常由多个成像透镜、棱镜及光阑等光学元件组合而成。虽然光在单个光学零件表面的反射占入射光的总能量的比例极小,但考虑到系统众多光学元器件多个反射面的存在,反射造成的损失也就非常高。为了减少反射造成的损失,在透镜表面镀一定厚度的介质薄膜,使得某一波长的反射光干涉相消,透射光增强,这样的薄膜称为**增透膜**。同理,在某些情况下,我们需要反射光增强时,需要在介质表面镀适当厚度的透明薄膜,使得某一波长的反射光满足干涉相长的条件,从而使反射增强,透射减弱,这样的薄膜称为**增反膜**。

增透膜和增反膜的原理都是薄膜干涉,它们对某一波长光波的增透和增反作用都可以通过对薄膜上下两个表面反射的两相干光的光程差的分析得到。

需要注意的是,增透膜的增透效果除了与薄膜厚度有关外,还与介质薄膜的折射率有关。另外,无论是增透膜还是增反膜都是对特定波长的光来说的,一定厚度的薄膜对某一波长的光起到增透作用,而对另外某一波长的光可能就起到增反作用。

例 17-5 在照相机透镜表面镀一层厚度为 e,折射率为 $n_2 = 1.38$ 的透明氟化镁薄膜,已知透镜折射率 $n_3 = 1.52$,为使正入射的白光中对人眼最敏感的黄绿光($\lambda = 555$ nm)透射性最强,求所镀薄膜的最小厚度。

解 如图 17-21 所示,白光正入射时,根据三层介质折射率分布可知,反射光在氟化镁薄膜上下表面的反射情况相同,所以反射时的附加光程差 $\delta' = 0$。

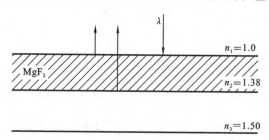

图 17-21 例 17-5 图

要使黄绿光透射增强,也就是使其反射减弱,由薄膜干涉的暗纹条件知,光程差满足

$$2n_2e=(2k+1)\frac{\lambda}{2}, \quad k=0,1,2,\cdots$$

即

$$e=(2k+1)\frac{\lambda}{4n_2}$$

当 $k=0$ 时,取最小厚度:

$$e=\frac{\lambda}{4n_2}$$

由于反射光干涉相消,则反射光减弱,黄绿光的透射增强。

本例中所取的最小厚度的薄膜虽能使对人眼最敏感的黄绿光增透射,但对于白光边缘波段的光(紫光和红光)增透效果差些,根据能量守恒,这些光的反射要强些,所以照相机镜头在白光照射下多呈现紫红色。

17.7　迈克尔逊干涉仪

迈克尔逊干涉仪是美国物理学家迈克尔逊设计制作的用分振幅干涉法产生双光束干涉的高精度仪器。它广泛应用于微小长度、角度测量、物质性质(厚度、折射率)测量及光谱精细结构分析中。迈克尔逊干涉仪发明之初是用于"以太"漂移实验,来观察地球沿轨道与静止以太之间的相对运动。在 1881—1888 年期间,迈克尔逊和莫雷进行了多次著名的"迈克尔逊-莫雷"实验,实验结果均否定了"以太"的存在,这是狭义相对论的实验基础之一。1893 年,迈克尔逊用干涉仪测定了镉红线的波长 $\lambda_{Cr}=643.84696$ nm,并用此波长作为标准长度,核准基准米尺的长度,其测量精度差小于 10^{-9} m。由于发明了精密的光学干涉仪并利用这些仪器完成了重要的光谱学和基本度量学研究,迈克尔逊于 1907 年获诺贝尔物理学奖。

迈克尔逊干涉仪的光路图如图 17-22 所示。图中 M_1 和 M_2 是两个几乎垂直放置的平面反射镜,分别安装在干涉仪的两臂上。其中,M_2 固定,而 M_1 可通过精密丝杠的带动沿臂轴方向移动,M_1 的位置可精确定位,其位置可由干涉仪上手轮和鼓轮结合读出,精度可达 10^{-5} mm。G_1 和 G_2 是两块完全相同的厚度均匀、互相平行的平面玻璃板。其中,G_1 的后表面镀有半透明、半反射的薄膜,镀膜的作用是将入射光分成强度相等的反射光 1 和透射光 2,因此 G_1 称为分光

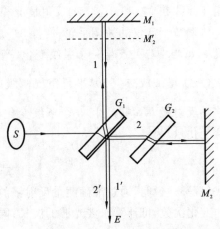

图 17-22　迈克尔逊干涉仪光路图

板。光路中 G_2 平面玻璃板的作用是使得透射光 2 在玻璃板中穿过次数与反射光 1 在玻璃板中穿过次数相等,避免两光束因较大的光程差而不能产生干涉,也避免了玻璃材料的折射率、厚度对实验的影响,因此 G_2 称为补偿板。在白光光路中,由于色散效应,若不同色光的两光线的光程差不同,将导致色光的零级也不重合,因此干涉仪中补偿板的使用非常必要。

光源 S 发出的单色光,经分光板 G_1 半反半透膜后分成反射光线 1 和透射光线 2,反射光线 1 射向 M_1,经 M_1 反射后透过分光板 G_1 成为光线 $1'$;透射光线 2 透过补偿板 G_2 并由 M_2 反射,然后过补偿板 G_2 入射到分光板 G_1,经半反半透膜反射成为光线 $2'$。很显然,光线 $1'$ 和光线 $2'$ 满足相干条件,属于相干光源。在 E 处放置透镜和接收屏观察干涉现象,也可在光路中放置一个毛玻璃屏,用眼睛直接观察干涉条纹。

图 17-22 所示的光路中,M_2' 是反射镜 M_2 经分光板 G_1 后表面的半反半透膜所形成的虚像,光线 $2'$ 可以看成是由 M_2' 反射的光线。反射镜 M_1 和 M_2' 之间形成一个空气薄膜,光线 $1'$ 和光线 $2'$ 的干涉等效为这个空气薄膜产生干涉。而在反射镜 M_1 和 M_2 背后各有三个调整螺钉,用于调节它们的方位。

当调节反射镜的调整螺钉,使得 $M_1 \perp M_2$,则 $M_1 // M_2'$,即 M_1 和 M_2' 之间形成一个平行空气薄膜,在面光源照射下,就能观察到等倾干涉条纹。如果 M_1 和 M_2 不严格垂直,则 M_1 和 M_2' 之间形成有一定夹角的空气劈尖,此时用垂直于 M_2 的平行光照射,则可观察到等厚干涉条纹。

当 M_1 和 M_2' 之间形成一个平行空气薄膜时,假设视场中心为一个亮斑,由式 (17-36)可知,中心处两光线的光程差满足

$$\delta = 2e + \delta' = 2e = k\lambda$$

由于光线在 M_1 和 M_2' 上的反射情况相同,所以 $\delta' = 0$。

调节干涉仪的微调手轮,使得 M_1 反射镜沿臂轴移动,即调节平行空气薄膜的厚度 e,每当中心处产生一个条纹变化(产生或消失)时,中心处的条纹干涉级次改变一次(级次增加或减少 1),平行空气薄膜厚度 e 改变 $\dfrac{\lambda}{2}$(变厚或变薄)。若实验中通过移动反射镜 M_1,共产生 N 个条纹变化,则反射镜 M_1 的移动距离(平行空气薄膜厚度变化量)为

$$\Delta e = N \frac{\lambda}{2} \tag{17-38}$$

式(17-38)说明,通过准确测量反射镜的移动距离,同时记录反射镜移动过程中条纹的变化次数,可计算干涉光波的波长;同理,在光波波长一定的情况下,记录条纹的变化次数,可计算出反射镜 M_1 移动的微小距离。

迈克尔逊干涉仪设计精巧,特别是参与干涉的两束光在空间上是完全分开的,两

束光的光程差可以通过移动一个反射镜或在光路中添加其他透明介质材料加以改变,这使得干涉仪具有广泛的用途,如波长测量、微小距离测量、折射率测量及光学元件的质量检查等。现代许多大型双光束干涉仪设计思想就是源于迈克尔逊干涉仪。例如,2016年科学家宣布:人类成功地利用大型迈克尔逊激光干涉天文台验证了"引力波"的理论,使得爱因斯坦在广义相对论中的所有预言得到了完全证实。

思 考 题

17-1 两个频率相同的普通光源发出的光叠加时,能不能观察到干涉现象?

17-2 在双缝干涉实验中,当两缝间的距离变大时,干涉条纹如何变化?

17-3 在双缝干涉实验中,若其中一个缝后覆盖一定厚度的透明介质薄膜,则干涉条纹有何变化,条纹向哪个方向移动?

17-4 将两个厚度不同的薄钢片夹在两块玻璃板中,当单色光垂直入射时,产生等厚条纹。若两个钢片之间的距离发生改变,干涉条纹如何变化?

17-5 牛顿环干涉实验中,单色平行光垂直入射,形成明暗相间的干涉图样。若调节平凸透镜使之远离平板玻璃,干涉条纹如何变化?

17-6 普通窗户玻璃可看作平行平板,但在日光照射下观察不到等倾干涉条纹,为什么?

习 题

17-1 真空中波长为 λ 的单色光,在折射率为 n 的介质传播 1.5λ 的几何路程,与这段几何路程相应的光程为多少?

17-2 在双缝干涉实验中,单色光波长为 600 nm,两缝之间的距离为 3 mm,接收屏置于双缝后 1.0 m 处,在接收屏上观测的干涉条纹间距为多少?

17-3 双缝干涉实验中,用单色光入射,两缝之间的距离为 0.2 mm,接收屏置于距离双缝 1.0 m 处,在屏上测得第 1 级明条纹与第 4 级明条纹间距为 7.5 mm,问该单色光波长为多少?

17-4 在双缝干涉实验中,将折射率为 1.50 的玻璃片置于其中一个光路中,此时接收屏上的第 5 级明条纹恰好移动到了接收屏中央原来零级明条纹的位置。若入射单色光波长为 600 nm,则玻璃片的厚度是多少?

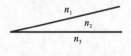

图 17-23 题 17-5 图

17-5 如图 17-23 所示,用波长为 λ 的单色光垂直照射在折射率为 n_2 的劈尖膜($n_1 > n_2$,$n_3 > n_2$)上,观察反射光干涉,从劈尖顶开始,第 2 条明纹对应的薄膜厚度为多少?

17-6 有一折射率为 1.50 的玻璃劈尖,用波长为 632.8 nm 的单色光垂直入射,在劈尖表明测得相邻条纹间距为 5.00 mm,则该劈尖夹角为多少?

17-7 长度为 30 mm 的两块玻璃板,一端接触,另一端用金属丝隔开,形成一个空气劈尖。现用波长为 589.3 nm 的单色光垂直入射,测得 20 条明条纹间距为 2.8 mm,试求该金属丝的直径。

17-8 牛顿环实验装置中,调节平凸透镜使之离开玻璃平板一段距离 e_0,用波长为 λ 的单色光垂直入射,凸透镜半径为 R,如图 17-24 所示。

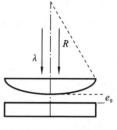

(1) 求明暗条纹公式。

(2) 凸透镜向平板玻璃靠近时,牛顿环如何变化?

17-9 牛顿环装置中平凸透镜的曲率半径 $R=2.00$ m,垂直入射的光波长 $\lambda=589.3$ nm,让折射率为 1.461 的液体充满平凸透镜和平板玻璃之间形成的环形薄膜间隙中。求:

图 17-24 题 17-8 图

(1) 充液前后第 10 级暗环条纹半径之比;

(2) 充液之后此暗环的半径(即第 10 级暗环的 r_{10})。

17-10 折射率为 1.38 的介质薄膜放置于空气中,用波长为 600 nm 的单色光垂直照射,求:

(1) 反射光最强时薄膜的最小厚度;

(2) 透射光最强时薄膜的最小厚度。

17-11 白光垂直照射到空气中一厚度为 380 nm 的肥皂水膜上,肥皂水的折射率为 1.33,问肥皂水膜表面呈现什么颜色?

17-12 在折射率 $n_3=1.52$ 的照相机镜头表面镀有一层折射率 $n_2=1.38$ 的 MgF_2 增透膜,若此膜可使波长 $\lambda=550$ nm 的光透射增强,问此膜的最小厚度为多少?

17-13 有一肥皂水薄膜,折射率为 1.33,使用白光光源照射,在与肥皂膜法线成 30° 方向观察到波长为 550 nm 的光反射增强。

(1) 求该肥皂膜的最小厚度;

(2) 垂直于肥皂膜方向观察,肥皂膜呈现何种颜色,问对应光波的波长为多少?

17-14 平板玻璃上覆盖一层厚度均匀的油膜,玻璃折射率为 1.50,油膜折射率为 1.30。若入射单色光波长连续可调,垂直入射。在油膜上观察干涉现象,发现波长为 500 nm 和 700 nm 的两种单色光干涉消失,求该油膜的厚度。

17-15 利用迈克尔逊干涉仪测量光波波长,当 M_1 镜移动距离为 0.158 mm 时,在视场中心观察到干涉条纹的改变量为 50 条,求实验中的光波波长。

第18章 光 的 衍 射

光的衍射是指光在其传播路径上遇到障碍物时,可绕过障碍物的边缘而偏离直线传播的现象。光发生衍射时,在障碍物挡住的阴影部分,光的强度也会重新分布。光发生明显的衍射现象是有条件的,只有障碍物的尺寸与波长接近时,光的衍射现象才最明显。由于光的波长很短,所以光的衍射现象在日常生活中不易观察到。只有当光射向一条很窄的狭缝,或者一根细丝或者很小的小孔时,才能清楚地观察到光的衍射图样。光的衍射可以用惠更斯-菲涅尔原理加以解释。

在本章中,我们将从惠更斯-菲涅耳原理出发,学习单缝的**夫琅禾费**衍射、光学分辨本领、光栅衍射,最后概要介绍 X 射线衍射。

18.1　光的衍射现象　惠更斯-菲涅耳原理

18.1.1　光的衍射现象

在日常生活中,我们常常发现,湖面上的涟漪一圈一圈荡漾开来,当碰到障碍物时能绕到障碍物后面继续传播;路边的叫卖声可以通过门窗绕过墙体被我们听到;广播电台传送的美妙音乐能悄无声息地绕过山头,被位于大山另一侧的收音机接收,等等。这就是机械波和无线电波的衍射现象,它们很容易被我们观测到。衍射现象是波动的一个重要特征,光虽然是电磁波,其衍射现象却很难被我们在日常生活中观测到。这是因为可见光的波长很短,其长度远远小于障碍物的长度。只有当障碍物(如小孔、狭缝、毛发、细针等)长度与光的波长相当时,才能观测到衍射图样。其中,最为著名的衍射现象是"泊松亮斑"。当单色光照射到尺寸恰当的小圆板上时,会在之后的接收屏上出现环状的同心圆环,其圆心处出现一亮斑,称之为"泊松亮斑",如图 18-1 所示。有趣的是,泊松亮斑本意是推翻光的波动说,但却无意间成了光的波动说的力证。为了观测到光的衍射现象,一般我们需要借助光学仪器,即可在实验室的条件下实现。

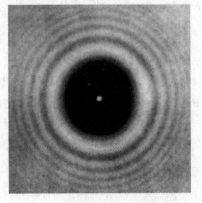

图 18-1　光的衍射现象
（衍射屏为小圆板）

观测光的衍射现象的实验装置一般由光源、衍射屏和接收屏三个部分组成。依据它们之间距离的不同,可将衍射分为两类:一类是衍射屏与光源或接收屏的距离为有限远时的衍射,称为**菲涅耳衍射**,也称为**近场衍射**,如图 18-2(a)所示;另一类是衍射屏与光源和接收屏的距离都是无穷远的衍射,也就是照射到衍射屏上的入射光和离开衍射屏的衍射光都是平行光,称为**夫琅禾费衍射**,也称为**远场衍射**,如图 18-2(b)所示。在实验室中,夫琅禾费衍射是通过在衍射屏两边放置凸透镜来实现的,如图 18-2(c)所示。由于夫琅禾费衍射在理论分析和实际应用中都是十分重要的,所以,本章我们只讨论夫琅禾费衍射。

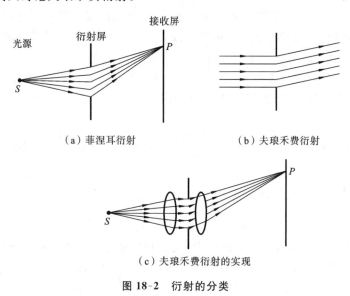

（a）菲涅耳衍射　　　　　　　（b）夫琅禾费衍射

（c）夫琅禾费衍射的实现

图 18-2　衍射的分类

18.1.2　惠更斯-菲涅尔原理

1818 年,年轻的法国物理学家菲涅耳受到杨氏双缝干涉实验的启发,在惠更斯原理的基础上引入子波干涉的思想,提出了**惠更斯-菲涅耳原理**,即**波阵面上的每一点都可看作发射子波的子波源,这些子波是相干的,它们传播到空间某一点的光强是由各个子波在该点的相干叠加决定的**。它是研究波的衍射现象的理论基础。

根据惠更斯-菲涅耳原理,可以写出计算光强分布公式。在某一时刻取波阵面 S 上任一面元 $\mathrm{d}Se_n$,e_n 的方向为波原来的传播方向,如图 18-3 所示,则该面元的子波传播到 P 点的光振动可表示为

$$\mathrm{d}E = CK(\theta)\frac{\mathrm{d}S}{r}\cos\left(\omega t - \frac{2\pi r}{\lambda} + \varphi_0\right) \tag{18-1}$$

其中,C 为比例系数;$K(\theta)$ 为倾斜因子;φ_0 为子波源 $\mathrm{d}S$ 的初相位。θ 为波原来的传播方向与子波传播方向的夹角,$K(\theta)$ 随着角度 θ 的增大而减小,菲涅耳认为沿原波

传播方向的子波振幅最大。当 $\theta = 0$ 时，$K(\theta)$ 最大；当 $\theta \geqslant \dfrac{\pi}{2}$ 时，$K(\theta) = 0$，即子波不会向后传播。P 点的合振动就等于波阵面上所有的面元 dS 发出的子波在该点引起振动的相干叠加，即

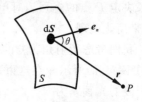

图 18-3　惠更斯-菲涅耳原理解析图

$$E_P = \int_S \frac{CK(\theta)}{r} \cos\left(\omega t - \frac{2\pi r}{\lambda} + \varphi_0\right) dS \quad (18\text{-}2)$$

式(18-2)中的积分是很复杂的，需要考虑每一个子波源发出的子波的振幅和相位，与要研究的空间位置点的距离和方位有关。后面，我们将用更简单的"半波带法"来解释衍射现象。而精确的计算需要用振幅矢量法。

18.2　单缝的夫琅禾费衍射

18.2.1　实验装置及衍射图样

单缝夫琅禾费衍射实验装置示意图如图 18-4(a)所示。点光源 S 位于透镜 L' 的前焦点处，经透镜 L' 扩束为平行光垂直地照射在宽为 a 的单缝上。一部分平行光穿过单缝，经凸透镜 L 汇聚在位于焦平面处的接收屏 H 上，形成单缝的夫琅禾费衍射图样，即一组明暗相间的平行条纹，如图 18-4(b)所示。

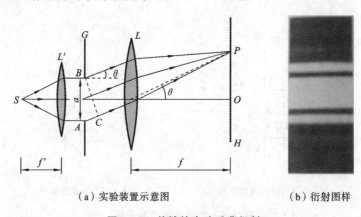

（a）实验装置示意图　　　　　　（b）衍射图样

图 18-4　单缝的夫琅禾费衍射

18.2.2　菲涅耳半波带理论及明暗条件

根据惠更斯-菲涅耳原理，可知单缝上的每一点都可视为发射子波的相干子波源，且每一个子波源的振动初相位相同。每一个子波源发出的同方向的衍射光线（如与主光轴的夹角为 θ，称为**衍射角**）汇聚在接收屏上 P 点处，并产生相干叠加，叠加的

结果决定 P 点的光强。对单缝夫琅禾费衍射,可以利用比较简单的"菲涅耳半波带法"来简化处理。

我们考虑衍射角为 θ 的衍射光,它们经透镜后会聚在 P 点处,并产生相干叠加,如图 18-4(a)所示。在这束平行光中,位于狭缝上下边缘 A、B 处的子波源发射的两条子波的光程差为

$$\delta=\overline{AC}=a\sin\theta \qquad\qquad (18\text{-}3)$$

P 点处条纹的明暗完全取决于式(18-3)的量值。

菲涅耳在惠更斯-菲涅耳原理的基础上,提出将位于狭缝处的波阵面分成许多等面积的波带的方法来分析。首先,我们分析几种特殊的情形。

(1) 当 $\delta=a\sin\theta=0$ 时,$\theta=0$,P 点位于焦点 O 处,即所有衍射光之间的光程差都为零,依据干涉条件可知,它们之间是相长干涉,所以在焦点 O 处形成中央明条纹的中心。

(2) 当 $\delta=a\sin\theta=\lambda$ 时,我们可以将狭缝分为上下两个面积相等的窄条,如图 18-5(a)所示。每一个窄条上下边缘衍射光线之间的光程差均为 $\dfrac{\lambda}{2}$,这样的窄条称为 **半波带**。很显然,在其中一个半波带中任选一个子波源发射的衍射光线,我们总能在另一个半波带中选择一个子波源发射的衍射光线,使得它们的光程差为 $\dfrac{\lambda}{2}$(如光线 1 和 $1'$,2 和 $2'$)。这样的两条衍射光线在 P 点处相遇时满足相消干涉,进而在 P 点形成暗纹中心。

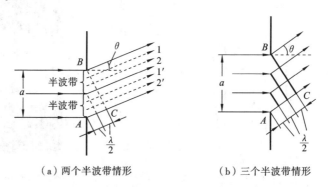

(a)两个半波带情形　　　　(b)三个半波带情形

图 18-5　单缝处波带的分割

(3) 当 $\delta=a\sin\theta=\dfrac{3\lambda}{2}$ 时,我们可以将狭缝分为三个面积相等的窄条(即三个"半波带"),如图 18-5(b)所示。很显然,对任意相邻的两个半波带发射的光线在 P 点处相遇时满足相消干涉,而剩下的一个半波带发射的衍射光线在 P 点处没有被抵消,进而在 P 点形成明纹中心。

(4) 对于不能将波面分成整数个半波带的情形,其所对应的屏幕上 P 点处的光

强既不是最亮也不是最暗。在单缝衍射图样中,光强分布(其分布公式将在下节用振幅矢量法讨论)并不是均匀的,如图 18-6 所示。

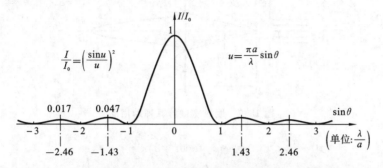

$$\frac{I}{I_0}=\left(\frac{\sin u}{u}\right)^2 \qquad u=\frac{\pi a}{\lambda}\sin\theta$$

图 18-6 单缝衍射的相对光强分布

(相对光强 I/I_0 中,I_0 是中央明纹中心的光强)

综上分析可知:如果 AB 上的子波可分成偶数个半波带,则对应屏幕上的位置将会出现暗纹;如果分成奇数个半波带,则对应屏幕上的位置将会出现明纹。这样的分析方法称为**半波带法**。

单缝衍射的明暗条件可概括如下。

中央明纹中心: $\theta=0$

暗纹中心: $a\sin\theta=2k\dfrac{\lambda}{2}$ $(k=\pm1,\pm2,\pm3,\cdots)$ (18-4)

其他明纹中心(近似): $a\sin\theta=(2k+1)\dfrac{\lambda}{2}$ $(k=\pm1,\pm2,\pm3,\cdots)$ (18-5)

注意:单缝衍射的暗条纹条件是精确的,而明条纹在严格意义上来说应该由其光强分布公式求极值来确定。式(18-5)的明纹条件是近似条件。所以,对衍射图样进行分析时,通常用暗纹条件(即式(18-4))来分析,例如明条纹的空间尺寸问题,我们常用条纹宽度来量化。

18.2.3 条纹宽度

如何量化衍射明条纹的宽度呢?可用角宽度和线宽度来量化。角宽度就是明纹两侧的暗纹所对应的衍射角之差,也就是相邻暗纹相对于透镜光心的夹角 $\Delta\theta$。线宽度就是焦平面上相应暗纹之间的距离 Δx,如图 18-7 所示。

对于中央明纹,它在两个第一级($k=\pm1$)暗纹之间的区域,即满足 $-\lambda<a\sin\theta<\lambda$,因此,其角宽度(当衍射角 θ 很小时,有 $\sin\theta\approx\tan\theta\approx\theta$)为

$$\Delta\theta_0=\theta_1-\theta_{-1}\approx2\frac{\lambda}{a}   (18-6)$$

线宽度为

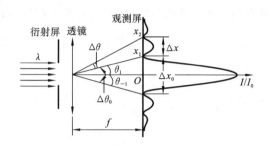

图 18-7 明纹宽度计算辅助用图

$$\Delta x_0 = 2f\tan\theta_1 \approx 2f\frac{\lambda}{a} \tag{18-7}$$

对于第 k 级的次级明纹,其角宽度为

$$\Delta\theta_k = \theta_{k+1} - \theta_k \approx \sin\theta_{k+1} - \sin\theta_k = (k+1)\frac{\lambda}{a} - k\frac{\lambda}{a} = \frac{\lambda}{a} \tag{18-8}$$

线宽度为

$$\Delta x_k = f\tan\theta_{k+1} - f\tan\theta_k \approx f\frac{\lambda}{a} \tag{18-9}$$

这表明,各次级大明纹的角宽度及线宽度都相等,均为中央明纹对应值的一半。

由式(18-6)~式(18-9)知,条纹宽度与 $\frac{\lambda}{a}$ 成正比,当 λ 一定时,a 越窄,条纹宽度及各级条纹对应的衍射角也越大,各级条纹远离中央并呈现弥散化,其衍射现象越明显;反之,a 越宽,条纹宽度及各级条纹对应的衍射角也越小,各级条纹向中央靠近并呈现密集化,其衍射现象越不明显。当 a 一定时,λ 的变化导致的结果也可作同样分析,请读者自行分析。总而言之,在 $\frac{\lambda}{a} \rightarrow 0$ 时,条纹由于密集而不可分辨,实际成为光源通过透镜所成的几何像,此时也就不必用波动光学,仅采用几何光学处理就可以了。由此可以看到,观测到明显的光衍射现象是需要条件的,即光的波长与障碍物的尺寸相当。

例 18-1 用波长为 546 nm 的单色平行光垂直照射单缝,缝后透镜的焦距为 40 cm,测得透镜后焦面上衍射中央明纹宽度为 1.5 mm,

(1) 求单缝的宽度;

(2) 若把此套实验装置浸入水中,并设透镜焦距不变,则衍射中央明条纹宽度是多少(水的折射率为 $n=1.33$)?

解 (1) 由中央明纹宽度 $\Delta x_0 = 2f\frac{\lambda}{a}$ 公式可得单缝的宽度:

$$a = 2f\frac{\lambda}{\Delta x_0}$$

代入数据计算得 $a = 2.91 \times 10^{-4}$ m。

（2）实验装置浸入水中时,空气（近似为真空）中波长为 λ 的光在水中的波长为 $\frac{\lambda}{n}$,衍射极小条件则为 $a\sin\theta = k\frac{\lambda}{n}$,进而中央明纹宽度为 $\Delta x_0 = 2f\frac{\lambda}{na}$,代入数据计算得 $\Delta x_0 = 1.13$ mm。

例 18-2 波长分别为 λ_1 和 λ_2 的两束平面光波,通过单缝后分别形成各自的一套衍射条纹。λ_1 对应条纹的第一极小与 λ_2 对应条纹的第二极小重合。问:

（1）λ_1 和 λ_2 之间的关系如何?

（2）两套衍射图样中还有其他极小重合吗?

解 （1）由单缝衍射极小条件 $a\sin\theta = k\lambda (k = \pm1, \pm2, \pm3, \cdots)$ 得

$$a\sin\theta_1 = \lambda_1, \quad a\sin\theta_2 = 2\lambda_2$$

依题意有 $\theta_1 = \theta_2$,则 $\lambda_1 = 2\lambda_2$。

（2）两套条纹的极小条件分别为

$$a\sin\theta_1 = k_1\lambda_1, \quad a\sin\theta_2 = k_2\lambda_2$$

重合意味着这两式中的 $\theta_1 = \theta_2$,则有 $k_1\lambda_1 = k_2\lambda_2$。又 $\lambda_1 = 2\lambda_2$,则 $2k_1 = k_2$,即只要符合级数间的这个关系时,还有其他级次的极小重合。

*18.2.4 振幅矢量法

菲涅耳半波带理论只是简单说明衍射图样的分布,若要对它定量分析就需要求出其强度分布公式。接下来,我们利用振幅矢量法对其光强公式进行分析。

如图 18-4 所示,我们把狭缝 AB 处的波阵面均分成 N（N 很大）条窄波带,其宽度为 a/N。每一条窄波带可视为一个子波源,由于窄波带的面元很小,各波带发出的子波到 P 点的距离近似相等。所以,每一个波带发出的子波传播到 P 点并引起 P 点振动的振幅近似相等（等于 ΔE_0）。相邻两条波带发出的衍射光线传播到 P 点的光程差为 $\frac{a\sin\theta}{N}$,相应的相位差为

$$\Delta\phi = \frac{2\pi}{\lambda}\frac{a\sin\theta}{N}$$

由惠更斯-菲涅耳原理,可知 P 点光振动的合振幅等于各条波带发出的子波在 P 点振动的振幅矢量和,也就等于一个同频率、等振幅（$\Delta E_0 = E_0/N$）、相位差依次为 $\Delta\phi$ 的振动的合成,如图 18-8 所示。由图 18-8 可知,折线 MN 上每一个小矢量代表子波传播到 P 点引起的一个振动,共 N 个,它们依次转过的角度即为前述的两个相邻的振动的相位差 $\Delta\phi$,则所有的小矢量转过的总角度为

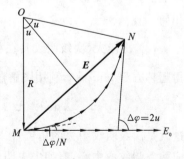

图 18-8　单缝衍射振幅的旋转
矢量合成图解

$$\Delta\varphi=N\Delta\phi=\frac{2\pi}{\lambda}a\sin\theta \quad （与 N 的取值无关）$$

由于 $N\rightarrow\infty$，则 $\Delta S\rightarrow 0$，这相当于把波面 AB 看成无数个点光源的集合，即对波面 AB 进行无限分割。在此极限条件下，折线 MN 变成一条弧线，对应的圆心角为

$$2u=\Delta\varphi=\frac{2\pi}{\lambda}a\sin\theta \tag{18-10}$$

特别地，当 $\theta=0$ 时，各衍射光线无光程差，即各个小振动矢量无相位差，则对应的 O 点的合成振动的振幅 E_0 就等于所有小振动振幅的代数和，设弧线 EF 的弧长为 l，则有 $l=E_0$。

显然，图 18-8 中的矢量 $\boldsymbol{E}$ 即为 P 点处的合成振动矢量，则有

$$|\boldsymbol{E}|=2R\sin u=l\frac{\sin u}{u}=A_0\frac{\sin u}{u} \tag{18-11}$$

则接收屏上 P 点处的光强为

$$I=I_0\left(\frac{\sin u}{u}\right)^2 \tag{18-12}$$

式中，I、I_0 分别为点 P、O 处的光强，$u=\frac{\pi a}{\lambda}\sin\theta$。上式即为单缝的夫琅禾费衍射光强分布公式，其中，$\left(\frac{\sin u}{u}\right)^2$ 项称为**单缝衍射因子**。

对单缝夫琅禾费衍射图样的理解，关键在于对单缝衍射因子这一函数的分析，如图 18-6 所示。

(1) 主极大（中央明纹）：在 $\theta=0$ 处，当 $u=0$ 时，$\lim\limits_{u\rightarrow 0}\frac{\sin u}{u}=1$，即 $I=I_0$，光强最强，称为主极大，这就是中央明纹中心的亮度。

(2) 极小（暗纹）：当 $u=k\pi(k=\pm 1,\pm 2,\pm 3,\cdots)$，即 $a\sin\theta=k\lambda(k=\pm 1,\pm 2,\pm 3,\cdots)$ 时，$\left(\frac{\sin u}{u}\right)^2=0$，即在这些位置光强为零，这与菲涅耳半波带理论得到的结果相同。

(3) 次级大（次级明纹）：在相邻两暗纹间的区域。由极值条件 $\frac{d}{du}\left(\frac{\sin u}{u}\right)^2=0$ 可得超越方程 $\tan u=u$，利用图解法可得

$$\sin\theta=\pm 1.43\frac{\lambda}{a},\pm 2.46\frac{\lambda}{a},\pm 3.47\frac{\lambda}{a},\cdots$$

这就是次级明纹中央的角位置。由此可见，次级明纹中心线的位置中心差不多在相应两条暗纹的中心，略朝中央明纹处偏移。

将上述值代入光强公式，可得各次级明纹中心的强度为

$$0.0471I_0,0.0165I_0,0.00834I_0,\cdots$$

由此可知:各级明纹的光强随着级次的增加而迅速降低。第一级次级明纹的光强不及中央明纹光强的 5%,如图 18-6 所示。

18.3 光学仪器的分辨本领

随着现代科学技术的发展,人们对自然界认识的视角越来越广,宇观方面如浩瀚的宇宙,微观方面如原子、分子内部或细胞结构。肉眼的局限性也就越来越明显,这就必须借助诸如望远镜、显微镜等光学仪器来扩展眼界。尽可能看清物体,是对光学仪器的基本要求,这就涉及光学仪器的成像及其分辨能力。

物体表面可视为物点的集合。在几何光学中,每一个物点通过光学成像系统后得到一像点,物体的像是所有像点的集合。然而,在波动光学中,物点通过光学成像系统的光阑(多呈圆形)会发生衍射,其"像点"不再是一个点,而是一衍射斑(像斑),物体的像就是所有衍射斑的集合。那么,两个物点的像满足什么样的条件才能分辨开呢?

在回答这个问题之前,我们先来分析圆孔的夫琅禾费衍射。这是因为光学仪器中所用的孔径光阑、透镜的边框都相当于一个透光的圆孔。将单缝衍射屏换成圆孔衍射屏时,发现接收屏 H 上的衍射图样是衍射圆环,中央为最亮的圆斑,外围是一组同心的暗环和明环。这个由第一级暗环所围的中央亮斑称为**艾里斑**,如图 18-9 所示,其角半径(或半角宽)为

$$\theta_1 \approx \sin\theta_1 = 1.22\frac{\lambda}{D} \quad (18\text{-}13)$$

其中,λ 为单色入射光的波长,D 为圆孔直径。

与单缝衍射情形类似,圆孔衍射的能量也主要集中分布在艾里斑内。可近似认为艾里斑即为点光源的衍射像,如图18-10所示。

现在,我们回到本节开始提出的问题,即如何判断两个像斑可以被分辨呢?瑞利提出了**瑞利判据**,即对于两个等光强的非

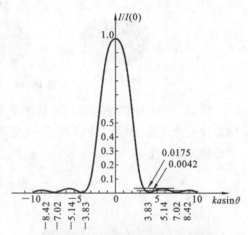

图 18-9 艾里斑及其相对光强分布

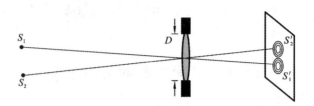

图 18-10 两个物点通过圆孔后的衍射像

相干物点,如果其一个像斑的中心(艾里斑圆心)恰好落在另一个像斑的边缘(第一暗纹处),则这两物点被认为是刚刚可以分辨,如图 18-11 所示。

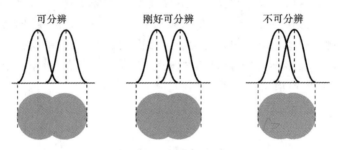

图 18-11 瑞利判据图解

将图 18-10 中两个衍射图样用两个艾里斑代替,并让二者以瑞利判据的恰可分辨条件进行重叠,如图 18-12 所示,艾里斑的半角宽度为可分辨的最小角度,称为**最小分辨角** $\delta\varphi$,且

$$\delta\varphi = 1.22\frac{\lambda}{D} \tag{18-14}$$

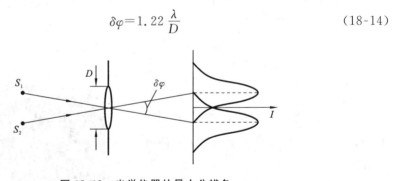

图 18-12 光学仪器的最小分辨角

于是,定义最小分辨角的倒数为仪器的**分辨本领**或**分辨率**,用 R 表示,则

$$R = \frac{1}{\delta\varphi} = \frac{D}{1.22\lambda} \tag{18-15}$$

式(18-15)表明:分辨本领与仪器的孔径 D 成正比,与波长 λ 成反比。增大仪器孔径或采用短波长光源照射均可提高仪器的分辨本领,但实际中二者往往并不能同时选择。比如,照相机、望远镜往往是利用可见光,具有不可选择性,所以往往只能通过增

大孔径的办法来提高其分辨本领;而显微镜是用于观察微小物体的,其孔径不可能很大。

目前世界上最大的光学望远镜位于夏威夷的山顶,其孔径达到 8 m。而中国贵州平塘县的射电望远镜 FAST,其口径达到 500 m,为世界之最。电子显微镜利用电子的波动性来成像,波长可以小到 0.1 nm 的数量级,与普通光学显微镜相比,电子显微镜的分辨率可以提高上千倍。

例 18-3　合适的照明条件下,人眼的瞳孔直径 D 约为 3 mm。问:人眼的最小分辨角为多大? 人眼能分辨处于 250 mm 处且实际长度为 0.01 mm 的短细线吗?

解　由式(18-12),人眼的最小分辨角度为 $\delta\varphi = 1.22\dfrac{\lambda}{D}$,其中,$D$ 即瞳孔直径,λ 取人眼视觉最敏感值 550 nm。代入数据计算得

$$\delta\varphi = 2.24 \times 10^{-4}(\text{rad}) \approx 1'$$

在 250 mm 处,人眼的最小分辨线度为

$$\delta l = l\delta\varphi = 250 \times 10^{-3} \times 2.24 \times 10^{-4}(\text{m}) = 5.6 \times 10^{-5}(\text{m}) = 0.056\ (\text{mm})$$

所以,人眼不能分辨 0.01 mm 长的短细线。

18.4　光栅衍射

18.4.1　光栅及其衍射图样

单缝衍射,缝宽必须很小,这就使得衍射条纹的亮度受到极大的限制。然而,增多缝数是个很好的解决办法。

由大量等宽、等间距的平行狭缝排列起来组成的光学元件称为**光栅**。常用光栅一般是在一块透明玻璃片上密集地刻划一系列等宽、等间距的痕线,毛糙的刻线因漫反射而不透光,相邻两刻线之间未刻划部分则是透光的(相当于狭缝)。精制的光栅,在 1 cm 宽度内刻有几千条乃至上万条刻痕。这样的光栅称为**透射光栅**,如图 18-13(a)所示。另一种是利用两刻痕间的反射光进行衍射的光栅,如在镀有金属层的表面刻出许多等间距的平行刻痕,两刻痕间的光滑金属面可以反光,这种光栅称为**反射光栅**,如图 18-13(b)所示。在本节中,我们以透射光栅为例分析光栅衍射。

在一维透射光栅中,每条缝的宽度为 a,不透光部分的宽度为 b,则 $d=a+b$ 称为**光栅常数**,如图 18-13 所示。光栅常数 d 是一个重要参数,光栅单位长度内狭缝数为 $N=1/d$,光栅常数的数量级一般为 $10^{-3} \sim 10^{-2}$ mm。

将单缝夫琅禾费实验中的衍射屏由狭缝替换为光栅,即可获得光栅的衍射图样。**光栅中每条缝都会产生单缝衍射,不同缝发出的光还会产生干涉**。图 18-14 给出了单缝(缝宽为 a)及狭缝数 N 分别为 2、3、4、5 的光栅在采用线光源照明时得到的衍射

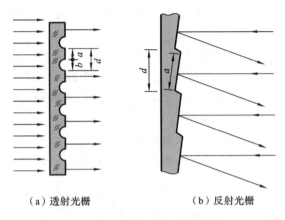

（a）透射光栅　　　　　　　　　　（b）反射光栅

图 18-13　透射光栅和反射光栅

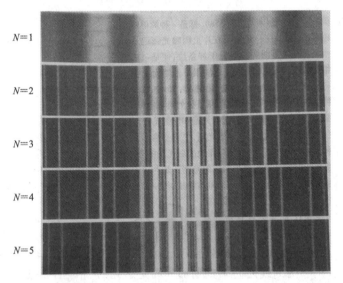

$N=1$

$N=2$

$N=3$

$N=4$

$N=5$

图 18-14　几个低缝数光栅的衍射图样（透光部分的宽度均为 a，光栅常数 d 均相同且 $d=4a$）

图样。

通过对比，我们发现：当狭缝数目 $N>1$ 时，在单缝衍射（$N=1$）图样的明纹（包括主极大和各级次极大）区域，出现了新的明纹及暗纹，而且明纹亮度不同。

18.4.2　光栅方程　缺级现象

如果衍射屏上只有两个狭缝，遮住其中的一个狭缝进行实验时，就成了单缝的夫琅禾费衍射。当交替遮住两个狭缝中的一个时，可视为在单缝的夫琅禾费衍射中狭缝的平行移动。通过理论分析不难得出，衍射单缝位置的变化并不影响接收屏上的衍射图样，如图 18-15 所示。如果两个狭缝同时开启，两个衍射图样位置重叠，但各处光强是开一个缝时光强的 4 倍(相干叠加)。将其推广到光栅衍射,即光栅上每一个狭缝单独透光时,每个狭缝所产生的单缝衍射图样的位置重叠,但光强是开一个缝时光强的 N^2 倍。

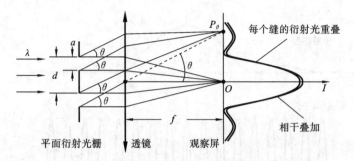

图 18-15 单缝的位置不影响衍射光强的分布

每一个狭缝可视为一个子光源,其传播到 P 点的振动表达式如单缝的夫琅禾费衍射公式一样。因此,光栅衍射可看作是由 N 个子光源发射的光在 P 点相干叠加的结果,如图 18-16 所示。在衍射角为 θ 时,光栅上每两个相邻狭缝发射的光在 P 点处的光程差都等于 $d\sin\theta$,由干涉条件可知,当

$$d\sin\theta = k\lambda \quad (k=0,\pm 1,\pm 2,\cdots) \tag{18-16}$$

时,所有狭缝发射的光在 P 点处都是相长干涉,形成明纹,而且明纹的光强是单个狭缝光强的 N^2 倍。式(18-16)称为**光栅方程**,满足光栅方程的明纹称为主极大。

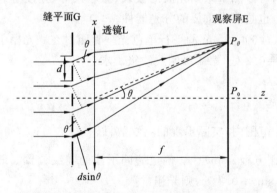

图 18-16 光栅衍射中的多光束干涉示意图

通过以上分析,我们不难发现:光栅衍射图样是单缝衍射和多缝干涉的综合效果,也就是说,多缝干涉条纹要受到单缝衍射的调制。那么一个有趣的现象是:若多缝干涉的明条纹遇上单缝衍射的暗条纹时,即当衍射角 θ 同时满足单缝衍射的暗纹条件 $a\sin\theta = k'\lambda$ 和光栅方程 $d\sin\theta = k\lambda$ 时,有

$$k = \frac{d}{a}k' \quad (k'=\pm 1,\pm 2,\pm 3,\cdots) \tag{18-17}$$

上式表明,当多缝干涉的第 k 级明条纹遇上单缝衍射的 k' 级暗条纹时,第 k 级明条纹消失。这一现象称为**缺级现象**。例如,当 $d=4a$ 时,缺级的级数是 $k=\pm4,\pm8,\cdots$,如图 18-17 所示。

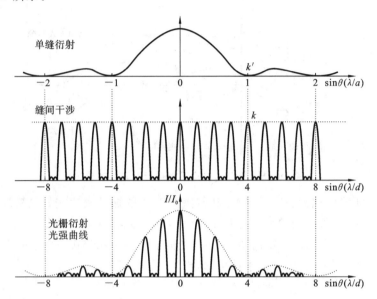

图 18-17　光栅衍射的光强分布

利用光栅衍射,可以测量未知光波的波长、微小尺寸、角度等。光栅常常被用于单色仪和光谱仪上,也是非常重要的分光器件。

例 18-4　波长为 600.0 nm 的平行单色光垂直照射在一光栅上,缝间干涉的第 2 级明纹出现在 $\sin\theta=0.2$ 处,第 4 级明纹缺级。求:

(1) 光栅常数 d;

(2) 光栅狭缝宽度 a;

(3) 在 $|\theta|<\dfrac{\pi}{2}$ 范围内,实际出现的明纹数目。

解　(1) 由光栅方程 $d\sin\theta=k\lambda$ 确定缝间干涉的明纹位置。缝间干涉的第 2 级 ($k=2$)明纹出现在 $\sin\theta=0.2$ 处,则光栅常数:

$$d=\frac{k\lambda}{\sin\theta}=\frac{2\times600\times10^{-9}}{0.2}\ (\mathrm{m})=6.0\times10^{-6}(\mathrm{m})$$

(2) 缝间干涉第 4 级明纹缺级,由缺级条件可知 $k'=1$,则光栅狭缝宽度:

$$a=\frac{d}{k}k'=\frac{6.0\times10^{-6}}{4}\ (\mathrm{m})=1.5\times10^{-6}(\mathrm{m})$$

(3) 由 $|\theta|<\dfrac{\pi}{2}$ 得 $-1<\sin\theta<+1$,又由于 $d\sin\theta=k\lambda$,则 $-\dfrac{d}{\lambda}<k<+\dfrac{d}{\lambda}$。由已知

的数据知 $\dfrac{d}{\lambda}=10$，则 $-10<k<+10$。

由缺级条件知，±4，±8 级缝间干涉明纹缺级，故实际出现的明纹为 15 条，级次分别为 $0,\pm1,\pm2,\pm3,\pm5,\pm6,\pm7,\pm9$。

*18.4.3　光栅衍射光强分布公式

在本节中，我们利用振幅矢量法求解光栅衍射的光强分布公式。由单缝的夫琅禾费衍射光强公式可知，每一个狭缝发出的光在衍射角为 θ 方向的光振动的振幅为

$$E_i=E_0\frac{\sin u}{u} \tag{18-18}$$

其中，$u=\dfrac{\pi a\sin\theta}{\lambda}$；$E_0$ 为每一个狭缝衍射的中央明纹的极大振幅。

所有 N 条狭缝发出的光在衍射角 θ 方向的总振幅 $|\boldsymbol{E}|$ 是式(18-18)的相干叠加，如图 18-18 所示，共有 N 个全等的小三角形 $\triangle OB_{i-1}B_i(i=1,2,\cdots,N)$，其顶角均为

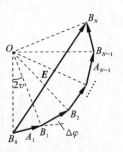

图 18-18　P 点处的振动矢量合成

$$2v=\Delta\varphi=\frac{2\pi d\sin\theta}{\lambda}$$

且为相邻两狭缝发出的光在衍射角 θ 方向的相位差。在 $\triangle OB_0B_N$ 中，其顶角为 $N\Delta\varphi=N2v$。易知，$\overline{OB_0}=\dfrac{E_1}{2\sin v}$，联立式(18-18)，可得

$$|\boldsymbol{E}|=|\overline{B_0B_N}|=2\,\overline{OB_0}\sin(Nv)=E_0\frac{\sin u}{u}\frac{\sin(Nv)}{\sin v} \tag{18-19}$$

则 N 缝光栅的衍射光强度分布为

$$I=I_0\left(\frac{\sin u}{u}\right)^2\left(\frac{\sin Nv}{\sin v}\right)^2 \tag{18-20}$$

其中，$u=\dfrac{\pi a}{\lambda}\sin\theta$；$v=\dfrac{\pi d}{\lambda}\sin\theta$；$\left(\dfrac{\sin(Nv)}{\sin v}\right)^2$ 称为**多缝干涉因子**。

式(18-20)表明，光栅衍射的光强度分布是单缝衍射因子和多缝干涉因子二者的乘积，从此可清晰看出光栅衍射条纹是单缝衍射和多缝干涉的总效果。

从多缝干涉因子中可以得到，它的极大值出现在 $v=k\pi(k=0,\pm1,\pm2,\cdots)$ 处，即满足

$$d\sin\theta=k\lambda\quad(k=0,\pm1,\pm2,\cdots) \tag{18-21}$$

时，虽然 $\sin(Nv)=0$，$\sin v=0$，但是 $\dfrac{\sin(Nv)}{\sin v}=N$，多缝干涉因子 $\left(\dfrac{\sin(Nv)}{\sin v}\right)^2$ 取极大值 N^2。此时，P 点处光强取极大值，等于单缝在该点产生光强的 N^2 倍。这就是主

极大的情形。式(18-21)称为光栅方程。

当 $\sin(N\upsilon)=0$,但 $\sin\upsilon\neq0$ 时,总光强为零。它表明在两个主极大之间还存在暗纹。例如,在第 k 级主极大和第 $k+1$ 级主极大之间,满足条件 $\sin N\upsilon=0$ 时,则要求

$$\upsilon=\frac{k'}{N}\pi \tag{18-21}$$

其中,k' 不能取 0 和 N,而只能取 $1,2,3,\cdots,N-1$。这说明在任意两个相邻主极大之间都会有 $N-1$ 个极小(暗纹)。在两个极小之间也会有次极大的出现,但次级大的光强比主极大的光强要小很多,如图 18-19 所示。

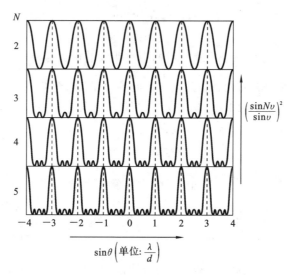

图 18-19   多缝干涉因子曲线

单缝衍射因子对衍射光强分布的影响,可认为以单缝衍射因子曲线为模板,对缝间干涉因子曲线进行"裁剪",得到的结果即为最终的衍射光强分布曲线。如图 18-17所示,在某些衍射角 θ 处,缝间干涉因子是主极大,但单缝衍射因子却取极小值 0,最终二者在此处取值相乘的结果为 0,则衍射光强为 0,接收屏上对应的位置为暗纹,这就是前面讨论的**缺级现象**。

18.4.4   光栅光谱

复色光中不同波长(或频率)的光在空间中分开传播的现象,称为**光的色散**。能让复色光产生色散的系统称为**色散系统**,也称为**分光器件**。棱镜和光栅是常用的分光器件。复色光经色散系统后,被分开的各单色光按波长(或频率)大小依次排列的图案称为**光学频谱**,简称**光谱**。复色光通过棱镜后的光谱称为**棱镜光谱**,通过光栅后的光谱称为**光栅光谱**。这里,我们简要介绍光栅光谱。

依据光栅方程 $d\sin\theta=k\lambda$ 可知,对给定的光栅,光栅常数 d 的值不变,不同波长

的光,除零级外,同一级次(即 k 相同)衍射光的衍射角 θ 不同,它们的谱线在接收屏上的位置也就不同。同级的不同颜色的明纹按波长由短到长的次序自中央向外侧依次分开排列成**光栅光谱**。在白光的光栅光谱中,存在不同级别的谱线重叠的现象,谱线级次越高,重叠也就越厉害。

物质的光谱可用于研究物质结构,这是因为各种元素或化合物都有它们自己特定的谱线。原子、分子的光谱是了解原子、分子结构及其运动规律的重要依据。这种分析方法称为**光谱分析**,是现代物理学研究的重要手段之一,在科学技术和工程技术中有着广泛的应用。

前面已经讨论了光学仪器的分辨能力,这是成像光学仪器的分辨能力,那么如何衡量诸如光栅之类的分光仪器的分辨能力呢?我们常用**色分辨本领**来衡量光栅等分光仪器的分辨能力。光栅的分辨能力是指把波长靠得很近的两条谱线分辨清楚的能力,是表征光栅性能的主要技术指标之一。光栅的分辨能力定义为:恰能分辨的两条谱线的平均波长 $\bar{\lambda}$ 与这两条谱线的波长差 $\Delta\lambda$ 之比,用 R 表示,即

$$R=\frac{\bar{\lambda}}{\Delta\lambda} \tag{18-22}$$

$\Delta\lambda$ 越小,其分辨能力就越大。可以推导,光栅的分辨能力 R 取决于光栅的缝数 N 和光谱的级次 k,即 $R=kN$。

例 18-5 用波长范围为 400～760 nm 的白光垂直照射到衍射光栅上,其衍射光谱的第 2 级和第 3 级重叠,如图 18-20 所示。试求:

(1) 第 2 级光谱重叠部分的波长范围;

(2) 第 3 级光谱重叠部分的波长范围。

解 (1) 设第 2 级光谱中波长为 λ 的光谱线与第 3 级光谱中紫光谱线位置重合,由光栅方程 $d\sin\theta=k\lambda$,有

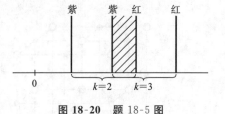

图 18-20 题 18-5 图

$$d\sin\theta_3=3\lambda_{紫}, \quad d\sin\theta_2=2\lambda$$

又由 $\theta_3=\theta_2$,有

$$3\lambda_{紫}=2\lambda$$

故

$$\lambda=\frac{3}{2}\lambda_{紫}=\frac{3}{2}\times 400 \text{ (nm)}=600 \text{ (nm)}$$

因此,第 2 级光谱中重叠部分的波长范围为 600～760 nm。

(2) 同理,有

$$d\sin\theta_2=2\lambda_{红}, \quad d\sin\theta_3=3\lambda$$

由 $\theta_2=\theta_3$,有

$$2\lambda_{红}=3\lambda$$

故

$$\lambda=\frac{2}{3}\lambda_{红}=\frac{2}{3}\times 760 \text{ (nm)}=506.7 \text{ (nm)}$$

因此,第 3 级光谱中重叠部分的波长范围为 400～506.7 nm。

18.5　X 射线衍射

X 射线是伦琴于 1895 年发现的,也称**伦琴射线**,是一种波长大致在 0.01～10 nm 范围内穿透力很强的电磁波。它可通过用高速电子流撞击目标靶的方式获得。

既然 X 射线是电磁波,就应该有干涉和衍射的特征。与普通光学光栅的光栅常数 d 相比,X 射线的波长是极短的,所以用普通光学光栅很难观察到 X 射线的衍射现象。

1912 年,德国物理学家劳厄设想利用晶体来做 X 射线衍射实验。这是因为晶体的结构可用点阵结构(称为晶格)加以描述,如图 18-21 所示。晶格也可视为由一系列平行的晶面构成,这些晶面上格点的排列方式都相同。相邻的两个格点(或两个晶面)的间距称为**晶格常数**,一般在 0.1 nm 量级,正好处于 X 射线的波长范围内。晶体是 X 射线的一种理想的天然三维光栅。

他们将一晶片置于 X 射线源和记录底片之间,结果在底片上出现了一系列规则分布的斑点,称之为**劳厄斑**,如图 18-22 所示。基于光的三维衍射理论,劳厄成功地解释了这一实验现象,既证实了 X 射线具有波动性,又验证了晶体结构的周期特性。由于发现 X 射线在晶体中的衍射现象,劳厄获得了 1914 年的诺贝尔物理学奖。

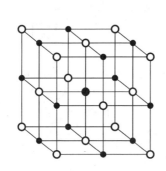

图 18-21　晶体点阵结构示意图

图 18-22　劳厄斑

不久之后,英国布拉格父子提出利用晶体点阵简化模型作为反射光栅来分析。晶体是由一系列平行的原子层(称为晶面)组成的,如图 18-23 所示。设各层之间的距离为 d,称为晶面间距。当一束单色平行的 X 射线以**掠射角** φ 入射到晶面上,一部分被晶体表面层原子所散射,其余部分被晶体内层原子散射。在内层原子散射中,只有符合反射定律的方向上散射强度最大。在图 18-22 中,可以看到在上、下两原子层所发生的反射光的光程差为

$$\delta = \overline{AC} + \overline{CB} = 2d\sin\varphi$$

则发生相长干涉的条件为

$$2d\sin\varphi = k\lambda \quad (k = 1, 2, 3, \cdots) \tag{18-23}$$

式(18-23)称为**布拉格公式**。

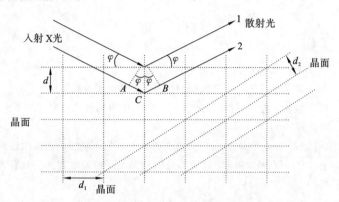

图 18-23　布拉格衍射波程差示意图

布拉格公式作为 X 射线晶体衍射的基本规律,它简单明了地诠释了入射 X 射线波长和晶体晶面间距之间的关系,有着广泛的应用。这些应用主要体现在两个方面:其一,若 X 射线波长已知,则可通过掠射角的测量求得晶体的晶面间距,进而揭示晶体结构,这类研究称为 X 射线晶体结构分析,以此为基础还可研究材料性能等;其二,若晶面间距已知,则可通过测得的掠射角算出入射 X 射线的波长,此类研究称为 X 射线谱分析,在此基础上还可进一步研究物质成分、原子结构等。1915 年,年仅 25 岁的劳伦斯·布拉格和他的父亲一起分享了当年的诺贝尔物理学奖。

思　考　题

18-1　夫琅禾费衍射实验装置中的透镜起什么作用?

18-2　为何显微镜的工作光一般选择采用短波长的可见光?

18-3　天文望远镜的直径为什么一般都比较大?

18-4　对夫琅禾费光栅衍射,理论上若只考虑多缝干涉,能否不通过光强公式直接得出光栅方程?

18-5　杨氏双缝干涉和两缝光栅衍射有何异同?

18-6　菲涅耳对惠更斯原理作了什么补充?

18-7　某种单色光垂直入射到一个光栅上,由单色光波长和已知的光栅常数,按光栅公式算得的主极大对应的衍射方向为 90°,并且知道无缺级现象,则实际上可观察到的主极大明条纹共有几条?

18-8　以波长为 400~760 nm 的白光垂直照射在光栅上,在它的衍射光谱中,第 2 级和第 3 级发生重叠,问第 2 级光谱被重叠的波长范围是多少?

18-9 试说明衍射光谱是怎样起分光作用的。

18-10 以氢放电管发出的光垂直照射到某光栅上,测得波长的谱线的衍射角。如果在同样角处出现波长更高级次的谱线,那么光栅常数的最小值是多少?

习　题

18-1 波长为 600.0 nm 的单色平行光垂直照射在缝宽为 0.1 mm 的缝平面上。缝后有一透镜,焦距为 50.0 cm。求位于透镜后焦平面处的接收屏上中央明纹的宽度。

18-2 将题 18-1 的装置置于折射率为 1.35 的水中,中央明纹的宽度又是多少(忽略透镜在空气及水中的焦距的差别)?

18-3 在夫琅禾费单缝衍射实验中,已知单缝宽度为 a,置于缝后的透镜的焦距为 f,照射光垂直入射到缝平面上。实验测得由中央明纹中心位置到第 3 级暗纹位置间的线距离为 Δx,求照射光的波长。

18-4 波长为 λ 的单色平行光垂直照射在缝宽可调的缝平面上,置于缝后透镜的焦距为 f。已知当缝宽为 a 时,透镜后焦平面处的接收屏上的 P 点处为 +1 级暗纹。问:若调节缝宽使 P 点处成为 +3 级暗纹,此时对应的缝宽为多少?

18-5 在夫琅禾费单缝衍射实验中,已知单缝宽度为 a,照射光的波长为 λ。若实验测得正负两级明纹中心(按半波带法确定的)之间的线距离为 Δx,求缝后透镜的焦距。

18-6 波长分别为 λ_1、λ_2 的两种单色光构成的复色光波,其平行光线垂直照射在缝宽为 a 的狭缝平面上。狭缝平面后的透镜焦距为 f,在其后焦平面处有一接收屏。求两种单色光分别在接收屏上形成的 1 级明纹间的距离。

18-7 普通人眼视物,其瞳孔在白天直径约 3 mm,夜间会放大到约 5 mm。喜欢在夏夜玩耍的小明,好奇地发现有两只萤火虫趴在树叶上窃窃私语。设小明从离萤火虫 $l=5$ m 远的地方,恰好能看到两只萤火虫,则两只萤火虫相距多远(假设以萤火虫为质点且为点光源;仅考虑瞳孔的衍射效应,且以值 500 nm 作为萤火虫发出的光的波长)?

18-8 光栅可以用来测量光的波长。一束单色平行光垂直照射在一个刻痕密度为 916 条·mm^{-1} 的平面透射光栅上,测得其第 1 级衍射条纹对应的衍射角为 30°,求照射光的波长。

18-9 将钠光灯的光平行垂直照射在一刻痕密度为 500 条·mm^{-1} 的平面透射型光栅上,最高能观察到其中波长为 589.0 nm 的光的第几级谱线?

18-10 一个平面光栅,宽 2.0 cm,共有 8000 条缝。将平行的钠黄光(波长取值为 589.3 nm)垂直照射在此光栅平面上,求出可能出现的各主极大对应的衍射角。

18-11 波长分别为 λ_1、λ_2 的两种单色光构成的复色光波,其平行光线垂直照射在一个光栅常数为 d 的平面光栅上,光栅平面后的透镜焦距为 f,在其后焦平面处有一接收屏。求两种单色光分别在接收屏上形成的 1 级主极大明纹间的距离。

18-12 用波长为 480 nm 的单色平行光垂直照射在一个光栅平面上作夫琅禾费衍射实验。其中,光栅的光栅常数 $d=0.40$ mm,缝宽 $a=0.08$ mm;衍射汇聚透镜焦距 $f=2.0$ m。问:

(1) 哪些级次的干涉主极大缺级?

(2) 单缝衍射中央主极大包络线内有哪些级次的干涉主极大?

(3) 接收屏上正负 3 级主极大之间的线距离。

18-13 有一个双缝平面(非缝区域不透光),缝宽为 a,两缝中心间距为 d。用波长为 λ 的单色平行光垂直照射此双缝作夫琅禾费衍射实验,衍射光汇聚透镜焦距为 f。求:

(1) 接收屏上干涉条纹的间距;

(2) 单缝衍射中央明纹的宽度;

(3) 单缝衍射中央主极大包络线内干涉明纹的数目;

(4) 考虑 a/d 趋于 0 时的情形。

18-14 钠光灯发出的黄光含有 589.0 nm 和 589.6 nm 两种波长。要将这两种黄光的一级光谱用光栅分辨出来,光栅的总缝数至少是多少?

18-15 X 射线衍射常用来测量未知晶体的晶格常数。用 CuKα 靶 X 射线(波长约 0.154 nm)照射在某单晶体的某个晶面上,测得其一级布拉格衍射角 2φ 为 $60°$,求此晶体的晶面间距(晶格常数)。

第 19 章 光 的 偏 振

光的干涉和衍射现象说明了光的波动性,但还不能由此确定光是横波还是纵波。光的偏振现象有力地证实了光的横波性,它与麦克斯韦电磁场理论的预言完全一致。偏振光的基本理论是晶体光学的研究基础,有着非常多的实际应用价值,例如晶体的双折射现象、显色偏振现象、物质的旋光性等。本章简要介绍有关光的偏振现象的基础知识。

19.1 光的偏振状态

19.1.1 光的偏振现象

机械波有纵波和横波之分。纵波的振动方向平行于其传播方向,而横波的振动方向垂直于其传播方向。纵波的振动对于波的传播方向是对称的,而横波的振动对于波的传播方向是不对称的。我们把振动方向对于波的传播方向的不对称性叫作**偏振**,它是横波区别于纵波的一个明显标志。因此,**只有横波才有偏振现象**。

例如,机械横波能顺利通过开口方向与振动方向平行的狭缝,但无法通过开口方向与振动方向及传播方向都垂直的狭缝,如图 19-1(a)和(b)所示。对纵波而言,则没有这样的限制,如图 19-1(c)和(d)所示。

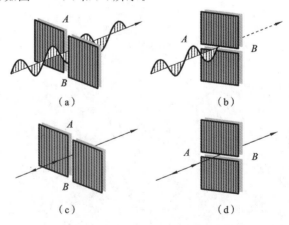

图 **19-1** 机械横波、纵波通过狭缝的情况

麦克斯韦的电磁场理论指出，光是一种电磁波。电磁波是横波，是变化的电场和变化的磁场在空间中的传播过程。在光波中，每一点都有一个电场矢量 E 和磁场矢量 H，它们的振动方向与传播方向 K 相互垂直，且满足右手螺旋法则，如图 19-2 所示。其中能引起感光作用的是电场矢量 E，称之为**光矢量**。电场矢量 E 的方向定义为光的振动方向，也称为光矢量方向。

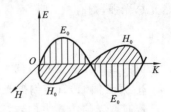

图 19-2 电磁波的横波性

那么，如何去描述光的偏振状态呢？

19.1.2 光的偏振态

在垂直于光的传播方向的平面内，光矢量可能有各式各样的振动状态，称之为**光的偏振态**。根据偏振态的不同，光可以分为非偏振光、完全偏振光、部分偏振光、圆偏振光和椭圆偏振光。下面，我们对其概要说明。

1. 非偏振光（自然光）

自然光是由普通光源发出的光。根据普通光源发光的微观机制，普通光源发出的光是由大量原子或分子发出的光的波列，这些波列的振动方向和相位是无规则的、完全随机的。所以，在垂直于光传播方向的平面上，光振动在各个方向上出现的概率相等、强度相同且没有固定的相位差。这说明光矢量 E 可以分布在垂直于光传播方向平面上的一切可能方向，没有哪一个方向较其他方向更占优势，而且各个方向光振动的振幅都相同。这样的光称为**非偏振光**，也称为**自然光**。如图 19-3(a)所示的是迎着光线看时自然光的可能振动方向。

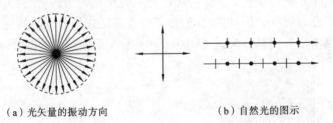

(a) 光矢量的振动方向 　　 (b) 自然光的图示

图 19-3 自然光示意图

为简单起见，我们可以把光矢量分解成两个相互独立且垂直的光矢量分量，如图 19-3(b)所示。值得注意的是，这两个相互垂直的方向可根据需要来选取，比如在反射、折射时分解为平行于入射面和垂直于入射面的分量；在晶体中分解为平行于主截面和垂直于主截面的分量。

自然光在任意两个相互垂直的方向（如 x 轴和 y 轴方向）上振动的机会均等，所以光强相等。若用 I_x，I_y 分别表示自然光在两个垂直的方向上的光强，以 I_0 表示自

然光总光强,则有

$$I_x = I_y = \frac{I_0}{2} \tag{19-1}$$

上式说明**自然光在任意方向上的分光强是自然光总光强的一半**。

2. 完全偏振光(线偏振光)

若迎着光的传播方向看,某一光束中只含有单一方向的光振动,则该光束称为完全线偏振光,也称为**线偏振光**。由线偏振光 E 的振动方向与传播方向构成的平面称为**振动面**。故线偏振光又称为平面偏振光。沿 z 方向传播的线偏振光的情况如图19-4所示,其中短线表示光矢量在纸面内,点表示光矢量垂直于纸面。

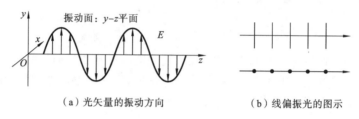

(a)光矢量的振动方向   (b)线偏振光的图示

图 19-4 线偏振光示意图

3. 部分偏振光

在垂直于光传播方向的平面上,若各个方向的光振动都存在,但振幅不同,在某一个方向上或区域内光振动最强,在与之垂直的方向或区域内光振动最弱,且各个方向的光振动之间都没有固定的相位关系,则该光束就是**部分偏振光**。

自然光在传播过程中,由于与外界的相互作用,会产生**部分偏振光**。常见的情况如自然光被水面、路面、墙面等反射时,反射光就是部分偏振光。部分偏振光也可由自然光和线偏振光混合而成。图19-5(a)所示的是在光的传播方向上,任意一个场点的光矢量的分布,图中显示出部分偏振光的强度随光矢量方向的变化,图19-5(b)所示的是纸面内较强的部分偏振光(上图)和垂直于纸面较强的部分偏振光(下图)。

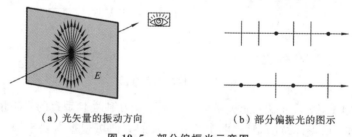

(a)光矢量的振动方向   (b)部分偏振光的图示

图 19-5 部分偏振光示意图

在一束部分偏振光中,设最强的光强为 $I_{\max}$,最弱的光强为 $I_{\min}$,可用它们来定义偏振度 R 以衡量光的偏振程度,其表达式为

$$R = \frac{I_{\max} - I_{\min}}{I_{\max} + I_{\min}}$$

从上式可知,当 $R=1$ 时,对应 $I_{\min}=0$,该光束为线偏振光;当 $R=0$ 时,对应 $I_{\max}=I_{\min}$,该光束为自然光;而部分偏振光的偏振度介于 0 和 1 之间。

圆偏振光和椭圆偏振光将在 19.5 节介绍。那么,如何才能观察并获得线偏振光呢?

19.2 起偏与检偏 马吕斯定律

19.2.1 偏振片 起偏与检偏

有些物质(天然的或人造的)能吸收某一方向的光振动,只允许与该方向垂直的光振动通过。这种对光振动有选择性吸收的性质称为**二向色性**,例如,电气石晶片、镀在聚氯乙烯薄膜上的硫酸殿奎宁等。只允许光的某一振动方向的光矢量通过的光学元件,称为**偏振片**。偏振片中允许光振动透过去的方向称为偏振片的**偏振化方向**(或**透振方向**),用"↕"表示。最早的偏振片是由 19 岁的美国大学生兰德发明的。

让自然光通过偏振片后透射出来的光就是**线偏振光**。这一过程称为**起偏**,相应的光学元件称为**起偏器**。对于理想的偏振片而言,无论其透光轴沿何方向,出射光都是沿偏振化方向振动的线偏振光,且强度为入射自然光光强的一半,所以偏振片看上去是浅灰透明的。以光强为 I_0 的自然光入射到偏振片上,起偏后强度为 $I=I_0/2$,如图 19-6(a)所示。

也可用偏振片对入射光的偏振状态进行检验。此时偏振片的作用是检偏,称为**检偏器**。以线偏振光的检偏为例,当入射的线偏振光的振动方向与偏振化方向平行时,该光线完全能通过,此时光强最强;而当入射的线偏振光的振动方向与偏振化方向恰好垂直时,该光线完全不能通过,此时光强为零,如图 19-6(b)所示。因此,当旋转检偏的偏振片一周时,我们发现透过偏振片的光强会在 $0 \sim I_0$ 之间发生"明、暗、明、暗"的周期性变化。

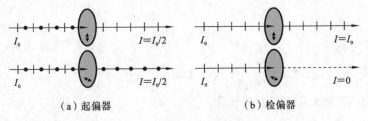

（a）起偏器　　　　　　　　　　（b）检偏器

图 19-6 偏振片的起偏与检偏

19.2.2　马吕斯定律

1808 年,法国物理学家马吕斯在研究光的偏振现象时发现,在不考虑吸收和反射的情形下,一束光强为 I_0 的线偏振光透射过偏振片的光强 I 为

$$I = I_0 \cos^2 \alpha \qquad\qquad (19\text{-}2)$$

式中,α 为入射线偏振光的光振动方向与检偏器偏振化方向之间的夹角,如图 19-7 所示。这一规律称为**马吕斯定律**,它是一条实验定律,给出线偏振光通过检偏器的强度变化。从式(19-2)看出,当 $\alpha = 0$ 或 $180°$ 时,透射光强最大,等于入射线偏振光的光强;当 $\alpha = 90°$ 或 $270°$ 时,透射光强最小,且为零,此即为**消光现象**。

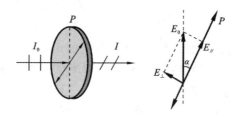

图 19-7　马吕斯定律

马吕斯定律很容易被理解和证明:设入射线偏振光的光矢量振幅为 E_0,该光矢量振动方向与偏振片 P 的偏振化方向的夹角为 α,将光矢量分解为平行和垂直偏振化方向的两个分量,即

$$E_{//} = E_0 \cos\alpha, \quad E_\perp = E_0 \sin\alpha$$

只有平行于偏振化方向的分量 $E_{//}$ 能通过偏振片;又因为光强正比于振幅的平方,所以透过偏振片的光强为 $I = I_0 \cos^2 \alpha$。得证。

例 19-1　一束光是自然光和线偏振光的混合光,当它垂直通过一个偏振片后,随着偏振片的偏振化方向取向不同,出射光的强度范围可以变化 5 倍。问:入射光中自然光与线偏振光的强度各占入射光强度的百分比为多少?

解　设入射光中自然光与线偏振光的强度分别为 I_0 和 I_1,入射光中线偏振光的振动面与偏振片的偏振化方向的夹角为 α。由马吕斯定律得到出射光的光强为

$$I = \frac{1}{2} I_0 + I_1 \cos^2 \alpha$$

由题意可知

$$I_{max} = \frac{1}{2} I_0 + I_1, \quad I_{min} = \frac{1}{2} I_0, \quad \frac{I_{max}}{I_{min}} = 5$$

解得 $I_1 = 2I_0$,自然光所占的百分比为

$$\frac{I_0}{I_0 + I_1} \times 100\% = 33.3\%$$

线偏振光所占的百分比为

$$\frac{I_1}{I_0 + I_1} \times 100\% = 66.7\%$$

例 19-2 强度相等的自然光与线偏振光混合在一起,垂直入射到几个叠加在一起的偏振片上。

(1) 问欲使最后出射光振动方向垂直于原入射光线中的线偏振光的振动方向,且入射光中两种成分的光在出射光线中强度相等,至少需要几个偏振片? 它们的偏振化方向如何?

(2) 在这种情况下,最后出射光强与入射光强的比值是多少?

解 (1) 设入射的自然光和线偏振光的光强均为 I_0,自然光透射第一个偏振片后的光强为

$$I_1 = \frac{1}{2} I_0$$

线偏振光透射第一个偏振片后的光强为

$$I_2 = I_0 \cos^2 \alpha$$

如果两种成分光透射后的光强相等,则在之后所通过的所有偏振片后的光强都相等,于是有

$$\frac{1}{2} I_0 = I_0 \cos^2 \alpha \Rightarrow \alpha = 45°$$

其中,α 为线偏振光与偏振片偏振化方向的夹角。欲使最后的出射光线与入射光中的线偏振光偏振方向垂直,则还需要一个偏振片,其偏振方向与第一偏振片的出射光夹角为45°。

(2) 通过两个偏振片的出射光强为

$$I = \frac{1}{2} I_0 \cos^2 45° + I_0 \cos^2 45° \cos^2 45° = \frac{1}{2} I_0$$

所以,出射光强与入射光强的比值为

$$\frac{I}{2I_0} = \frac{1}{4}$$

19.3 布儒斯特定律及其应用

19.3.1 布儒斯特定律

自然光在两种各向同性介质分界面上产生反射和折射时,偏振状态将发生变化。一般情况下,反射光和折射光将成为**部分偏振光**,如图 19-8 所示。入射光线与界面法线构成的平面称**入射面**,实验表明:一般情况下,反射光中垂直于入射面的光振动较强,折射光中平行于入射面的光振动较强。

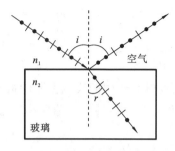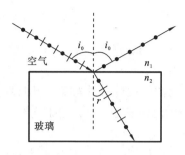

图 19-8　自然光反射和折射后　　　　图 19-9　布儒斯特角
　　　　　　产生的部分偏振光

实验和理论都证明,一束自然光入射到介质表面,当入射角为某一特定角 i_0 时,反射光将变为完全线偏振光,如图 19-9 所示。该特定角 i_0 满足

$$\tan i_0 = \frac{n_2}{n_1} \qquad (19\text{-}3)$$

上式是 1812 年布儒斯特从实验中得到的,其中 n_1 和 n_2 分别为入射光和折射光所在介质的折射率。该特定角称为**布儒斯特角**或**起偏角**,该规律称为**布儒斯特定律**。此时,折射光为部分偏振光,其平行于入射面的光振动较强。

由折射定律知

$$n_1 \sin i_0 = n_2 \sin r$$

联立布儒斯特定律和折射定律,有

$$\cos i_0 = \sin r = \cos\left(\frac{\pi}{2} - r\right)$$

上式表明:入射角和折射角满足 $i_0 + r = \frac{\pi}{2}$,即反射光线和折射光线相互垂直。根据光的可逆性,当入射光以 r 角从 n_2 介质入射到界面时,此 r 角也为布儒斯特角,i_0 为折射角。

19.3.2　布儒斯特定律的应用——玻璃堆

以布儒斯特角入射到介质表面的光线,其反射光中只有入射光中垂直于入射面的光振动,而入射光中平行入射面的光振动全部被折射,而且垂直入射面的光振动大部分也被折射,因此,反射光虽为完全线偏振光,但光强很弱;折射光的强度虽然大,但是偏振化程度太小。例如,自然光以布儒斯特角从空气入射到玻璃(折射率为1.5)时,反射光强约占入射光强中垂直振动的 15%。利用玻璃堆(见图 19-10),对入射光进行多次反射与折射,从反射光中分离出更多的垂直振动,以至于使反射光与折射光都成为完全线偏振光,从而获得较强的线偏振光。

图 19-10 说明:以布儒斯特角 i_0 入射的光线在最上面一块玻璃中折射后又以 r

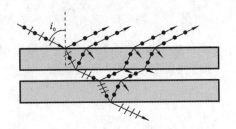

图 19-10　利用玻璃片堆产生线偏振光

作为入射角射向玻璃的下表面。由于 $i_0+r=\dfrac{\pi}{2}$，所以入射角 r 对下表面而言也是布儒斯特角，因而下表面的反射光为完全线偏振光（垂直振动）。在下表面又以 i_0 作为折射角折射到空气中，再次以布儒斯特角 i_0 入射到第二块玻璃上，如此重复进行下去，玻璃片愈多，透射光的偏振化程度愈高，最后接近完全线偏振光。而同时，反射的偏振光的强度被加强。

19.4　双折射现象

19.4.1　寻常光和非寻常光

当一束光入射到各向同性介质（如玻璃、水等）的表面时，它将按照折射定律沿某一方向折射，但是如果入射到各向异性介质（一般为晶体，如方解石）时，折射光将分成两束。因此，压在普通玻璃板下面纸条上的字迹，不会出现重影，但压在方解石下的字条上的字迹则是双重的（见图 19-11）。这种同一束入射光折射后分成两束的现象称为**双折射现象**，如图 19-12 所示。

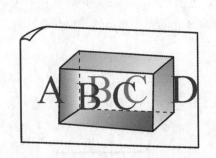

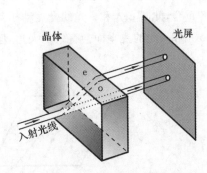

图 19-11　通过方解石晶体看到双重的字迹　　　**图 19-12　晶体的双折射**

自然光束射入晶体后被分裂成的两束折射光，一束遵从折射定律，即满足 $\dfrac{\sin i}{\sin r}=n_{21}$，称为**寻常光**，通常用 o 表示（简称 o 光）；另一束不遵从折射定律，称为**非寻常光**，通常用 e 表示（简称 e 光），如图 19-13 所示。e 光一般不在入射面内，其中 $\dfrac{\sin i}{\sin r} \neq$ 常数。实验证明：o 光和 e 光都是线偏振光，但它们的光矢量振动方向不同。为了说明 o 光和 e 光的偏振方向，下面我们将引入主平面的概念。

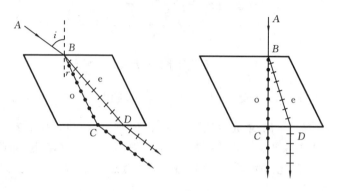

图 19-13　寻常光和非寻常光

如果改变入射光线的方向，可在晶体内部找到一个确定的方向，光线沿该方向传播时不发生双折射现象，晶体中的这一特定方向称为**光轴**。光轴仅表示一个方向，在晶体中与此方向平行的线均为光轴。

只有一个光轴的晶体，称为**单轴晶体**（如方解石、石英、冰、红宝石等）；有两个光轴的晶体，称为**双轴晶体**（如云母、雄黄、蓝晶石等）。本章讨论仅限于单轴晶体。

由光轴与任一已知光线（o 光或 e 光）构成的平面，称为与此光线相对应的**主平面**，如 o 光传播方向与光轴构成 o 光的主平面，e 光传播方向与光轴构成 e 光的主平面；o 光光矢量垂直于自身的主平面，e 光光矢量平行于自身的主平面。一般情况下，对于某入射光而言，o 光和 e 光的主平面不重合，当且仅当光轴平行于入射面时，这两个主平面才重合，此时 o 光和 e 光的光振动相互垂直（见图 19-14）。如果光轴垂直于入射面，则 o 光和 e 光的主平面会有一定夹角，但 o 光和 e 光的光振动仍然是相互垂直的。

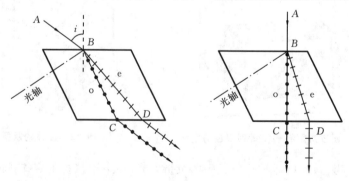

图 19-14　光轴在入射面内时，o 光和 e 光的主平面均与入射面重合

19.4.2 单轴晶体中 o 光和 e 光的波面

产生双折射的原因是不同振动方向的光在晶体中的传播速度不同。设想晶体中有一个点波源 O,在 $t=0$ 时刻自原点发出的 o 光和 e 光,其中 o 光在晶体中沿各个方向的传播速度相同,在 t 时刻,o 光振动传到以 $v_o t$ 为半径的球面上,即 o 光的波面图是球面;e 光沿各个方向的传播速度不同,可以证明,在 t 时刻 e 光的波面为绕光轴旋转的旋转椭球面。这两个波面之间的关系如下:沿光轴方向,o 光和 e 光的传播速度相同,因此它们的波面相切。在垂直于光轴方向上,o 光和 e 光的速度 v_o、v_e 相差最大。当 $v_o > v_e$ 时,旋转椭球面内切于球面,这类晶体为**正晶体**(见图 19-15);当 $v_o <$ v_e 时,球面内切于旋转椭球面,这类晶体为**负晶体**(见图 19-16)。

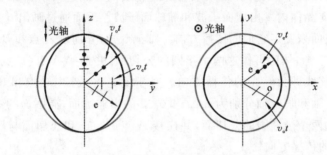

图 19-15 正晶体的波面

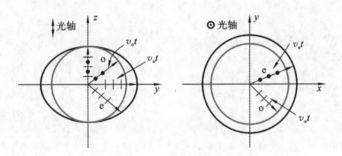

图 19-16 负晶体的波面

对于某一晶体,o 光沿各个方向的速度均为 v_o,所以只有一个确定的折射率 $n_o = \frac{c}{v_o}$;e 光沿各个方向的速度不同,因此折射率也不相同。沿晶体光轴方向传播时,e 光的速度为 v_o,于是 e 光的折射率为 $n_o = \frac{c}{v_o}$;沿垂直于晶体光轴方向传播时,e 光的速度为 v_e,于是 e 光的折射率为 $n_e = \frac{c}{v_e}$;沿其他方向传播时,e 光折射率 n'_e 介于 n_o 与 n_e 之间。通常将 n_o 和 n_e 称为单轴晶体的**主折射率**。

19.4.3　惠更斯原理在双折射现象中的应用

依据惠更斯原理,当光波波面传到单轴晶体后,波面上的每一个小面元都可以看作子波波源,分别发出两种子波:一种子波的波面是球面,另一种子波的波面是旋转椭球面(它们在光轴方向相切),所有球面和旋转椭球面子波的包络面分别构成 o 光和 e 光的新波面,而连接每个子波源中心和子波面与包络面切点的连线是相应的光线传播方向。

以负晶体为例进行如下介绍。

(1) 平行光垂直入射,光轴在入射面内与交界面斜交。

如图 19-17(a)所示,此时,光束中所有的光线同时到达入射界面上,波阵面 AB 上每一点同时向晶体内发出球面子波和椭球面子波。下面通过画出 o 光和 e 光经过时间 Δt 的波面来确定它们的传播方向。对于 o 光,分别以 A 点和 B 点为圆心,以 $v_o \Delta t$ 为半径作圆,然后再作这两个半圆的公切面,并连接 A 点(B 点)和公切面与半圆的交点的连线即为 o 光的传播方向。对于 e 光,分别以 A 点和 B 点为椭圆中心,做一个短半轴和长半轴分别为 $v_o \Delta t$ 和 $v_e \Delta t$ 的半椭圆面,椭圆面的短轴沿光轴方向,然后再作这两个半椭圆的公切面,并连接 A 点(B 点)和公切面与椭圆的交点的连线即为 e 光的传播方向。

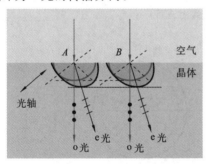

（a）平行光垂直入射，光轴与晶体表面斜交

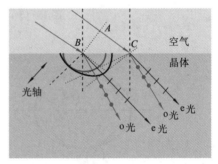

（b）平行光斜入射，光轴与晶体表面斜交

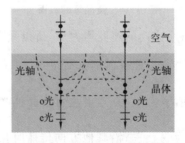

（c）平行光垂直入射，光轴与晶体表面平行

图 19-17　惠更斯作图法确定 o 光和 e 光的传播方向(以负晶体为例)

（2）平行光斜入射，光轴在入射面内与交界面斜交。

如图 19-17(b)所示，设一束平行光最先到达界面的光线入射点是 B 点，在最后到达界面的光线到达入射点 C 时，其他光线已经传播到晶体内部了。垂直于入射面作波面 BA，设最右边的光线在空气中从波面 A 点经历 Δt 时间到达界面 C 点。

依据惠更斯原理，B 点作为子波波源将发射 o 光和 e 光。经过 Δt 时间后，o 光的波前是半径为 $v_o \Delta t$ 的球面；e 光的波前则是一个绕光轴的旋转椭球面，其短轴沿光轴方向，长度为 $v_o \Delta t$，其长轴垂直于光轴方向，长度为 $v_e \Delta t$。从 C 点分别作半圆、半椭圆的切线，连接 B 点和公切线与圆的交点，即为 o 光的传播方向；连接 B 点和公切线与椭圆的交点，即为 e 光的传播方向。从 B 点到 C 点，有一系列半径依次减小到零的圆面和长短半轴依次减小到零的椭圆。

（3）平行光垂直入射，光轴在入射面内与交界面平行，如图 19-17(c)所示。通过惠更斯原理进行作图可知，o 光和 e 光仍沿原来方向传播，但传播速度不同。因此，在传播一定距离后，尽管传播方向没有分开，但它们的光程不同，在速度上分开了，因而存在相位差。

19.4.4　波片

在实际工作中常用到光轴与表面平行的单轴晶体，当平行光垂直入射到晶体表面时，o 光和 e 光在晶体中沿同一方向传播，这样的晶体称为**波晶片**，简称**波片**。以图 19-17(c)为例，在入射点处 o 光和 e 光的相位是相等的，但进入晶体后，由于 o 光和 e 光的传播速度不同，利用不同折射率计算光程，得到两束光通过晶片后的相位差为

$$\Delta\varphi = \frac{2\pi}{\lambda} \left| n_o - n_e \right| d \tag{19-4}$$

其中，d 为晶片的厚度。由式(19-4)可知，o 光和 e 光通过晶片后的相位差除了与折射率差成正比外，还与晶片的厚度成正比。

当晶片厚度 d 满足光程差 $\delta = \left| n_o - n_e \right| d = \frac{\lambda}{4}$ 时，经过晶片后，o 光和 e 光的位相差为 $\Delta\varphi = \frac{\pi}{2}$。这种使两束光的光程差等于 $\frac{\lambda}{4}$ 的晶片称为**四分之一波片**。当然，四分之一波片只是对某一特定波长而言的，波长不同，则四分之一波片的厚度不同。类似地，如果选择适当的晶片厚度 d，使 o 光和 e 光的光程差 $\delta = \left| n_o - n_e \right| d = \frac{\lambda}{2}$，相应的位相差为 π，这样的晶片称为**二分之一波片**。平面线偏振光垂直入射到二分之一波片，透射光仍为线偏振光，若入射时振动面与晶体主截面夹角为 θ，则透射出来的线偏振光的振动面相对于原来方位转了 2θ。

19.5 椭圆偏振光和圆偏振光

19.5.1 圆偏振光和椭圆偏振光的描述

某一时刻,光矢量只有一个振动方向,随着光向前传播,光矢量的大小不变,但方向随时间以某一角速度旋转,其末端的轨迹是圆,这种光叫作**圆偏振光**。在传播方向上各点对应的光矢量的端点轨迹是螺旋线。随着时间推移,螺旋线以相速前移。迎着光线看,若圆偏振光的光矢量随时间顺时针方向转动,称为**右旋圆偏振光**,反之,称为**左旋圆偏振光**。图 19-18 所示的是某一时刻右旋偏振光的光矢量沿传播方向改变,在垂直于光传播方向的平面内,其光矢量随时间变化顺时针旋转。

某一时刻,光矢量只有一个振动方向,随着光向前传播,光矢量的大小随时间变化、方向随时间以某一角速度旋转,其末端的轨迹是椭圆,这种光叫作**椭圆偏振光**。椭圆偏振光也分为左旋和右旋,其定义方法与圆偏振光的左旋和右旋一样。

基时刻右旋圆偏振光 E 随 z 的变化

图 19-18 右旋圆偏振光示意图

使用偏振片无法区分自然光和圆偏振光,也无法区分部分偏振光与椭圆偏振光,它们需要借助于波片。

19.5.2 椭圆偏振光和圆偏振光的获得

由以上讨论可知,要获得椭圆(或圆)偏振光,首先需要有两束同频率、振动方向相互垂直,且有确定的相位关系,并沿同一方向传播的线偏振光。这个要求可以让一束线偏振光通过波片来实现。当线偏振光垂直入射到波片上时,入射光被波晶片分解出来的 o 光和 e 光满足频率相同、振动方向相互垂直、相位相同,且沿同一方向传播。由于两者传播速度不同,经波片出射时,两束光具有附加相位差,出射后两束光合成的结果,一般情况下为椭圆偏振光。例如,一束线偏振光垂直入射到四分之一波片,光振动的方向与波片光轴夹角为 θ,如图 19-19 所示,o 光振动垂直于光轴,振幅为 $E_o = E\sin\theta$;e 光振动平行于光轴,振幅为 $E_e = E\cos\theta$,则通过波片后的合成光为正椭圆偏振光。一种特殊情况是,如果 $\theta = \dfrac{\pi}{4}$,o 光和 e 光的振幅相等($E_o = E_e$),经过四分之一波片的光为圆偏振光。

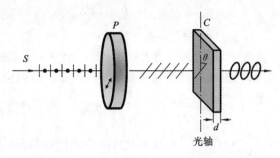

图 19-19 椭圆偏振光的获得

这里需要指出的是,如果把自然光直接入射到波晶片上,出射后不可能得到椭圆偏振光。因为自然光是光矢量轴对称分布的大量线偏光的集合,它们之间没有固定相位差。经过波片,除了那些光矢量沿光轴或垂直光轴的线偏光出射后仍为偏振方向不变的线偏光外,其他线偏光出射后一般为椭圆偏振光,而这些大量的无规则分布的彼此没有固定相位关系的椭圆偏振光,从宏观上看是轴对称分布的,仍然是自然光。所以要使自然光转化为椭圆偏振光,首先要通过一个偏振片,获得线偏振光,然后将它垂直入射到波片上,如图 19-19 所示。

*19.6 偏振光的干涉

偏振光的干涉与普通光的干涉一样,具有很多重要的应用,它是许多偏振仪器的基本原理,例如在冶金、地矿研究和材料科学中常用的偏振光显微镜。典型的偏振光干涉装置是在两块共轴偏振片 P_1 和 P_2 之间放置一块厚度为 d 的波晶片,其光轴沿 y 轴方向,如图 19-20 所示。第一块偏振片 P_1 的作用是把自然光转化为线偏光;波晶片的作用是将入射的线偏光分解成有一定相位差、振动方向相互垂直的两束线偏光;第二块偏振片 P_2 的作用是引导两束光的振动到相同方向上,从而产生两束相干的偏振光。

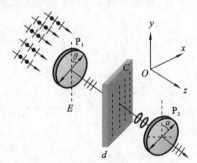

自然光经过偏振片 P_1 后得到线偏光,其振幅为 E_1,光振动方向与波晶片光轴(y 轴)方向的夹角为 θ,经过波晶片后 o 光和 e 光的振幅分别为

$$E_o = E_1 \sin\theta$$
$$E_e = E_1 \cos\theta$$

图 19-20 偏振光干涉示意图

这两束线偏振光入射到偏振片 P_2,只有在 P_2 偏振化方向上的分量才能通过,假设 P_2 偏振化方向与 y 轴方向的夹角为 α,则通过 P_2 后两束透射光的振幅分别为

$$\begin{cases} E_{2o}=E_o\sin\alpha=E_1\sin\theta\sin\alpha \\ E_{2e}=E_e\cos\alpha=E_1\cos\theta\cos\alpha \end{cases} \quad (19\text{-}5)$$

在图 19-20 所示装置中，刚进入波晶片时 o 光和 e 光的相位相同，最后从 P_2 透射出来的光是两束同频率、同方向振动的相干偏振光的叠加。这两束光的相位差为

$$\Delta\varphi=\frac{2\pi}{\lambda}(n_o-n_e)d+\Delta\varphi' \quad (19\text{-}6)$$

其中，等式右边第一项 $\frac{2\pi}{\lambda}(n_o-n_e)d$ 是波晶片之后引入的相位差，第二项 $\Delta\varphi'$ 是经过偏振片 P_2 引入的附加相位差，取 0 或者 π，当 P_2 和 P_1 偏振化方向处于相同象限时，E_{2o} 和 E_{2e} 同向，没有附加相位差，$\Delta\varphi'=0$，如图 19-21(a) 所示；当 P_2 和 P_1 偏振化方向处于不同象限时，E_{2o} 和 E_{2e} 反向，需要引入附加相位差，$\Delta\varphi'=\pi$，如图 19-21(b) 所示。也就是说，$\Delta\varphi'$ 取值是由 P_2 和 P_1 偏振化方向的相对位置决定的。通常情况下，在图 19-20 所示装置中总使 P_2 和 P_1 偏振化方向正交，经过 P_2 引入附加位相差 π，如图 19-21所示，此时 $\alpha+\theta=\frac{\pi}{2}$，所以由式(19-5)可知，通过 P_2 后两束相干光的振幅相等 $E_{2o}=E_{2e}$。根据干涉理论，当相位差为 $\Delta\varphi=2k\pi,k=1,2,\cdots$时，应波晶片厚度 d 满足

$$(n_o-n_e)d=(2k-1)\frac{\lambda}{2} \quad (19\text{-}7)$$

时，相干相长；当相位差为 $\Delta\varphi=(2k+1)\pi,k=1,2,\cdots$时，其对应波晶片厚度 d 满足

$$(n_o-n_e)d=k\lambda \quad (19\text{-}8)$$

时，相干相消。在波晶片厚度一定的情况下并无干涉条纹，当用单色自然光照射，满足相干相长时，P_2 后面的视场最亮；满足相干相消时，P_2 后面的视场最暗。但当波晶片厚度不均匀时，视场中将出现干涉条纹。如果波晶片厚度一定而用不同波长的光来照射，则透射光的强弱会随波长的不同而变化。

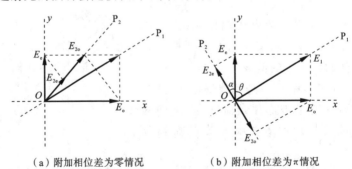

（a）附加相位差为零情况　　　（b）附加相位差为π情况

图 19-21　偏振光干涉的振幅矢量图

用白光照射时，由于对于不同波长的光，干涉加强和减弱的条件不同，不同波长的光有不同程度的加强或减弱，所以当波晶片厚度一定时，视场会出现某种颜色，若

改变波晶片的厚度,会出现不同颜色。如果波晶片厚度不均匀,则视场中会出现彩色条纹。

*19.7 人工双折射

有些非晶体和液体在通常情况下是各向同性的,而在人工作用下,会变成各向异性从而产生双折射现象,称为**人工双折射**。

19.7.1 应力双折射

塑料、玻璃、环氧树脂等非晶体在应力的作用下,折射率特性会发生改变,从而显示出光学上的各向异性,产生双折射现象,这种现象称为**应力双折射**,也称**光弹性效应**。塞贝克在 1813 年和布儒斯特在 1816 年最早研究了这一现象。各向同性平面介质在某一方向受到应力时,在该方向就形成介质的光轴,在应力作用下物体上每一点处都有两个主应力方向。当光入射到物体上时,分解为两束线偏振光 o 光和 e 光,其对应的折射率分别为 n_o 和 n_e,它们的光矢量分别沿两个主应力方向。实验表明,在一定的应力范围内,o 光和 e 光的折射率之差与主应力 P 成正比,即

$$n_o - n_e = CP \tag{19-9}$$

式中,C 是与材料性质相关的系数。两束光经过厚度为 d 的形变介质层后,产生的光程差为

$$\delta = (n_o - n_e)d = CPd$$

对应位相差为

$$\Delta\varphi = \frac{2\pi}{\lambda}(n_o - n_e)d = 2\pi\frac{CPd}{\lambda} \tag{19-10}$$

把受应力作用的透明薄片放置在两个偏振片之间,就像把晶片放置在两个偏振片 P_1 和 P_2 之间一样(见图 19-20),从第二个偏振片出射的两束光频率相同、相位差恒定、振动方向相同,所以会产生干涉。用白光照射,若介质受力是均匀分布,则观察到颜色是相同的;若应力在介质上是不均匀分布,则通过它的光波上不同点产生不同的相位差,这样不同地方出现的颜色也就不同。当应力分布比较复杂时,就会呈现出五彩缤纷的复杂干涉图案,如图 19-22 所示。利用这种性质,根据条纹分布可以确定光学材料的应力分布。对于不透明的机械构件或者桥梁、水坝等,采用光弹性灵敏度高的透明材料(如环氧树脂)制作模型,模拟它们的实际受力及应力情况,

图 19-22 应力双折射的偏振
光干涉条纹

利用偏振光的干涉图样分析其中的应力分布,这种方法称为**光弹性方法**。一些形状和结构复杂的构建,在不同负荷下应力分布很复杂,用力学的方法计算往往是比较困难的,但是用光弹性方法可以迅速从实验室做出定量的计算,所以说此方法在工程力学中有重要的价值。

在外界动力作用下,液体也能发生光学的各向异性。例如,液体在两个同轴圆筒之间,其中一个圆筒固定,另一个转动,由于液体的速度分布呈阶梯变化,会产生较大的折射率差值,进而表现出双折射特性。

19.7.2　光电效应

在强电场作用下,各向同性的透明介质变为各向异性,从而产生双折射现象,对于本来有双折射特性的晶体,双折射性质也会发生变化,这种现象称为**光电效应**。它是由克尔(J. Kerr)在 1875 年首次发现的,所以也叫**克尔效应**。

图 19-23 是观察克尔效应的典型装置,P_1 和 P_2 是正交偏振片,把某种液体(如硝基苯 $C_6H_5NO_2$)放在装有平行板电容器的玻璃盒中(称为克尔盒)。在平行板之间加上高电压,在电场作用下由于分子的规则排列获得单轴晶体的光学性质,其光轴方向与电场方向一致。线偏振光沿着与电场垂直的方向通过介质时,分成两束线偏振光(o 光和 e 光)。两束线偏振光的折射率之差与电场强度 E 的平方成正比,即

$$n_o - n_e = kE^2 \qquad (19\text{-}11)$$

式中,k 称为克尔常数,它与液体的种类有关。经过克尔盒的线偏振光成为圆偏振光、椭圆偏振光或线偏振光,在偏振片 P_2 后方得到线偏振光。因此,通过人为控制电场强度可以使偏振片 P_2 后方的视场发生明暗变化。

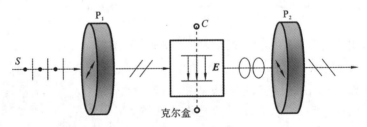

图 19-23　克尔效应

克尔效应已经广泛应用于激光通信、高速摄影和电视等装置中。

另一种光电效应是泡克尔斯(Pockels)效应,它是一种线性的光电效应,一般分为两种情况,外加电场平行于光的传播方向,称为**纵向泡克尔斯效应**;外加电场垂直于光的传播方向,称为**横向泡克尔斯效应**。

纵向泡克尔斯效应的实验装置如图 19-24 所示。装置中 P_1 和 P_2 是两块偏振化方向正交的偏振片,中间放置晶体(磷酸二氢钾,即 KDP),并使晶体的光轴沿光的传播方向。在不加电场时,光在晶体中不产生双折射。沿光轴方向加电场时,在垂直于

电场方向的平面上,产生两束振动方向相互垂直的线偏振光,其振动方向沿 x' 轴和 y' 轴方向。虽然它们的传播方向相同,但传播速度不同,所以从厚度为 d 的晶体中出射的两束线偏振光存在相位差,其相位差与晶体的外加电压有关。利用图 19-24 装置并通过调节加在晶体上的电压来调控出射光强,而且接通电源到建立电光效应所需时间很短,一般小于 10^{-9} s,可获得 2.5×10^{10} Hz 的调制频率。因而泡克尔斯效应可以用于高速开关。

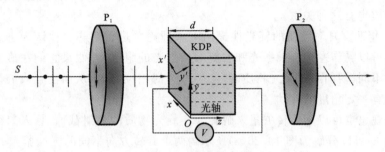

图 19-24 纵向泡克尔斯效应

*19.8 旋光现象

19.8.1 旋光现象的原理

当一束线偏振光在晶体中沿光轴方向传播时,不会发生双折射,但其偏振面会发生旋转,如图 19-25 所示。阿喇果(Arago)于 1811 年首先在石英晶片中观察到这种现象。后来,比奥(Biot)在一些蒸汽和液体物质中也观察到同样的现象。线偏振光通过物质后振动面发生旋转的现象称为**旋光现象**,能够使线偏振光的振动面发生旋转的物质称为**旋光物质**。

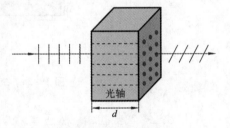

图 19-25 旋光现象

实验结果表明,一定波长的线偏振光通过旋光物质时,光矢量转过的角度 θ 与在该物质中通过的路程 d 成正比,即 $\theta = \alpha d$,其中比例系数 α 称为物质的**旋光率**。由于旋光率与波长有关,因此在复色光照射下,不同波长的光波的光矢量旋转的角度不同,这种现象称为**旋光色散**。

对于旋光溶液,光矢量旋转的角度除了与通过的路程 d 成正比,还与溶液的浓度 C 成正比,即

$$\theta = \alpha d C \tag{19-12}$$

式中，α 为溶液的旋光率，与波长和温度有关。这样，可以根据光矢量转动的角度来测定溶液的浓度，例如用来测定糖溶液浓度的量糖计就是根据这个原理工作的。

实验还发现同一种旋光物质由于是光振动面旋转方向的不同而有左旋和右旋之分。迎着光观察通过晶片的光，其振动面按顺时针方向旋转的称为**右旋物质**；按逆时针方向旋转的称为**左旋物质**。石英晶体的旋光性是由于组成物质的原子排列具有螺旋形结构，依据螺旋的绕向分为右旋石英和左旋石英，但它们的旋光度是相同的。其他旋光物质也有这种关系。

1825 年菲涅耳对物质的旋光性提出唯象理论并进行解释。他认为进入晶片的线偏振光可以看作左旋圆偏振光和右旋圆偏振光的组成，并假设它们在旋光物质中传播速度不同，因而经过旋光物质时，产生不同的相位延迟，从而使合成的线偏振光的光矢量有一定角度的转动。

旋光现象也可以用旋转矢量来解释。在旋光物质的入射截面上，入射线偏振光的电矢量 E_0 可以分解为图 19-26(a)所示的两个旋转方向不同的圆偏振光 E_L 和 E_R，设电矢量 E_0 沿 x 轴正向，此时左旋和右旋圆偏振光的电矢量也沿 x 轴正向。通过旋光物质后，它们的相位滞后不同，旋转方向也不同，在出射界面上，两个圆偏振光的旋转电矢量如图 19-26(c)所示。

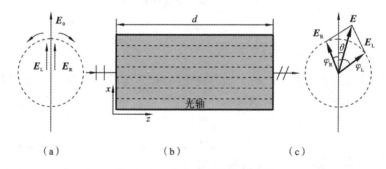

图 19-26　旋光现象的唯象解释

19.8.2　法拉第效应

人工也可以产生旋光现象，1846 年，法拉第发现在磁场作用下，本来不具有旋光性的物质也产生旋光性，这种现象称为**磁致旋光效应**或**法拉第效应**。磁致旋光效应第一次显示了光和电磁现象之间的联系，促进了对光本性的研究。之后费尔德对许多介质的磁致旋光进行了研究，发现了磁致旋光效应在固体、液体和气体中都存在。

实验表明，在磁场不是非常强时，如图 19-27 所示，偏振面旋转的角度 θ 与光波在物质中经过的路程 d 及介质中的磁感应强度在光的传播方向上的分量 B 成正比，即

$$\theta = VBd \tag{19-13}$$

其中，比例系数 V 由物质和工作波长决定，表征着物质的磁光特性，这个系数称为**费

尔德常数。费尔德常数 V 与磁光材料的性质有关。对于顺磁、弱磁和抗磁性材料（如重火石玻璃等），由于 V 为常数，即 θ 与磁场强度 B 有线性关系；而对于铁磁性或亚铁磁性材料（如 YIG 等立方晶体材料），θ 与 B 不是简单的线性关系。

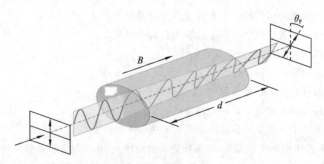

图 19-27　法拉第效应

磁致旋转也有右旋和左旋之分。顺着磁场方向观察，偏振面按顺时针方向旋转称为右旋，其费尔德常数 $V>0$；反向旋转的称为左旋，其费尔德常数 $V<0$。

对于每一种给定的物质，法拉第效应旋转方向仅由磁场方向决定，而与光的传播方向无关（不管传播方向与磁场是同向还是反向），这是法拉第效应与某些物质的天然旋光现象的重要区别。天然旋光现象的旋光方向与光的传播方向有关，即随着顺光线和逆光线的方向观察，线偏振光的偏振面的旋转方向是相反的，因此当光线往返两次穿过天然旋光物质时，线偏振光的偏振面没有旋转。而法拉第效应则不同，在磁场方向不变的情况下，光线往返穿过磁致旋光物质时，法拉第旋转角将加倍。利用这一特性，可以使光线在介质中往返数次，从而使旋转角度加大。这一性质使得磁光晶体在激光技术、光纤通信技术中获得重要应用。

与天然旋光效应类似，法拉第效应也有旋光色散，即费尔德常数随波长而变化。一束白色的线偏振光穿过磁致旋光介质时，紫光的偏振面要比红光的偏振面转过的角度大，这就是**旋光色散**。

磁致旋光效应是由于外磁场作用时物质的原子或分子中的电子进动引起的，进动的结果使物体对左旋和右旋圆偏振光产生不同的折射率。因此，正是两种圆偏振光的传播速度不同，引起了振动面的旋转。

法拉第效应有许多重要的应用，尤其在激光技术发展后，其应用价值越来越受到重视。例如，用于光纤通信中的磁光隔离器，是应用了法拉第效应中偏振面的旋转只取决于磁场的方向，而与光的传播方向无关的性质，这样使光沿规定的方向通过同时阻挡反方向传播的光，从而减少光纤中器件表面反射光对光源的干扰。磁光隔离器也被广泛应用于激光多级放大和高分辨率的激光光谱、激光选模等技术中。在磁场测量方面，利用法拉第效应弛豫时间短的特点制成的磁光效应磁强计可以测量脉冲强磁场、交变强磁场等。

思 考 题

19-1 用什么方法可以检测一束光线是否为线偏振光?

19-2 为什么自然光的两个互相垂直的光振动不能合成?

19-3 照相机中,配置的偏振镜有什么作用?

19-4 偏光太阳镜的原理是什么?

19-5 光在两种介质的表面折射时,是否都遵守折射定律?

19-6 单轴晶体的光轴是否是一条固定的线?

19-7 单轴晶体中 e 光是否总是以速度 c/n_e 在晶体中传播?

*__19-8__ 一束光可能是线偏振光、圆偏振光或者自然光,如何判定它是哪一种光?

*__19-9__ 在图 19-26 中去掉第一块偏振片 P_1,在自然光入射的情况下,能够获得相干光吗?

习　　题

19-1 一束部分偏振光由自然光和线偏振光混合而成,使之垂直通过一个检偏器。当检偏器以入射光方向为轴进行旋转检偏时,测得透过检偏器的最大光强为 I_1,最小光强为 I_2,如果所用检偏器在其透光轴方向无吸收,则入射光中自然光的强度为多少?线偏振光的强度为多少?

19-2 两偏振片的偏振化方向的夹角由 45°转到 60°,则转动前后透过这两个偏振片的透射光的强度之比是多少?

19-3 已知某材料在空气中的布儒斯特角 $i_0=58°$。

(1) 求某材料的折射率;

(2) 将其放入水中(水的折射率 $n=1.33$),求其布儒斯特角及其相对于水的折射率。

19-4 两块性质完全相同的偏振片平行放置,其通光方向 P_1、P_2 间夹角为 30°。光强为 I_0 的自然光垂直入射,经过第一块偏振片后的光强为 $0.32I_0$,求经过第二块偏振片后的出射光强。

19-5 测得一池静水表面反射出来的太阳光是线偏振光,求此时太阳处在地平线的多大仰角处(水的折射率为 1.33)。

19-6 平行放置的两块偏振片,两者偏振化方向夹角为 60°。

(1) 若两块偏振片对光振动平行于偏振化方向的光线均无吸收,则以自然光正入射时,求出射光的强度与入射光的强度之比;

(2) 若两块偏振片对光振动平行于偏振化方向的光线各吸收 10%的能量,求出射光的强度与入射光的强度之比;

(3) 在这两块偏振片之间插入第三块偏振片,其偏振化方向与之前两块偏振片的偏振化方向的夹角均为 30°。请分别求下面两种情况下出射光的强度与入射光的强度之比:

(1) 按各偏振片对光振动平行于偏振化方向的光线均无吸收;

(2) 各偏振片对光振动平行于偏振化方向的光线各吸收 10%的能量。

19-7 自然光以 55°角从水中入射到另一种透明媒质表面时,其反射光为线偏振光,已知水的折射率为 1.33,则上述媒质的折射率为多少? 透射入媒质的折射光的折射角是多少?

19-8 在主折射率为 n_o，n_e 的单轴晶体中，一束 e 光沿与光轴夹角为 θ 的方向传播（见图 19-28），求其传播速度。

19-9 在两个正交的理想偏振片 P_1 和 P_2 之间有一个偏振片 P_3 以匀角速度 ω 绕光的传播方向旋转，如图 19-29 所示，若入射的自然光强为 I_0，试证明透射光强为 $I = \dfrac{I_0}{16}(1 - \cos 4\omega t)$（已知 P_1 和 P_2 的夹角为 $90°$）。

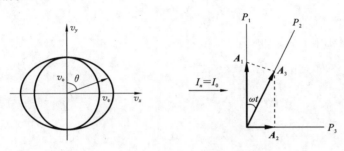

图 19-28 题 19-8 图 　　　 图 19-29 题 19-9 图

19-10 如图 19-30 所示，一束自然光从空气中入射到一方解石晶体上，晶体产生两束折射光，晶体的光轴垂直于入射面。已知方解石晶体的主折射率为 $n_o = 1.658$，$n_e = 1.486$。

(1) 哪一束光在晶体中的部分为 o 光？哪一束光在晶体中的部分为 e 光？它们各自的振动方向如何？

(2) 若厚度为 $d = 1.0$ cm，自然光的入射角度为 $\theta_i = 45°$，求 a，b 两束透射光之间的垂直距离。

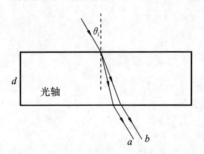

图 19-30 题 19-10 图

*19-11 在两个偏振化方向正交的偏振片 P_1 和 P_2 之间插入四分之一波片，其光轴与 P_1 的偏振化方向成 $45°$ 夹角。

(1) 光强为 I_0 的单色自然光垂直入射到 P_1，求透过 P_2 的光强；

(2) 转动 P_2 透射光强如何变化？

*19-12 证明一束左旋圆偏振光和右旋圆偏振光，当它们振幅相等时，合成光是线偏振光。

*19-13 把一段切成长方体的 KDP 晶体放在两个正交的偏振片之间组成一个产生泡克尔斯效应的装置。已知电光系数 $\gamma = 1.06 \times 10^{-11}$ m·V^{-1}，寻常光折射率为 $n_o = 1.51$。若入射光波长为 550 nm。求从晶体出射的两束线偏振光位相差为 π 时加在晶体上的纵向电压。

*19-14 求使波长 509 nm 的光振动面旋转 $150°$ 的石英片厚度，其中，石英对这种波长的旋光度为 $29.7°$·mm^{-1}。

第六篇

近现代物理学基础

X射线、放射性和电子的发现揭开了20世纪物理学革命的序幕。现代物理时期的典型代表是相对论和量子论,它们是20世纪初物理学取得的两个最伟大的成就。19世纪末,经典物理学看似已经很完美、成熟了。其中,英国物理学家开尔文在其著作《19世纪热和光的动力学理论上空的乌云》的演说中提到"物理大厦已经落成,所剩的只是一些修饰工作","动力学理论肯定了热和光是运动的两种方式,现在,它的美丽而晴朗的天空却被两朵乌云笼罩了。"这里的两朵乌云,一朵是黑体辐射理论分析中的"紫外灾难",另一朵是迈克尔逊-莫雷的实验结果与"以太漂移说"的矛盾。而令开尔文始料未及的是,这两朵乌云引发了物理学一场空前的革命。1905年,著名物理学家爱因斯坦创建了"狭义相对论",对时间、空间概念赋予了新的意义,从根本上改变了经典物理理论中绝对时空的概念,建立了新的时空观。相对论否定了以太的存在,以一场时空观的革命,彻底驱散了"以太乌云"。紧接着,爱因斯坦又揭示了质量和能量的内在关系。爱因斯坦于1915年建立了广义相对论,将相对论理论推广到广袤的宇宙空间。相对论既是天体物理和宇宙学的理论基础,也是亚原子世界微观物理学的理论基础。

"紫外灾难"乌云阐述了在微观世界研究过程中经典物理理论的某种局限性。为了打破这种局限的束缚,冲散"紫外灾难"乌云,普朗克提出了能量子假说,引入了著名的普朗克常数。随后,爱因斯坦提出光量子论,既解释了光电效应等经典物理所不能解释的一些问题,又证实并发展了普朗克的思想。爱因斯坦的量子化观点比普朗克更进了一步:辐射能量在传播过程中也是分立的。光量子论认为,光既有连续的波动性质,又有不连续的粒子性质。玻尔于1913年提出几个生硬的假设,创建了半经典半量子化的"玻尔的氢原子理论",成功地解释了氢原子的光谱规律和其他性能。但玻尔理论并未揭示微观粒子运动的本质。1924年德布罗意提出波粒二象性假设,电子衍射实验证实了他的假定。波粒二象性作为微观世界的基本特性之一并为人们普遍接受。经过近20年的酝酿与准备,海森伯、狄拉克、玻恩以及薛定谔等成功地建立了量子力学。

量子力学与相对论一起构成现代物理学的理论基础。在许多现代技术装备中,从激光、电子显微镜、原子钟到核磁共振的医学图象显示,以及现代的电子工业、核能源的利用,都依赖于量子力学的概念和原理。量子力学也直接促进了固体物理学、化学、材料科学或者核物理学等学科的建立和发展。

从中子和正电子的发现,人工核蜕变、重原子核裂变现象以及原子核链式反应的研究,直到第一座原子反应堆的建立和第一颗原子弹制成,才拉开了原子能时代的序幕。新粒子的性质、结构、相互作用和转化的粒子物理学迎来了发展的春天。自然界中四种相互作用(引力、电磁力、强相互作用和弱相互作用)的统一问题,虽然取得了相当的进展,但距真正的大统一还尚待时日。

【温故知新】

在高中阶段,我们对"原子与原子核""波粒二象性""微观世界"等近现代物理有了一个初步的认识,同时了解了人类认识物质世界的历程。这里,简要概述其知识要点。

任何物体都具有不断辐射、吸收、发射电磁波的本领。辐射的电磁波在各个波段是不同的,具有一定的谱分布。这种谱分布与物体本身的特性及其温度有关,称之为**热辐射**。物理学家提出了一个理想物体模型——黑体——来研究不依赖物质具体物性的热辐射规律。然而,在利用经典物理学对黑体辐射实验中关于单色辐出度与 λ、T 的关系进行解释时,遇到了"紫外灾难"乌云。为了驱散这朵乌云,普朗克提出了能量子假设。

另一个重要的实验是光电效应,即在光的照射下从金属中发射出电子的现象(发射出的电子称为光电子)。通过光电效应实验,发现存在饱和电流、遏止电压和截止频率,而且光电效应的发生是瞬时的。这些都是光的波动说无法解释的。为了解释光电效应实验现象,爱因斯坦于 1905 年提出了光量子假说。他认为光子的能量 $\varepsilon = h\nu$,其中 $h = 6.626 \times 10^{-34}$ J·s(称为普朗克常量),并依据能量守恒,给出光电效应方程:$E_k = h\nu - A_0$。式中,A_0 为逸出功,是使电子脱离某种金属所做功的最小值;E_k 是逸出光电子所具有动能的最大值,称为最大初动能。我们将在接下来的学习中对其进行详细阐述。美国物理学家密立根在 1905—1916 年间做了大量关于光电效应的实验。随后,康普顿和我国物理学家吴有训研究了 X 射线并通过物质的散射,进一步验证了光量子假说。

光是具有波粒二象性的,光电效应实验证实了光的粒子性,而光的干涉、衍射和偏振现象证实了光的波动性。那么,电子、质子、中子等实物粒子是否也具有波动性呢?德布罗意提出了物质波的概念,即一切实物粒子都具有波粒二象性。描述粒子波动特性的物理量波长 λ、频率 ν 与表述其粒子特性,动量 p 和能量 E 之间通过普朗克常数联系起来,即 $\lambda = \dfrac{h}{p}$,$\nu = \dfrac{E}{h}$。这种波称为德布罗意波或物质波,它具有什么样的特性呢?与传统的机械波又有什么不同呢?

我们将在本章中对量子力学基础知识作进一步阐述。

【过关斩将】

1. (多选)如图所示的是用光照射某种金属时逸出的光电子的最大初动能随入射光频率的变化曲线(直线与横轴的交点坐标为 4.27,与纵轴的交点坐标为 0.5)。由图可知(   )。

A. 该金属的截止频率为 4.27×10^{14} Hz

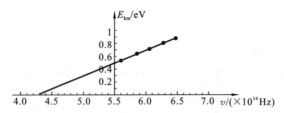

B. 该金属的截止频率为 5.5×10^{14} Hz

C. 该曲线的斜率表示普朗克常量

D. 该金属的逸出功为 0.5 eV

2. (多选)产生光电效应时,关于逸出光电子的最大初动能 E_k,下列说法正确的是(   )。

A. 对于同种金属,E_k 与照射光的强度无关

B. 对于同种金属,E_k 与照射光的波长成反比

C. 对于同种金属,E_k 与照射光的时间成正比

D. 对于同种金属,E_k 与照射光的频率呈线性关系

3. (多选)在光电效应实验中,用同一种单色光,先后照射锌和银的表面,都能发生光电效应。对于这两个过程,下列四个物理量中,一定不同的是(   )。

A. 遏止电压　　B. 饱和光电流　　C. 光电子的最大初动能　　D. 逸出功

4. (多选)波粒二象性是微观世界的基本特征,以下说法正确的有(   )。

A. 光电效应现象揭示了光的粒子性

B. 热中子束射到晶体上产生衍射图样说明中子具有波动性

C. 黑体辐射的实验规律可用光的波动性来解释

D. 动能相等的质子和电子,它们的德布罗意波长也相等

5. 如果一个电子和一个中子的德布罗意波长相等,则它们相等的物理量是(   )。

A. 速度　　　B. 动能　　　C. 动量　　　D. 总能量

第20章 早期量子论

19世纪末至20世纪初,在研究光与物质相互作用时,人们发现了光的电磁理论所不能解释的物理现象,如黑体辐射、光电效应、康普顿散射以及氢原子的离散光谱等。为了打破经典物理的局限性,普朗克提出了能量子假设、爱因斯坦提出了光量子假说,以及玻尔提出了稳态假设和角动量量子化假设。它们不仅孕育了量子论的萌芽,也推动了人们对光本质的深刻认识。

本章首先介绍黑体辐射和普朗克的能量子概念;然后,介绍光电效应和爱因斯坦光电效应方程,并利用光量子理论解释康普顿散射的实验规律;最后,阐述氢原子光谱以及玻尔的半经典半量子理论。

20.1 黑体辐射和普朗克能量子假设

20.1.1 热辐射

历史上,量子理论是在黑体辐射问题上打开突破口的。我们知道,任何物质在任何温度下都能从其表面向外辐射电磁波。这种由于物质内部带电粒子的热运动而辐射电磁波的现象称为**热辐射**。辐射的能量与温度有关,且热辐射具有连续的能谱。在较低温度(即常温)下,物体的热辐射主要集中在不可见的红外区。随着温度的升高,辐射的电磁波逐渐出现在可见光区,物体表面的颜色也发生相应的变化,例如,由暗红向赤红变化。这表明物体向周围辐射的电磁波能量也就越多。

实验表明:任何物体在向外辐射电磁波的同时,也吸收辐射在它表面的电磁波,且辐射越强的物体吸收辐射也就越强。一般而言,辐射到某一物体上的电磁波,一部分被物体吸收,另一部分被反射和透射。当物体向外辐射的能量等于其在相同时间内所吸收的能量时,物体的热辐射达到平衡,称为**平衡热辐射**。此时,物体的温度不变。

为了定量地描述物体热辐射的规律,我们引入两个物理量,即单色辐射出射度(单色辐出度)和辐射出射度(辐出度)。

单色辐出度定义为:在温度为 T 时,单位时间内从物体表面的单位面积上所发射的波长在 $\lambda \sim \lambda + d\lambda$ 范围内的辐射能 dM_λ 与波长间隔 $d\lambda$ 之比,即

$$M_\lambda = \frac{dM_\lambda}{d\lambda} \tag{20-1}$$

其中，M_λ是波长和温度的函数，即$M_\lambda = M_\lambda(T)$，M_λ的单位为 $\text{W} \cdot \text{m}^{-3}$。单色辐出度表征温度为 T 的物体在单位波长间隔内所辐射的能量。

辐出度 $M(T)$ 定义为：单位时间内从物体表面单位面积上所发射的各种波长的总辐射，即

$$M(T) = \int_0^\infty M_\lambda(T)\mathrm{d}\lambda \qquad (20\text{-}2)$$

其中，$M(T)$ 只是温度的函数，$M(T)$ 的单位为 $\text{W} \cdot \text{m}^{-2}$。

20.1.2　黑体辐射

一般而言，照射到物体上的辐射能，一部分能量被吸收，一部分能量会反射，还有一部分能量会透射（对于透明物体）。为了区分这三种物理过程，我们定义了单色吸收比、单色反射比和单色透射比。

单色吸收比 $\alpha_\lambda(T)$，也称为吸收系数，定义为：温度为 T 的物体表面单位面积上吸收的波长在 $\lambda \sim \lambda + \mathrm{d}\lambda$ 范围内的辐射能量与相应波长范围内入射电磁波能量之比。它随着物体温度和入射波长的变化而变化。同理，我们也可以定义单色反射比（反射系数）$\gamma_\lambda(T)$ 和单色透射比（透射系数）$\omega_\lambda(T)$。依据能量守恒定律可知

$$\alpha_\lambda(T) + \gamma_\lambda(T) + \omega_\lambda(T) = 1 \qquad (20\text{-}3)$$

对于不透明物体[$\gamma_\lambda(T) = 0$]，有

$$\alpha_\lambda(T) + \gamma_\lambda(T) = 1 \qquad (20\text{-}4)$$

如果在任何温度下，对任何波长的辐射能的吸收比都等于 1，即 $\alpha_\lambda(T) = 1$ 的物体称为**绝对黑体**（简称黑体）。实际上，真正的黑体是不存在的，但为了研究方便，就像前面我们学习过的质点和刚体模型一样，我们可以构建一个"黑体"的理想模型。在构建黑体的理想模型时，充分考虑其特点，也就是其吸收系数为 1。用不透明材料制成一个开有小孔的空腔，如图 20-1 所示。空腔外面的辐射能够通过小孔进入空腔，而进入空腔的射线在空腔内进行多次反射，每反射一次内壁将会吸收一部分能量，直到最后全部被吸收掉，从小孔穿出的辐射能微乎其微，可以略去不计，这样便构建了一个黑体模型。

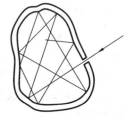

图 20-1　黑体模型

在日常生活中，也有类似的黑体，例如，白天望远处建筑物上的窗口时会发现特别暗，这是由于进入窗口的光经过多次反射后很少能从窗口射出来的缘故。

通过测量，可以得到黑体的单色辐出度的实验曲线。改变黑体的温度 T，即可得到不同的曲线。

1860 年，德国物理学家基尔霍夫发现在温度为 T 的平衡态下，各种物体的单色辐出度与单色吸收比之比都相等，且等于黑体对同一波长的单色辐出度

$(M_{\lambda_0}(T))$，即

$$\frac{M_{\lambda_1}(T)}{\alpha_{\lambda_1}(T)}=\frac{M_{\lambda_2}(T)}{\alpha_{\lambda_2}(T)}=\cdots=M_{\lambda_0}(T) \tag{20-5}$$

这就是**基尔霍夫辐射定律**。它表明，辐射能力强的物体吸收能力也强，反之亦然。温度相同的各种物体，黑体的吸收能力和辐射能力最强。因此，散热器件通常都要对其表面进行"发黑"处理，以增加它的散热效果。从基尔霍夫定律可以看出，只要知道黑体的辐出度以及物体的吸收比就可以知道一般物体热辐射的性质。因此研究黑体的单色辐出度具有重大实际意义。

通过实验，我们发现如下两条关于黑体辐射的实验定律。第一个定律是由奥地利物理学家斯特藩在 1879 年利用黑体单色辐出度随波长 λ 变化的实验曲线计算曲线所谓的面积，即黑体的辐出度，发现辐出度与黑体的热力学温度 T 之间的关系为

$$M_0(T)=\int_0^\infty M_{\lambda_0}(T)\mathrm{d}\lambda=\sigma T^4 \tag{20-6}$$

式中，$\sigma=5.67\times10^{-8}$ W·m^{-2}·K^{-4} 称为**斯特藩-玻尔兹曼常数**。这就是**斯特藩-玻尔兹曼定律**。这是因为玻尔兹曼于 1884 年通过热力学理论也推出了上述结果。

第二个定律是**维恩位移定律**，它描述的是黑体的单色辐出度最大值所对应的波长 λ_m 随着温度的升高向短波方向移动（见图 20-2），即

$$\lambda_\mathrm{m}T=b \tag{20-7}$$

式中，$b=2.897\times10^{-3}$ m·K 称为**维恩位移常数**。依据维恩位移定律，可以测出黑体的温度，在现代科学技术中有着重要的应用，它是测量高温、遥感、红外追踪等技术的

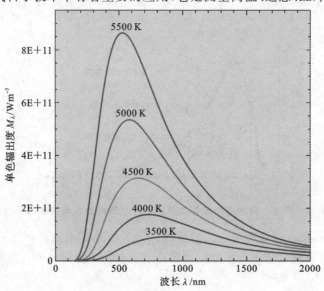

图 20-2　黑体辐射实验曲线

物理基础。例如,太阳光$\lambda_m=490$ nm,可估计出太阳表面温度近似为 5900 K;地表温度为 300 K,地表辐射的λ_m约为 10 μm。

例 20-1 若太阳的单色辐出度的峰值波长为$\lambda_m=490$ nm,请估算太阳表面的温度和辐出度。

解 由维恩位移定律可知,太阳表面的温度为

$$T=\frac{b}{\lambda_m}=\frac{2.897\times10^{-3}}{490\times10^{-9}}\text{(K)}=5.91\times10^3\text{(K)}$$

由斯特藩-玻尔兹曼定律可知,太阳表面的辐出度为

$$M_0(T)=\sigma T^4=5.67\times10^{-8}\times(5.91\times10^3)^4(\text{W}\cdot\text{m}^{-2})=6.92\times10^7(\text{W}\cdot\text{m}^{-2})$$

20.1.3 普朗克量子假设

为了从理论上分析黑体辐射的理论公式,19 世纪末许多物理学家在经典物理学基础上给出了各种假设,虽然做了很多努力,但都失败了。理论与实验的不契合在当时的物理学大厦上凝结成了一朵乌云,其中最典型的理论分析是维恩公式和瑞利-金斯公式。

1896 年,维恩假设黑体辐射能谱与麦克韦分子速率分布相似,根据经典热力学得到的公式为

$$M_{\lambda_0}=c_1\lambda^{-5}e^{-\frac{c_2}{\lambda T}} \tag{20-8}$$

式中,$c_1=3.70\times10^{-16}$ J·m^2·s^{-1},$c_2=1.43\times10^{-2}$ m·K。这个公式就是维恩公式,如图 20-3 中虚线所示。它在短波段与实验吻合得非常好,但在长波段与实验曲线相差较大。

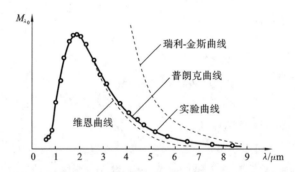

图 20-3 开有小口的空腔黑体热辐射的几个理论公式与实验结果的比较

瑞利和金斯把统计物理学中的能量均分定理应用到电磁辐射上,把黑体中每个分子、原子或离子看作是在其平衡位置做简谐运动的线性谐振子。进而,推导出黑体辐射公式:

$$M_\lambda(T)=\frac{2\pi ckT}{\lambda^4} \tag{20-9}$$

它在长波段与实验曲线符合较好,但当 $\lambda \to 0$ 时,$M_{\lambda_0} \to \infty$,这完全与实验结果不符,物理学史上称之为"紫外灾难"。

经典理论在解释黑体辐射实验规律所表现出的缺陷令人困惑,凝结成物理学晴朗天空中的一朵乌云。1900年,普朗克经过深入研究和分析,认为经典理论不适用于分子、原子的微观运动。为了得到与实验一致的黑体辐射公式,他假设谐振子的能量取分立值,只能是某一最小能量 ε(ε 称为能量子)的整数倍,即

$$\varepsilon, 2\varepsilon, 3\varepsilon, \cdots, n\varepsilon$$

其中,n 为正整数,称为**量子数**。对于频率为 ν 的谐振子来说,最小能量为

$$\varepsilon = h\nu \tag{20-10}$$

其中,h 为普朗克常数,$h = 6.6260755(40) \times 10^{-34}$ J·s。这就是普朗克能量子假设。

在辐射或吸收能量时,振子从一个状态跃迁到另一个状态,"跳跃式"地辐射能量。按波尔兹曼分布率,能量为 $nh\nu$ 的振子的概率正比于 $e^{-\frac{nh\nu}{kT}}$,因此振子的平均能量为

$$\bar{\varepsilon} = \frac{\sum_{n=0}^{\infty} nh\nu\ e^{-\frac{nh\nu}{kT}}}{\sum_{n=0}^{\infty} e^{-\frac{nh\nu}{kT}}} = \frac{h\nu}{e^{\frac{h\nu}{kT}} - 1} \tag{20-11}$$

再根据经典电动力学理论,黑体的单色辐出度为

$$M_\lambda(T) = 2\pi hc^2 \lambda^{-5} \frac{1}{e^{\frac{hc}{k\lambda T}} - 1} \tag{20-12}$$

这就是黑体辐射的普朗克公式,它在全波段都与实验曲线符合。

普朗克的能量子假设是对经典物理的一个重大突破,不仅成功解释了黑体辐射的实验规律,也打开了认识微观世界的大门,量子力学应运而生。1900年12月14日被称为量子论的诞辰日。1918年,普朗克荣获诺贝尔物理学奖以表彰其在量子理论上做出的卓越贡献。

20.2　光电效应　爱因斯坦的光子理论

20.2.1　光电效应及其实验规律

金属及其化合物在光照射下发射电子的现象称为**光电效应**。从金属表面逸出的电子称为**光电子**,光电子定向运动形成光电流。光电效应最先是由德国物理学家赫兹发现的。1899—1902年,勒纳德进行了系统的光电效应实验研究。

图20-4所示的是光电效应实验装置示意图,在一个真空管内,装有阴极 K 和阳极 A。其中,阴极 K 为金属板,当单色光(满足一定条件)通过石英窗口射到金属板

K 上时,金属板便释放光电子。如果在 A、K 两端加上电势差 U,则光电子飞向阳极,并在回路中形成光电流,光电流的大小由电流表 G 读出。P 滑至下方箭头左端时,U 为负值。

通过实验我们可以发现以下结论。

(1) 存在饱和电流 i_S,饱和电流的大小与入射光的强度成正比。图 20-5 所示的是在入射光频率和强度一定时,光电流 i 与加速电压 U_{AK} 的关系。光电流 i 随着加速电压 U_{AK} 的增加而增加,当增加到一定数值后,光电流 i 就不再增加了,此时最大的光电流称为**饱和电流** i_S。若在不改变入射光频率的条件下改变光强,我们发现**饱和电流与入射光的强度成正比。**

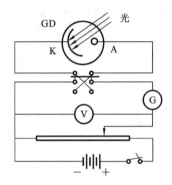

图 20-4　光电效应实验装置示意图

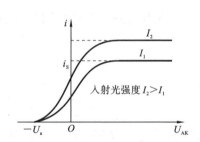

图 20-5　光电流与电压之间的关系

(2) 存在遏止电压 U_a。如图 20-5 所示,当入射光频率 ν 和光强一定时,光电子定向运动形成的光电流随着正向电压 U_{AK} 的减小而减小;当正向电压为零时,仍有光电流,只有当电压改变极性为某个反向电压值 U_a 时,其电流才为零。这个反向电压称为**遏止电压**,这表明光电子存在最大初速度,即

$$E_{k,\max}=\frac{1}{2}mv_{\max}^2=eU_a \qquad (20\text{-}13)$$

式中,m 和 e 分别为电子的静止质量和电量,$v_{\max}$ 为光电子逃逸出金属表面时的最大速率。

在给定的金属材料中,遏止电压与光强无关,而与入射光的频率满足线性关系,如图 20-6 所示,其关系式为

$$U_a=K\nu-U_0 \qquad (20\text{-}14)$$

其中,K 为常数,不依赖于金属的种类;而 U_0 依赖于金属的种类。联立式(20-13)和式(20-14),可得

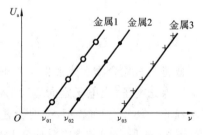

图 20-6　遏止电压与入射光频率的关系

$$\frac{1}{2}mv_{\max}^2 = eU_a = eK\nu - eU_0 \qquad\qquad (20\text{-}15)$$

上式表明:光电子的初动能随着入射光的频率线性增加,与入射光的强度无关。eU_0 称为金属的逸出功,用 A 表示,只有当 $\nu \geqslant \nu_0 = \dfrac{U_0}{K}$ 时,才会有光电子逸出。

（3）存在截止频率（红限频率）ν_0。对一定的金属,当入射光的频率小于某一个值 ν_0 时,无论如何增加光强、照射多长时间,都没有光电子逸出。这个最小的频率 ν_0 称为该金属的光电效应的**截止频率**,也称为**红限频率**。相应的红限波长 $\lambda_0 = \dfrac{C}{\nu_0}$。不同物质的红限频率是不同的,如表 20-1 所示。

表 20-1　几种金属的逸出功和红限频率（波长）

金属	逸出功 A/eV	红限频率 $\nu_0/10^{14}\ \mathrm{Hz}$	红限波长 $\lambda_0/\mu\mathrm{m}$	金属	逸出功 A/eV	红限频率 $\nu_0/10^{14}\ \mathrm{Hz}$	红限波长 $\lambda_0/\mu\mathrm{m}$
铯(C_s)	1.94	2.25	2.29	锌(Zn)	3.38	4.54	4.63
钾(K)	4.69	5.44	5.53	钨(W)	8.06	10.95	11.19
钠(Na)	0.639	0.551	0.541	银(Ag)	0.372	0.273	0.267

（4）光电效应瞬时响应。当一定频率的光照射到 K 表面时,无论入射光的强度如何,真空管内几乎立刻出现光电子,并很快形成光电流。也就是说,光电效应是瞬时的,弛豫时间小于 10^{-9} s。

20.2.2　爱因斯坦光子理论（包含光的波粒二象性）

经典电磁理论在解释光电效应实验时陷入了困境。在经典电磁理论中,光是电磁波,电磁波的能量取决于其强度,与频率无关。经典电磁理论对光电效应的解释是:金属表面的电子受到入射光的照射而做受迫振动,从入射光中吸收能量,进而逸出金属表面。因此光电子逸出的动能应取决于光的强度,而与频率无关,但实验却表明逸出的动能与光强无关而随频率的变化而变化;只要照射的时间足够长,就会有光电子的逸出,也就不存在红限频率,但实验却表明存在红限频率。同时,光电子的逸出需要电子从入射光中吸收足够的能量,这就存在能量累积的过程,也就是说光电子的逸出需要时间积累,但实验却表明无论入射光的强弱,只要其频率大于红限频率,光电子的逸出是瞬时的。利用经典电磁理论解释光电效应,却出现种种与实验相矛盾的现象,都暗示了光的波动说的缺陷,也说明光的本质并非只是简单的波动。

为了进一步解释光电效应的实验规律,爱因斯坦于 1905 年在普朗克能量子假设的基础上提出了关于光的本性的认识,即**光量子假说**。他认为:辐射物体上的谐振子不仅在发射和吸收时能量是量子化的,光在空间传播时也具有粒子性。在真空中,光是一束以光速 c 运动的粒子流,这些光粒子称为**光子**。每个光子的能量为 $\varepsilon = h\nu$。光

的能流密度 S,它取决于单位时间内通过垂直于光传播方向上单位面积的光子数 N,即 $S=Nh\nu$。

爱因斯坦对光电效应进一步解释为:当光照射到金属表面时,表面的电子捕获一个光子,便获得了 $h\nu$ 的能量,这部分能量一部分用于消耗金属表面对电子逃逸时所需要的逸出功 A,另一部分转化为光电子的初动能 $\frac{1}{2}mv_\mathrm{m}^2$。依据能量守恒定律,可得

$$\frac{1}{2}mv_\mathrm{m}^2=h\nu-A \tag{20-16}$$

这就是**爱因斯坦光电效应方程**。

接下来,利用爱因斯坦光电效应方程解释其实验规律。首先,依据光子理论,当入射光的频率 ν 一定时,光强越大,单位时间到达金属表面的光子数目也就越多,产生的光电子数目也就越多,饱和光电流 i_S 也就越大,饱和光电流与入射光强成正比。

然后,式(20-16)表明了光电子的初动能与入射光的频率成正比,与光强无关。

其次,对于给定的金属,只有当照射光光子的能量大于或等于金属的逸出功时,才会有光电子的产生。也就是说,光电子的初动能 $\frac{1}{2}mv_\mathrm{m}^2\geq0$,即 $h\nu-A\geq0$。因此

$$\nu\geq\nu_0=\frac{A}{h} \tag{20-17}$$

上式表明:红限频率依赖于金属的逸出功,与金属的种类有关。

最后,当光照射金属时,光子的全部能量会被电子一次性吸收,不需要能量积累的时间,这表现为光电效应响应的瞬时性。

利用光电效应中光电流与入射光强成正比的特性,可以制造光电转换器,实现光信号与电信号之间的相互转换。这些光电转换器如光电管等,广泛应用于光功率测量、光信号记录、电影、电视和自动控制等诸多方面。

光电倍增管是把光信号变为电信号的常用器件。当光照射到阴极 K,使它发射光电子,这些光电子在电压作用下加速轰击第一阴极 K_1,使之又发射更多的次级光电子,这些次级光电子再被加速轰击第二阴极 K_2,如此继续下去,利用 10 多个倍增阴极,可以使光电子数增加 $10^5\sim10^8$ 倍,从而产生很大的电流。这样一束微弱的入射光,即被转变成放大了的光电流,可以通过电流计显示出来。它在科研、工程和军事上有很广泛的应用。

例 20-2 要从铝中移出一个电子需要提供 4.2 eV 的能量,现有波长为 200 nm 的光照射到铝的表面。试问:

(1) 由此发射出来的光电子的最大动能是多少?

(2) 遏止电压是多少?

(3) 铝的截止波长是多少?

解 (1)已知光电子从铝的表面逸出时所需的逸出功 $A = 4.2$ eV,根据光电效应公式 $h\nu = \frac{1}{2}mv_m^2 + A$,所以光电子的最大动能为

$$E_{max} = \frac{1}{2}mv_m^2 = h\nu - A = \frac{hc}{\lambda} - A = \frac{6.63 \times 10^{-34} \times 3 \times 10^8}{2000 \times 10^{-10}} - 4.2 \times 1.6 \times 10^{-19} (J)$$

$$= 3.23 \times 10^{-19} (J) = 2.0 (eV)$$

(2)当加上反向电压使光电流为零时,有

$$eU_a = E_{max} = \frac{1}{2}mv_m^2$$

所以铝的遏止电压为

$$U_a = \frac{mv_m^2}{2e} = \frac{6.46 \times 10^{-19}}{2 \times 1.6 \times 10^{-19}} (V) = 2.0 (V)$$

(3)当光子的能量全部用于克服金属的作用做功时,金属发射光电子的动能为零,则 $h\nu_0 = A$,所以铝的截止波长为

$$\lambda_0 = \frac{c}{\nu_0} = \frac{hc}{A} = \frac{6.63 \times 10^{-34} \times 3 \times 10^8}{4.2 \times 1.60 \times 10^{-19}} (m) = 2.96 \times 10^{-7} (m) = 0.296 (\mu m)$$

光子不仅具有能量,而且还有质量、动量等一般粒子共有的特性,即

$$m = \frac{\varepsilon}{c^2} = \frac{h\nu}{c^2} \tag{20-18}$$

$$p = mc = \frac{h\nu}{c} = \frac{h}{\lambda} \tag{20-19}$$

能量、质量和动量描述了光子的粒子性,而频率和波长描述了光子的波动性,这种双重性质称为**光的波粒二象性**,它们之间靠普朗克常数 h 联系起来。光对反射面有光压,证实了光有质量和动量,列别捷夫曾精确测定了微小的光压。光在某些情况下突出地表现为波动性,而在另一些情况下又突出地表现为粒子性。

由于爱因斯坦发展了普朗克的思想,提出了光子学说,成功地解释了光电效应的实验规律,从而荣获 1921 年诺贝尔物理学奖。

20.3 康普顿散射

20.3.1 康普顿散射及其实验规律

1923 年康普顿研究了 X 射线经石墨晶体散射的实验,发现一部分散射波的波长不变,而另一部分散射波的波长变长。这种散射现象称为**康普顿散射**。我国物理学家吴有训用 7 种不同的晶体材料做 X 射线散射实验,进一步验证了康普顿散射的普遍性。康普顿散射进一步证实了爱因斯坦的光量子理论,康普顿因此获得了 1929 年诺贝尔物理学奖。

康普顿散射实验装置如图 20-7 所示。X 射线源发射一束波长为λ_0的 X 射线,投射到一块石墨上。从石墨中出射的 X 射线将沿着各个方向发散,不同方向上的散射光强度及其波长用 X 射线谱仪来测量。

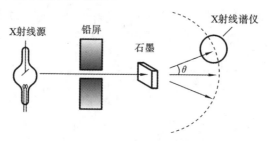

图 20-7　康普顿散射实验装置

图 20-8 所示的是康普顿散射在不同物质上的实验结果,概括起来有以下几点。

(1) 散射光中除了有与入射波波长λ_0相同的成分外,还有比λ_0大的波长,波长差$\Delta\lambda = \lambda - \lambda_0$与散射角 θ 有关,它随着散射角的增加而增大(见图 20-8(a))。

(2) 当散射角 θ 确定时,波长的增加量 $\Delta\lambda$ 与散射物质的性质无关(吴有训的实验验证,见图 20-8(b))。

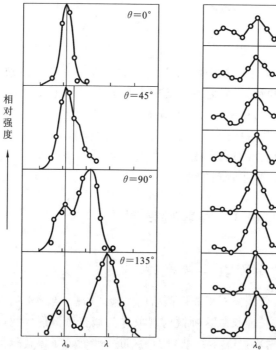
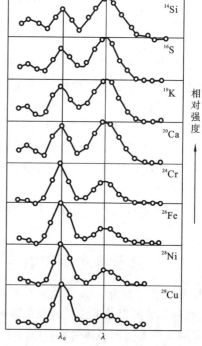

(a) 某物质的不同散射角的康普顿效应　　(b) 同一散射角下不同物质的康普顿效应

图 20-8　康普顿散射实验结果

(3) 康普顿散射的强度与散射物质有关。原子量小的散射物质，康普顿散射较强，原波长的谱线强度较低；反之相反。

20.3.2 康普顿散射的理论解释

按经典电磁理论，光的散射是带电粒子在入射光电场作用下做受迫振动，散射光与入射光应该具有相同的波长。但这种解释与康普顿实验出现了矛盾。

按照爱因斯坦光量子理论，电磁波是一束光子流，每一个光子和实物粒子一样具有动量和能量。康普顿散射就是X射线中的光子与散射物质中静止的自由电子发生完全弹性碰撞的结果。在碰撞过程中，光子与电子之间碰撞遵守能量守恒和动量守恒，电子受到反冲而获得一定的动量和动能，因此散射光子能量要小于入射光子能量。由光子的能量与频率之间的关系 $\varepsilon=h\nu$ 可知，散射光的频率要比入射光的频率低，因此散射光的波长 $\lambda>\lambda_0$。如果入射光子与原子中被束缚得很紧的电子碰撞，光子将与整个原子做弹性碰撞（如乒乓球碰铅球），散射光子的能量就不会显著地减小，所以观察到的散射光波长就与入射光波长相同。

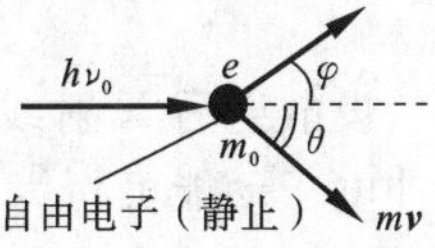

图 20-9 光子与自由电子弹性碰撞

我们以光子和静止的自由电子的完全弹性碰撞为例对康普顿散射进行理论分析。图 20-9 所示的是光子与自由电子弹性碰撞的示意图。设一频率为 ν_0 的光子流沿水平方向传播，入射光子的能量为 $h\nu_0$，动量大小为 $\frac{h\nu_0}{c}$，方向为水平向右，与一静止的自由电子发生碰撞后散射。散射光子的能量为 $h\nu$，动量大小为 $\frac{h\nu}{c}$，方向与入射光子的运动方向成 φ 角。与此同时，反冲电子沿角度 θ 方向运动，其能量为 mc^2，动量为 $m\boldsymbol{v}$。

根据相对论质量、能量和动量关系，有

$$\begin{cases} h\nu_0+m_0c^2=h\nu+mc^2 \\ \dfrac{h\nu_0}{c}\boldsymbol{n}_0=\dfrac{h\nu}{c}\boldsymbol{n}+m\boldsymbol{v} \end{cases} \tag{20-20}$$

式中，m_0、m 分别为电子的静止质量和运动质量，它们之间关系为 $m=m_0/\sqrt{1-(v/c)^2}$；$\boldsymbol{n}_0$ 和 $\boldsymbol{n}$ 分别为入射光子和散射光子运动方向的单位矢量，它们之间的夹角 φ 为散射角。将式(20-20)中第二式写成分量式，即

$$\begin{cases} \dfrac{h\nu_0}{c}=mv\cos\theta+\dfrac{h\nu}{c}\cos\varphi \\ 0=mv\sin\theta-\dfrac{h\nu}{c}\sin\varphi \end{cases} \tag{20-21}$$

联立方程组消去 θ，得

$$\Delta\lambda=\lambda-\lambda_0=\frac{2h}{m_0c}\sin^2\left(\frac{\varphi}{2}\right)=\lambda_c(1-\cos\varphi) \tag{20-22}$$

式中，$\lambda_c = \dfrac{h}{m_0 c} = 2.43 \times 10^{-12}\,m$，称为**电子的康普顿波长**。式（20-22）表明 $\Delta\lambda$ 与散射物质和入射光的波长无关。

康普顿散射实验及其理论分析的一致性不仅证明了爱因斯坦的光量子理论，还证明了在光电相互作用的过程中也严格遵守能量、动量守恒定律，明确了光的波粒二象性。

例 20-3 一束波长为 0.003 nm 的 X 射线在静止的自由电子上发生散射。如果反冲电子的速度是光速的 0.6 倍，求散射后 X 射线的波长，以及散射 X 射线与入射 X 射线之间的夹角。

解 由于反冲电子的速度很高，$v = 0.6c$，它与光速能够相比较，所以不能忽略。因此，必须考虑相对论效应，此时反冲电子的动能为

$$E_k = mc^2 - m_0 c^2 = \left(\frac{1}{\sqrt{1 - \dfrac{v^2}{c^2}}} - 1 \right) m_0 c^2 = \left(\frac{1}{\sqrt{1 - \dfrac{(0.6c)^2}{c^2}}} - 1 \right) m_0 c^2 = 0.25 m_0 c^2$$

入射 X 射线光子的波长 $\lambda_0 = 0.003$ nm $= 0.030 \times 10^{-10}$ m，因此入射光子的能量 $\varepsilon_0 = hc/\lambda_0$。

设散射后 X 射线的波长为 λ，其散射光子的能量是 $\varepsilon = hc/\lambda$，由能量守恒定律知，反冲电子动能可写为

$$E_k = \varepsilon_0 - \varepsilon = \frac{hc}{\lambda_0} - \frac{hc}{\lambda}$$

故散射光子的波长为

$$\lambda = \frac{hc}{\dfrac{hc}{\lambda_0} - E_k} = \frac{1}{\dfrac{1}{\lambda_0} - \dfrac{0.25 m_0 c}{h}} = \left(\frac{1}{0.030 \times 10^{-10}} - \frac{0.25 \times 9.11 \times 10^{-31} \times 3 \times 10^8}{6.63 \times 10^{-34}} \right)^{-1} (\text{m})$$

$$= 4.34 \times 10^{-12} (\text{m})$$

利用康普顿散射公式：

$$\Delta\lambda = \lambda - \lambda_0 = \frac{2h}{m_0 c} \sin^2 \frac{\varphi}{2}$$

有
$$\sin \frac{\varphi}{2} = \left(\frac{m_0 c \Delta\lambda}{2h} \right)^{\frac{1}{2}} = \left(\frac{9.11 \times 10^{-31} \times 3 \times 10^8 \times 1.34 \times 10^{-12}}{2 \times 6.63 \times 10^{-34}} \right)^{\frac{1}{2}} = 0.526$$

则散射角为

$$\varphi = 63°24'$$

20.4 氢原子光谱 玻尔氢原子理论

20.4.1 氢原子光谱

1897 年汤姆逊（J. J. Thomson）发现了电子，并断定电子是原子的重要组成部

分,从而把人类对世界的认识带入原子的微观世界。探索原子内部结构也便成了物理学研究的核心任务之一。研究物质结构及组成常用的方法是碰撞和燃烧。燃烧是基于原子发光,这是原子重要现象之一。

19 世纪末 20 世纪初,人们积累了大量有关原子光谱的实验数据,发现每一种原子都有其特定的光谱,称为特征光谱。这说明光谱中含有原子的重要信息。通过光谱的分析可以了解原子内部结构及其组成。氢原子是最简单的原子,其光谱也就自然成了当时人们研究原子的首选和重点。从中可以看出,人们对自然界的认识是从简单到复杂,并逐步深入的。

人们在研究氢原子光谱时很早就发现了在可见光部分存在四条谱线:H_α,H_β,H_γ,H_δ,并精确地测出其对应的波长,如图 20-10 所示。

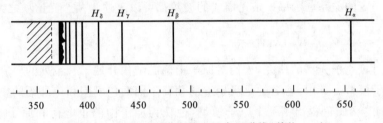

图 20-10　氢原子光谱中的巴耳末系谱线(单位:nm)

1885 年,瑞士数学家巴耳末对其分析研究,采用归纳法,将氢原子的光谱波长用一个经验公式来表示:

$$\lambda = B\,\frac{n^2}{n^2 - 2^2} \tag{20-23}$$

式中,$B = 365.47$ nm,n 为正整数,$n = 3, 4, 5, \cdots$ 时分别给出 H_α,H_β,H_γ 等谱线的波长。

光谱学中也用频率 ν 或波数 $\tilde{\nu} = \dfrac{1}{\lambda}$ 来表示,$\tilde{\nu}$ 的意义是单位长度内所含有的波的数目,式(20-23)可写成

$$\tilde{\nu} = \frac{1}{\lambda} = \frac{4}{B}\left(\frac{1}{2^2} - \frac{1}{n^2}\right) \tag{20-24}$$

此式称为**巴耳末公式**。可见光范围内的谱线称为氢原子光谱的**巴耳末系**。

1889 年,瑞典物理学家里德伯进一步提出了推广的**里德伯公式**:

$$\tilde{\nu} = R_H\left(\frac{1}{m^2} - \frac{1}{n^2}\right), \quad m = 1, 2, 3, \cdots; n = m+1, m+2, m+3, \cdots \tag{20-25}$$

其中,$R_H = 1.096776 \times 10^7$ m^{-1} 称为**里德伯常数**。

不同的 m 值对应不同的线系,同一个 m 值不同的 n 值、对应相应线系中不同的谱线。例如,1908 年帕邢在红外区发现了对应于 $m = 3$ 的光谱线系,称为**帕邢系**;1916 年赖曼在紫外区发现了对应于 $m = 1$ 的光谱线系,称为赖曼系,以及后来的布喇

开系($m=4$)和普芳德系($m=5$)。

在氢原子光谱研究的基础上,里德伯、里兹等人发现所有碱金属原子的光谱线也有着与氢原子光谱类似的规律,即原子的光谱可分为不同的线系,其波数均可表述为

$$\tilde{\nu}=T(k)-T(n) \tag{20-26}$$

式中,n、k 为正整数,$T(k)$ 和 $T(n)$ 称为**光谱项**。上式称为**里兹并合原理**。对于碱金属原子,其光谱项为

$$T(k)=\frac{R}{(k+\alpha)^2}, \quad T(n)=\frac{R}{(n+\beta)^2}$$

式中,α、β 为小于 1 的修正项,由具体的元素和光谱线系确定。

总之,原子光谱具有以下普遍规律:① 原子光谱是分立的线状谱;② 各条谱线之间具有一定的关系;③ 每一条光谱线的波数都可以表述为两个光谱项之差。

20.4.2 α粒子散射实验

通过对氢原子光谱的研究,人们对原子内部的结构开展了一系列的研究,提出了不同的原子模型。其中,著名的是汤姆逊的葡萄干圆面包模型和卢瑟福的核模型。

1903 年,汤姆逊提出了一个原子模型,他认为原子中的正电荷和原子的质量均匀地分布在半径为10^{-10} m 的球体内(就像一个球形面包),而带负电的电子则像葡萄干一样镶嵌在这个球体内并在它的平衡位置附近做简谐振动,同时辐射电磁波。人们观察到的原子光谱就是这些电子的振动频率。人们形象地将其称为葡萄干圆面包模型,它能解释原子发光、散射等问题,但被以后的实验,特别是他的学生卢瑟福的 α粒子散射实验所否定。

1909 年,卢瑟福用 α粒子去轰击金箔来验证汤姆逊的原子模型,这就是著名的 α粒子散射实验。他的实验装置如图 20-11(左图)所示。放射源镭发射出的 α粒子去轰击金箔,在原子中带电物质的电场作用力下发生偏转,从而发生散射现象。实验发现:绝大部分 α粒子经金箔散射后,散射角很小,但仍有部分的 α粒子发生了大角度的偏振,甚至大于 90°,如图 20-11(右图)所示。显然,汤姆逊的原子模型不能解释这样的实验现象。

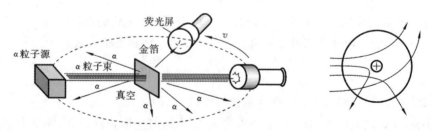

图 20-11 α粒子散射实验装置示意图(左图)及实验现象示意图(右图)

为了解释大角度散射的实验现象，卢瑟福于 1911 年提出了原子的核结构模型，也称为行星模型，如图 20-12 所示。他认为：原子的中心是原子核，原子核带正电且几乎占有了整个原子的质量；带负电的电子在以原子核为中心做绕原子核运动；原子核的体积比原子的体积小得多。我们现在知道原子半径为 10^{-10} m，而原子核的半径为 $10^{-15} \sim 10^{-14}$ m。

图 20-12 原子的核式结构模型

20.4.3 玻尔氢原子理论

卢瑟福的原子核模型可以成功解释 α 粒子散射实验，但在解释氢原子光谱时使经典物理处于困惑局面。

按照经典电磁理论，电子绕原子核运动时做加速运动，电子将不断地向四周辐射能量，这就导致电子绕核运动的轨道半径越来越小，最终被原子核捕获，从而得到原子是不稳定的。这与实验不符。

同时，电子绕核运动过程中其轨道半径和转动频率也会不断变化，它辐射电磁波的频率也应该是连续变化的，而不应该是分离的，但实验测得的原子光谱却是分离的线状谱。这也与实验不符。

实践是检验真理的唯一标准，这就需要对理论进行修正或突破。1913 年，丹麦物理学家玻尔结合卢瑟福原子核模型和爱因斯坦光量子理论，提出了玻尔的氢原子理论（见图 20-13），包括定态假设、跃迁假设和角动量子化假设。

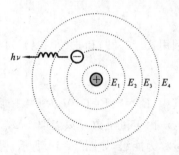

图 20-13 玻尔氢原子理论

（1）定态假设：原子系统只能处在一系列不连续的能量状态，在这些状态中，虽然电子绕核运转，但并不辐射电磁波，这些状态称为原子的**定态**，相应的能量为 $E_1, E_2, E_3, \cdots (E_1 < E_2 < E_3 \cdots)$。

（2）跃迁假设：当原子从能量为 E_n 的定态跃迁到另一能量为 E_k 的定态时，就要吸收或放出一个光子，光子频率 ν_{kn} 为

$$\nu_{kn} = \frac{|E_n - E_k|}{h} \tag{20-27}$$

其中，h 为普朗克常数。

(3) 角动量量子化条件:电子绕核运转的轨道角动量 L 等于 $\hbar=\dfrac{h}{2\pi}$ 的整数倍,即

$$L=n\hbar=n\frac{h}{2\pi} \quad n=1,2,3,\cdots \tag{20-28}$$

其中,$\hbar=1.05457266\times10^{-34}$ J·s,称为约化普朗克常数。

依据定态假设,原子中的电子绕原子核做圆周运动,由库仑定律及牛顿运动定律可得

$$\frac{e^2}{4\pi\varepsilon_0 r^2}=m\frac{v^2}{r} \tag{20-29}$$

根据量子化假设,有

$$L=mvr=n\frac{h}{2\pi}, \quad n=1,2,3,\cdots \tag{20-30}$$

联立式(20-29)和式(20-30)消去 v,得

$$r_n=\frac{\varepsilon_0 h^2}{\pi m e^2}n^2=n^2 r_1, \quad n=2,3,4,\cdots \tag{20-31}$$

其中,

$$r_1=\frac{\varepsilon_0 h^2}{\pi m e^2}=5.29\times10^{-11}(\text{m}) \tag{20-32}$$

式中,r_1 为玻尔半径,它是氢原子中电子轨道的最小值。

电子的能量等于原子核与轨道电子组成的带电系统的电势能和电子运动动能之和,若以无穷远处为零电势能点,则

$$E_n=\frac{1}{2}mv_n^2-\frac{e^2}{4\pi\varepsilon_0 r_n} \tag{20-33}$$

利用式(20-29)和式(20-31),可得

$$E_n=-\frac{me^4}{8\varepsilon_0^2 h^2}\frac{1}{n^2}=E_1\frac{1}{n^2} \tag{20-34}$$

其中,$E_1=-13.6$ eV 为 $n=1$ 时氢原子的能量,也称为氢原子的基态能量。

由于量子数 n 只能取 1,2,3 等正整数,原子系统的能量是不连续的,量子化的能量称为**能级**,如图 20-14 所示。当 $n\to\infty$ 时,$E_n\to0$,能级趋于连续。当能量 $E>0$ 时,原子发生电离,能量可连续变化。当量子数 n 趋于无限大时,玻尔理论得出的结果与经典理论的结果相一致。

依据跃迁假设,当原子从高能级 E_n 向低能级 E_k 跃迁时,发射一个光子,其频率和波数分别为

$$\nu_{nk}=\frac{E_n-E_k}{h}$$

$$\tilde{\nu}_{nk}=\frac{E_n-E_k}{hc}=\frac{2\pi^2 me^4}{(4\pi\varepsilon_0)^2 h^3 c}\left(\frac{1}{k^2}-\frac{1}{n^2}\right)$$

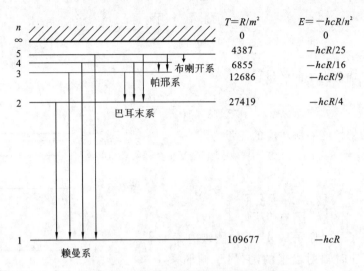

	$T=R/n^2$	$E=-hcR/n^2$
n	0	0
5	4387	$-hcR/25$
4	6855	$-hcR/16$
3	12686	$-hcR/9$
2	27419	$-hcR/4$
1	109677	$-hcR$

布喇开系
帕邢系
巴耳末系
赖曼系

图 20-14　氢原子的能级跃迁及其光谱系

将上式与氢原子光谱的里德伯公式进行比较,可得里德伯常数的理论值为

$$R_{理论}=\frac{2\pi^2 m e^4}{(4\pi\varepsilon_0)^2 h^3 c}=1.0973731\times10^7\,(\mathrm{m}^{-1})$$

这与实验结果相符合。

　　玻尔理论成功地解释了原子的稳定性、大小及氢原子光谱的规律性,为人们认识微观世界和量子理论的建立打下了坚实的基础。由于研究原子结构和原子辐射的贡献,玻尔荣获 1922 年诺贝尔物理学奖。玻尔理论中的定态、量子化、跃迁等概念直到现在仍然有效,它对量子力学发展贡献很大。但玻尔理论也有其局限性,首先,它无法解释比氢原子复杂的原子的光谱规律,也无法解释谱线的精细结构、亮度和偏振等问题。从理论上而言,玻尔的氢原子理论没有抛弃电子轨道的概念,仍把电子看作经典粒子,利用生硬的量子化假设来限定其运动,这是半经典半量子化的理论,其在逻辑上的缺陷也导致其不是一个自洽的理论体系。但玻尔的氢原子理论是从经典物理到量子物理过渡的桥梁,起到承前启后的作用,也体现了人类对自然界认识的逐步深入。

　　例 20-4　当氢原子从某能态跃迁到激发能为 12.07 eV 的状态时,发射一个波长为 1281.8 nm 的光子。求原子在初始能态上的能量,并说明所辐射的光子属于哪个谱线系。

　　解　所谓激发能是把原子从基态激发到某个较基态高的能级上所需要的能量 ΔE,因此激发能为 12.07 eV 的状态所对应的能量等于基态能量加激发能,即

$$E=E_1+\Delta E=-13.58+12.07\,(\mathrm{eV})=-1.51\,(\mathrm{eV})$$

因为氢原子能量可写成 $E_H=-\dfrac{13.6}{n^2}$,因此可知这个能态所对应的量子数:

$$n=\sqrt{\frac{13.6}{|E|}}=\sqrt{\frac{13.6}{1.51}}=3$$

它的能级是 E_3。

氢原子辐射光子的能量：

$$\varepsilon=h\nu=\frac{hc}{\lambda}=\frac{6.63\times10^{-34}\times3\times10^{8}}{12818\times10^{-10}}\ (\mathrm{eV})=0.97\ (\mathrm{eV})$$

则氢原子的初始能态所对应的能量为

$$E'=E_3+\varepsilon=-1.51+0.97=-0.54\ (\mathrm{eV})$$

这时量子数

$$n=\sqrt{\frac{13.6}{|E'|}}=\sqrt{\frac{13.6}{0.54}}=5$$

所以辐射光子是氢原子从 $n=5$ 的能级向 $n=$ 3 的能级跃迁时辐射出来的，它属于帕邢系，如图 20-15 所示。

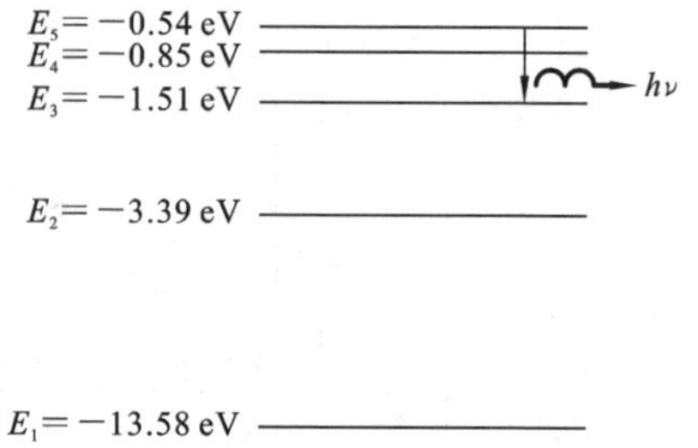

$E_5=-0.54\,\mathrm{eV}$
$E_4=-0.85\,\mathrm{eV}$
$E_3=-1.51\,\mathrm{eV}$ $h\nu$

$E_2=-3.39\,\mathrm{eV}$

$E_1=-13.58\,\mathrm{eV}$

图 20-15　例 20-4 图

思 考 题

20-1　一般温度计测量温度时要与被测物体进行热接触,对于无法进行热接触的物体,比如炼钢炉内炽热的钢水以及遥远的星体,我们可以用怎样的办法来测量它们的温度呢?

20-2　刚粉刷过内墙的房间从远处看,即使是在白天,它开着的窗口也是黑的,这是为什么?

20-3　在光电效应实验中,分别将入射光的强度和波长减小一半,对实验结果会有怎样的影响?

20-4　在光电效应方程中,为什么说 $\frac{1}{2}mv_{\mathrm{m}}^{2}=h\nu-A$ 是逸出光电子的最大初动能?

20-5　如果用可见光做康普顿散射实验,实验结果会如何?

20-6　光电效应和康普顿散射都可以解释为光子与电子的相互作用,作用过程中的能量和动量是不是都守恒?

20-7　相同波长的电子和光子,它们的频率、动量、动能相同吗?

20-8　解释以下概念:定态、基态、激发态、束缚态、电离态。

20-9　玻尔的氢原子理论主要基于哪些基本假设?

20-10　玻尔氢原子理论中,为何原子的总能量为负值?当氢原子处于 $n=3$ 的能级时,其能量是多少?电离能是多少?

习 题

20-1　夜间地面降温主要是由于地面的热辐射。假设晴朗的夜间地面温度为 $2\,℃$,将地面视为黑体,估算每平方米地面失去热量的速率是多少?

20-2 地球表面太阳光的强度约为 $1.0 \text{ kW} \cdot \text{m}^{-2}$，设某一太阳能水箱的涂黑面正对阳光，请按黑体辐射的规律计算达到热平衡时，水箱的温度可以达到多少摄氏度？

20-3 测得从某壁炉小孔辐射出来的单位面积的辐射功率为 $20 \text{ W} \cdot \text{cm}^{-2}$，求炉内温度和辐射谱中的极值波长。

20-4 银河系宇宙空间内星光的能量密度为 $10^{-15} \text{ J} \cdot \text{m}^{-3}$，其光子的数密度是多少（假定光子的平均波长为 500 nm）？

20-5 在距离功率为 1.0 W 的灯泡 1.0 m 处垂直于光线放置一钾片，钾片的逸出功为 2.25 eV，若钾片中的一个电子可以在 $r = 1.3 \times 10^{-10} \text{ m}$ 的圆面积内吸收电磁波的能量。按照经典的电磁理论，钾片中的一个电子要逸出金属表面，需要多少时间？

20-6 波长为 200 nm 的单色光照射金属表面，逸出光电子的最大动能是 2.0 eV。

（1）求金属的逸出功；

（2）求该金属的红限频率；

（3）若改用 100 nm 的单色光照射金属表面，金属的逸出功和红限频率是多少？逸出光电子的最大动能是多少？

20-7 在康普顿实验中，能量为 0.5 MeV 的入射光子射中一个电子，该电子获得的动能为 0.1 MeV，问散射光子的波长和散射角是多少？

20-8 波长为 0.0710 nm 的 X 射线入射到石墨上，与入射角方向成 45°角的散射 X 射线的波长是多少？反冲电子的动量是多少？

20-9 在康普顿散射中，入射 X 射线的波长为 0.003 nm，测得反冲电子的速率为 $0.6c$，求散射 X 射线的波长和散射方向。

20-10 在康普顿散射中，电子可能获得的最大能量是 60 keV，求入射光子的波长和能量。

20-11 根据氢原子光谱规律计算巴耳末线系中最短和最长的谱线波长。

20-12 波长为 63.6 nm 的紫外线照射在基态氢原子上，可否使之电离？其激发出的光电子动能是多少？光电子远离原子核后的运动速度是多少？

20-13 根据玻尔的氢原子理论，

（1）计算氢原子的基态和第一激发态的能量；

（2）计算氢原子第一激发态的激发能；

（3）分别计算电子在基态及第一激发态轨道运行时的德布罗意波长。

20-14 已知氢原子的某一谱线系的极限波长为 364.7 nm，其中有一谱线波长为 656 nm。试由玻尔理论求该波长相应的始、末态能级的能量。

第21章 量子力学初步

量子力学是描述微观粒子运动规律的理论体系。从 1924 年德布罗意提出微观粒子的波粒二象性开始,人们对微观粒子的本性及其运动规律展开了细致的研究。经过海森堡、薛定谔、伯恩和狄拉克等物理学家的开创性工作,量子力学逐步成熟并成为完整的理论体系。

本章将从德布罗意物质波开始,讨论微观粒子的不确定关系,进而学习描述微观粒子运动状态的波函数及其物理意义,最后学习波函数遵循的薛定谔方程及其在一维定态问题中的应用。

21.1　德布罗意波　微观粒子的波粒二象性

21.1.1　德布罗意波

人们从光的本性——波粒二象性——的深入认识得到启发,静止质量不为零的实物粒子,例如电子、质子和中子等,是否也具有波粒二象性呢?

1924 年,法国年轻物理学家德布罗意在光的波粒二象性的启发下提出了实物粒子也具有波粒二象性。他认为,整个世纪(20 世纪)以来,在光学中比起波动的研究方法来,如果说是过于忽视了粒子的研究方法的话,那么在实物的理论中,是否产生了相反的错误呢? 是不是我们把粒子的图象想得太多,而过分忽略了波的图象呢? 他还认为,不仅光具有波粒二象性,一切实物粒子也都具有波粒二象性,进而给出了与光子波粒二象性相似的公式:

$$E = m c^2 = h\nu \tag{21-1}$$

$$p = mv = \frac{m_0}{\sqrt{1 - v^2/c^2}} v = \frac{h}{\lambda} \tag{21-2}$$

式中,E 和 p 是实物粒子的能量和动量;λ 和 ν 是实物粒子对应的平面单色波的波长和频率。式(21-1)和式(21-2)称为**德布罗意关系式**,与实物粒子联系的波称为德布罗意波或物质波。从中可以看出,普朗克常数将实物粒子的波动性和粒子性联立起来。

德布罗意还指出:氢原子中电子沿圆轨道运动,该圆周长应等于波长的整数倍,它所对应的物质波在轨道上形成电子驻波(见图 21-1):

$$2\pi r = n\lambda, \quad n = 1, 2, 3, \cdots \tag{21-3}$$

再根据德布罗意关系,得出角动量量子化条件,即

$$p = \frac{h}{2\pi r} n \qquad (21\text{-}4)$$

$$L = rp = \frac{h}{2\pi} n = n\hbar \qquad (21\text{-}5)$$

这就是玻尔提出的量子化假设。

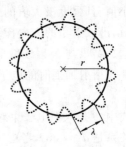

图 21-1　电子驻波

如不考虑相对论效应,经加速电压 U 加速的电子的德布罗意波长为

$$\lambda = \frac{h}{m_0 v} = \frac{h}{\sqrt{2e m_0}} \cdot \frac{1}{\sqrt{U}} = \frac{12.25}{\sqrt{U}} \qquad (21\text{-}6)$$

对宏观物体如飞行的子弹,其质量 $m = 10^{-2}$ kg,速度 $v = 5.0 \times 10^2$ m·s^{-1},对应的德布罗意波长为

$$\lambda = \frac{h}{mv} = 1.3 \times 10^{-25} (\text{nm}) \qquad (21\text{-}7)$$

此值太小以至无法测出。

对微观物体如电子,$m = 9.1 \times 10^{-31}$ kg,速度 $v = 5.0 \times 10^7$ m·s^{-1},对应的德布罗意波长为

$$\lambda = \frac{h}{mv} = 1.4 \times 10^{-2} (\text{nm})$$

可见宏观物体的物质波波长非常小,很难显示其波动性,而电子的德布罗意波长与晶格的间距有相同数量级,可以产生衍射现象。

21.1.2　德布罗意假设的实验验证　微观粒子的波粒二象性

德布罗意关于物质波的假设在提出后很快就得到了实验的验证,其中最有代表性的是电子散射实验、透射实验和双缝干涉实验。

1927 年,戴维孙和革末用电子束垂直投射到镍单晶进行了电子衍射实验研究,如图 21-2 所示。电子束经电场加速后垂直投射到镍单晶表面,在表面发生散射后向各个方向射出。实验发现,散射电子束的强度随着散射角的不同而出现极大值和极

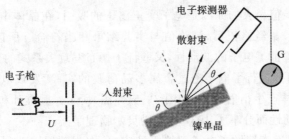

图 21-2　戴维孙-革末实验装置示意图

小值,且强度极大值的角度与电子束的加速电压有关。当加速电压加速到 $U=54$ V 时,沿散射角的方向探测到的散射电子束强度出现一个明显的峰值,如图 21-3 所示。这一结果与 X 射线散射相似,其强度分布可用德布罗意关系和衍射理论加以解释。

衍射加强时的电子德布罗意波长应满足布拉格公式,即

$$2d\sin\theta=k\lambda, \quad k=1,2,3,\cdots \tag{21-8}$$

式中,θ 是入射电子束对晶面的掠射角,d 是晶面间距。晶面间距 d 与镍原子的间隔关系是 $d=l\sin\theta$,考虑第一级衍射极大,有

$$l\sin2\theta=\lambda \tag{21-9}$$

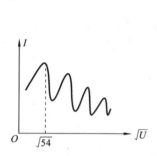

图 21-3　电流与加速电压之间的关系曲线　　图 21-4　晶体对垂直入射电子的衍射

由图 21-4 可知,电子相对于入射方向的散射角 φ 与掠射角 θ 之间有关系 $\varphi=\pi-2\theta$,因此式(21-9)可写成

$$l\sin\varphi=\lambda \tag{21-10}$$

当加速电压 $U=54$ V,加速电子的能量 $eU=\frac{1}{2}mv^2$,电子的德布罗意波长:

$$\lambda=\frac{h}{p}=\frac{h}{\sqrt{2meU}}=16.7 \text{（nm）} \tag{21-11}$$

镍的原子间隔是 21.5 nm,由此求出衍射第一极大的散射角度:

$$\varphi=\arcsin\frac{16.7}{21.5}\approx51°$$

理论值比实验值稍大的原因是电子受正离子的吸引,在晶体中的波长比在真空中稍小(动量稍大)。经修正后,理论值与实验结果相当符合。所以戴维孙-革末的电子衍射实验既验证了电子的波动性,又验证了德布罗意关系式的正确性。

1927 年,汤姆孙进行了电子透过金属多晶薄膜的实验,发现电子在穿过金属片后也像 X 射线一样产生衍射现象,如图 22-5(左图)所示。戴维孙和汤姆孙因各自独立验证电子的波动性而分享了 1937 年的诺贝尔物理学奖。

1961 年,约恩逊直接做了电子双缝干涉实验,在观测屏上获得了类似杨氏双缝干涉图样的照片,如图 21-5(右图)所示。

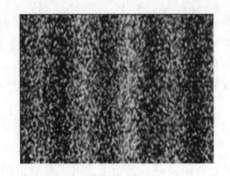

图 21-5　电子透过金属多晶时衍射图样(左图),电子双缝干涉图样(右图)

例 21-1　在电子双缝干涉实验中,电子加速电压为 50 kV,两缝之间的距离约为 2 nm,从屏到双缝的距离是 35 cm。试计算电子的德布罗意波长和干涉条纹间距离。

解　由于电子的波粒二象性,当电子被加速到很高的速度时,电子的德布罗意波长将很短,当该波通过上述双缝时,将产生干涉现象。

电子经电场加速后获得动能:

$$E_k = \frac{p^2}{2m_0} = eU$$

与此相应的德布罗意波长:

$$\lambda = \frac{h}{p} = \frac{b}{\sqrt{2m_0 eU}} = \frac{12.2}{\sqrt{U}} = 5.46 \times 10^{-3} (\text{nm})$$

双缝干涉的条纹间距:

$$\Delta x = \frac{\lambda D}{a} = \frac{0.0546 \times 35}{20} (\text{cm}) = 0.095 (\text{cm}) \approx 1 (\text{mm})$$

在电子波动性获得证实后,在其他一些实验中也观察到中性粒子如分子、原子和中子等微观粒子也具有波动性,1988 年蔡林格等人做了中子的双缝实验,同样验证了德布罗意公式。德布罗意公式成了波粒二象性统一性的基本公式,德布罗意因发现电子的波动性荣获 1929 年诺贝尔物理学奖。

实物粒子的衍射效应在近代科技中有广泛的应用,例如,中子衍射技术已成为研究固体微观结构的最有效的手段之一。光学仪器的分辨率与波长成反比,而电子的德布罗意波长比光波长短很多,例如在 100 kV 的加速电压下,电子的波长只有 0.004 mm,是可见光的十万分之一左右,因而利用电子波代替光波制成电子显微镜就可以有极高的分辨本领。现代的电子显微镜不仅可以直接看到如蛋白质一类的大分子,而且能分辨单个原子的尺寸,为研究物质结构提供了有力的工具。

21.2　不确定关系

由于微观粒子的波动性,就不能再将它们视为经典理论中的质点。那么,我们还能用"动量"和"位置"来描写微观粒子的运动状态吗？1927年，德国物理学家海森堡在哥本哈根玻尔研究所研究云室中的电子轨迹时提出了不确定关系，以解释微观粒子的动量和位置坐标不能同时准确的确定问题。它们的不确定量的乘积，约为普朗克常数的数量级。这在量子力学中给出了严格的证明，即

$$\Delta x \cdot \Delta p_x \geqslant \frac{\hbar}{2} \tag{21-12}$$

式中，Δx 表示粒子在 x 轴方向上的位置的不确定范围；Δp_x 表示在 x 轴方向上动量的不确定范围；$\hbar = \frac{h}{2\pi}$。由上式可以推导出相应的能量与时间的不确定度关系为

$$\Delta t \cdot \Delta E \geqslant \frac{\hbar}{2} \tag{21-13}$$

式(21-12)和式(21-13)称为**不确定关系**或**不确定原理**。它是自然界的客观规律，是量子理论中的一个基本原理。

例 21-2 电视显像管中电子的加速电压为 10 kV，电子枪口直径为 0.01 cm，电子横向位置的不确定量为 $\Delta x = 0.01$ cm，求其速度的不确定度。

解 由 $\Delta x \cdot \Delta p_x \geqslant \frac{\hbar}{2}$，可得

$$\Delta v_x \geqslant \frac{\hbar}{2m_e \Delta x} = \frac{1.054 \times 10^{-34}}{2 \times 9.91 \times 10^{-31} \times 10^{-4}} \ (\text{m} \cdot \text{s}^{-1}) = 0.58 \ (\text{m} \cdot \text{s}^{-1})$$

加速后电子速度约为 6×10^7 m·s^{-1}，且 $\Delta v_x \ll v$，所以电子的速度仍是相当确定的，波动对其没有实际影响，电子运动仍可按经典力学处理。

但我们在考虑原子中的电子时，由于电子位置的不确定量 $\Delta x \leqslant 10^{-10}$ m，则

$$\Delta v_x \geqslant \frac{\hbar}{2m_e \Delta x} = 0.6 \times 10^6 (\text{m} \cdot \text{s}^{-1})$$

结果表明：原子中电子速度的不确定量与其速度本身的大小可比较，甚至还大一些。因此，此时电子的运动应按照波动性处理。

微观粒子的位置和动量具有不确定性，可用电子单缝衍射实验验证。如图 21-6 所示，设有一束电子，以速度 v 沿 y 轴射向 AB 屏上的单缝，缝宽为 d，在屏幕 CD 上得到衍射图样，衍射的第一极小角为 θ_1，则

$$\sin \theta_1 = \frac{\lambda}{d}$$

电子位置在 x 轴方向上的不确定量为 $\Delta x = d$，由于衍射的缘故，电子在 x 轴方向上动量分量 p_x 具有各种不同的量值。如果只考虑衍射主极大区域，则 x 轴方向动量不确定度为

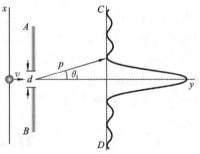

图 21-6 电子单缝衍射示意图

$$\Delta p_x = p\sin\theta_1 = \frac{h}{\lambda}\cdot\frac{\lambda}{d} = \frac{h}{d} = \frac{h}{\Delta x}$$

即

$$\Delta x \cdot \Delta p_x = h$$

如果考虑高次衍射条纹，Δp_x 还需要更大一些，由于 $\Delta p_x = p\sin\theta_1$，因此一般的有

$$\Delta x \cdot \Delta p_x \geqslant h$$

这就是海森堡分析得到的不确定关系。这里只是数量级的估算，虽然其结果与式(21-12)有一定差别，但足以说明坐标与动量的不确定关系确实存在。

不确定度关系不是仪器的误差，也不是人为测量误差造成的，而是波粒二象性的必然结果。我们只能说粒子位置不确定性越大（d 越宽），粒子的动量就越确定。

同样，由 $\Delta t \cdot \Delta E \geqslant \dfrac{\hbar}{2}$ 可知，能级的寿命越长，能级的宽度（ΔE）就越小。在原子能级中，只有基态是稳定态（$\Delta t \to \infty$），其能量值才是唯一确定的（$\Delta t = 0$）。而在其他能级，粒子的能量都有一个弥散值，形成一个"能带"。由能级跃迁产生辐射可知，能级宽度（ΔE）越小，单色性就越好（$\Delta\lambda$ 越小）。

例 21-3 试利用不确定关系估算氢原子的基态能量。

解 电子束缚在半径为 r 的球内，所以

$$\Delta x = r, \quad \Delta p \sim \frac{\hbar}{r}, \quad p \approx \Delta p \sim \frac{\hbar}{r}$$

当不计核的运动时，氢原子的能量就是电子的能量，即

$$E = \frac{p^2}{2m_e} - \frac{e^2}{4\pi\varepsilon_0 r}$$

用不确定关系代入上式，得

$$E = \frac{\hbar^2}{2m_e r^2} - \frac{e^2}{4\pi\varepsilon_0 r}$$

由于基态能满足 $\dfrac{\mathrm{d}E}{\mathrm{d}r} = 0$，得

$$-\frac{\hbar^2}{m_e r^3} + \frac{e^2}{4\pi\varepsilon_0 r} = 0$$

由此得出基态氢原子半径：

$$r_0 = \frac{4\pi\varepsilon_0 h^2}{4\pi^2 m e^2} = 0.529177\times10^{-10}\,(\mathrm{m})$$

基态氢原子的能量：

$$E_{\min} = -\frac{2\pi^2 m e^4}{(4\pi\varepsilon_0)^2 h^2} = -13.6\,(\mathrm{eV})$$

这与波尔理论结果一致。

例 21-4 已知原子中某激发态的平均寿命为 $\Delta t = 10^{-8}$ s，试利用不确定关系估

算该谱线的自然宽度。

解 由普朗克能量子假说 $E=h\nu$ 及不确定关系可知

$$\Delta\nu=\frac{\Delta E}{h}\approx\frac{1}{2\pi\Delta t}\sim1.59\times10^7(\text{Hz})$$

这就是谱线的自然宽度。

21.3 波函数及其统计解释

宏观物体的运动状态由位置坐标和动量来描述。但是对于微观粒子来说,由于不确定关系,其位置和动量不能同时被确定。也就是说,对于具有波粒二象性的微观粒子的描述就不能用经典物理中的位置和动量来描述,那么,该用什么物理量来描述呢?德布罗意关系式给出了表征粒子性的参数(能量、动量)和波动性的参数(频率、波长)之间的关系,这似乎给出了描述微观粒子的出路。但是,德布罗意物质波是什么样的波呢?又该如何定量地描述它呢?

1925年,薛定谔在德布罗意物质波假说的基础上提出了用**波函数**来描述微观粒子的运动状态。接下来,我们从自由粒子的波函数的构建来阐述。

一个具有动能 E 和动量 p 的自由粒子沿 x 轴运动,所对应的德布罗意物质波的频率和波长分别为

$$\nu=\frac{E}{h}=\frac{E}{2\pi\hbar} \tag{21-14}$$

$$\lambda=\frac{h}{p}=\frac{2\pi\hbar}{p} \tag{21-15}$$

沿 x 轴方向传播的平面波可用下式表示,即

$$y(x,t)=A\cos2\pi\left(\nu t-\frac{x}{\lambda}\right) \tag{21-16}$$

写成复数形式为

$$y(x,t)=A\mathrm{e}^{-2\pi\mathrm{i}\left(\nu t-\frac{x}{\lambda}\right)} \tag{21-17}$$

将德布罗意物质波关系式代入式(21-17)中,得到动能为 E 和动量为 p 的自由粒子平面物质波的波动方程,即

$$\Psi(x,t)=\Psi_0\mathrm{e}^{-\frac{\mathrm{i}}{\hbar}(Et-px)} \tag{21-18}$$

对于三维空间传播的自由粒子,波函数为

$$\Psi(\boldsymbol{r},t)=\Psi_0\mathrm{e}^{-\frac{\mathrm{i}}{\hbar}[Et-(p_x x+p_y y+p_z z)]}=\Psi_0\mathrm{e}^{-\mathrm{i}/\hbar[Et-\boldsymbol{p}\cdot\boldsymbol{r}]} \tag{21-19}$$

式中,Ψ_0 称为波函数的**复振幅**,一般为复数;$\boldsymbol{r}$ 是从三维直角坐标系的原点指向波面的径矢。

在经典物理中,波函数具有明确的物理意义,机械波的波函数表示介质中各质元离开平衡位置的位移;而电磁波的波函数表示空间各点的电场或磁场强度。那么,物

质波的波函数表示什么呢?

1926 年,伯恩提出了**物质波波函数的统计诠释**,即在某一时刻,微观粒子在空间某处出现的概率与物质波在该处的强度成正比。若描述微观粒子运动的波函数为 $\Psi(r,t)$,则在 t 时刻,空间 r 处体积元 dV 处发现粒子的概率为

$$dP(r,t)=|\Psi(r,t)|^2 dV=\Psi(r,t)\Psi^*(r,t)dV \qquad (21\text{-}20)$$

式中,$|\Psi(r,t)|^2$ 是波函数模的平方,$\Psi^*(r,t)$ 为 $\Psi(r,t)$ 的共轭复数。很显然,在 t 时刻,空间 r 处单位体积内发现粒子的概率为

$$P(r,t)=|\Psi(r,t)|^2=\Psi(r,t)\Psi^*(r,t) \qquad (21\text{-}21)$$

上式称为粒子在空间出现的**概率密度**。

由概率函数的性质可知,在全空间找到粒子的概率为 100%,因此

$$\int_V |\Psi(r,t)|^2 dV = 1 \qquad (21\text{-}22)$$

这就是波函数的**归一化条件**。同时,波函数还应满足**单值、连续和有限**,这就是波函数的标准条件。

物质波是一种概率波,这是量子力学完全摆脱经典观念、走向成熟的标志;波函数和概率密度是构成量子力学理论体系的最基本概念。有了它,就可以将波函数与可测量的物理量直接联系起来。

电子的双缝干涉实验是解释波函数的概率的有利证据。在实验中,通过控制电子流速,将电子一个个通过双缝。这时在感光底片上出现一个又一个分散的感光点,显示出电子的粒子性和随机性。然而随着入射电子数目的增多,逐步在底片上呈现出有规则的干涉图样,这显示出电子的波动性。同时还发现,若用强电子流在短时间内入射,也会得到相同的干涉图样。由此可见,电子的波动性质是由单个电子在多次实验中或由多个电子在一次实验中,以统计结果的形式表现出来的。图 21-7 自左到右分别展现了 7 个电子、100 个电子、3000 个电子和 70000 个电子的双缝干涉图样。

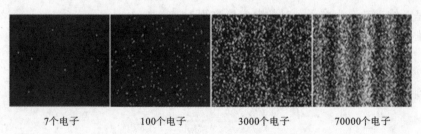

7个电子   100个电子   3000个电子   70000个电子

图 21-7 电子双缝干涉图样

从粒子观点分析,电子在底片上各个位置出现的概率并不是常数,有些地方出现的概率大,即出现干涉图样中的"明条纹";而有些地方出现的概率却可以为零,即没有电子到达,显示"暗条纹"。而从波动观点分析,在明条纹处电子波的强度最大,而

暗条纹处电子波的强度最小。所以,点在空间各处出现的概率与该处电子的物质波的强度成正比,也就是与该处波函数的模的平方成正比。这正是玻恩的波函数的统计解释。

21.4　薛定谔方程

前文我们给出了自由粒子的波函数,同时阐述了波函数的统计解释。在量子力学中,微观粒子的运动状态由波函数来描写。当粒子的运动状态发生变化时,描述其运动状态的波函数也会发生变化。那么,波函数的变化遵循怎样的规律呢?

1926 年,奥地利物理学家薛定谔在德布罗意关系和态叠加原理的基础上,建立了薛定谔方程,并将其作为量子力学的又一个基本假设来描述微观粒子的运动规律。

接下来,我们以一维沿 x 轴运动的自由粒子为例分析薛定谔方程的建立。设自由粒子的动量为 p,能量为 E,所对应的波函数为

$$\Psi(x,t) = \Psi_0 e^{-\frac{i}{\hbar}(Et - px)} \tag{21-23}$$

在式(21-23)中分别对 x 作二阶偏导和对 t 作一阶偏导,得

$$\frac{\partial^2 \Psi(x,t)}{\partial x^2} = -\frac{p^2}{\hbar^2}\Psi(x,t)$$

$$\frac{\partial \Psi(x,t)}{\partial t} = -\frac{i}{\hbar}E\Psi(x,t) \tag{21-24}$$

对于低速条件下(非相对论性)自由粒子,其能量与动量的关系为

$$E = E_k = \frac{p^2}{2m} \tag{21-25}$$

联立式(21-24)和式(21-25)得

$$i\hbar\frac{\partial \Psi(x,t)}{\partial t} = -\frac{\hbar^2}{2m}\frac{\partial^2 \Psi(x,t)}{\partial x^2} \tag{21-26}$$

这就是一维运动自由粒子含时的薛定谔方程。

推广到三维情况,定义拉普拉斯算符:

$$\nabla^2 = \frac{\partial^2}{\partial x^2} + \frac{\partial^2}{\partial y^2} + \frac{\partial^2}{\partial z^2} \tag{21-27}$$

就得到一个能量为 E 和动量为 p 的自由粒子的薛定谔方程,即

$$i\hbar\frac{\partial \Psi(\boldsymbol{r},t)}{\partial t} = -\frac{\hbar^2}{2m}\nabla^2 \Psi(\boldsymbol{r},t) \tag{21-28}$$

自由粒子波函数的薛定谔方程是线性方程,许多单色平面波线性叠加的态仍是上述方程的解。

若粒子处于一维势场 $U(x,t)$ 中,其能量:

$$E = \frac{p^2}{2m} + U(x,t) \tag{21-29}$$

可得一维势场中运动粒子的薛定谔方程,即

$$\mathrm{i}\hbar\frac{\partial\Psi(x,t)}{\partial t}=-\frac{\hbar^2}{2m}\frac{\partial^2\Psi(x,t)}{\partial x^2}+U(x,t)\Psi(x,t)=\left[-\frac{\hbar^2}{2m}\frac{\partial^2}{\partial x^2}+U(x,t)\right]\Psi(x,t)$$

$$(21\text{-}30)$$

如果粒子在三维势场 $U(r,t)$ 中运动,能量 $E=\frac{p^2}{2m}+U(r,t)$,则该粒子的薛定谔

方程为

$$\mathrm{i}\hbar\frac{\partial\Psi(r,t)}{\partial t}=-\frac{\hbar^2}{2m}\nabla^2\Psi(r,t)+U(r,t)\Psi(r,t)=\left[-\frac{\hbar^2}{2m}\nabla^2+U(r,t)\right]\Psi(r,t)$$

$$(21\text{-}31)$$

式(21.31)就是**薛定谔方程的一般形式**。

若粒子在恒定的势场中运动,即势函数是空间位置的函数,与时间无关,则 $U(r,t)=U(r)$。通常情况下,波函数也可分离为只有空间坐标函数 $\Psi(r)$ 和只含有时间函数 $T(t)$ 乘积的形式,即

$$\Psi(r,t)=\Psi(r)T(t) \tag{21-32}$$

将其代入式(21-31),两边同时除以 $\Psi(r)T(t)$,并分离变量,可得

$$\frac{\mathrm{i}\hbar}{T(t)}\frac{\mathrm{d}T(t)}{\mathrm{d}t}=\frac{1}{\Psi(r)}\left[-\frac{\hbar^2}{2m}\nabla^2+U(r)\right]\Psi(r) \tag{21-33}$$

上式左右两边分别为 r 和 t 的函数,只有在它们等于同一常数时,等式才能成立。令这个常数为 E(根据量纲分析,E 是具有能量的量纲),则

$$\frac{\mathrm{i}\hbar}{T(t)}\frac{\mathrm{d}T(t)}{\mathrm{d}t}=E \tag{21-34}$$

解得

$$T(t)=c\mathrm{e}^{-\frac{\mathrm{i}}{\hbar}Et} \tag{21-35}$$

由等式(21-33)右边可知

$$\left[-\frac{\hbar^2}{2m}\nabla^2+U(r)\right]\Psi(r)=E\Psi(r) \tag{21-36}$$

在一般情况下,$\psi(r)$ 的具体函数形式取决于势场的性质,只要势场不随时间变化,粒子的波函数总具有以下形式,即

$$\Psi(r,t)=\psi(r)\mathrm{e}^{-\frac{\mathrm{i}}{\hbar}Et} \tag{21-37}$$

粒子在空间的概率密度:

$$\omega=|\Psi(r,t)|^2=|\psi(r)|^2 \tag{21-38}$$

因此,当粒子所在的势场不随时间变化时,粒子在空间出现的概率也不随时间变化,而且力学量的测量值的概率分布和平均值都不随时间变化。粒子的这种状态称为**定态**。式(21-36)称为**定态薛定谔方程**,$\Psi(r)$ 称为**定态波函数**。

21.5　一维定态薛定谔方程的应用

本节我们将从简单的情形分析定态薛定谔方程的应用和求解问题。我们将考虑一维无限深势阱、一维势垒和一维谐振子的情形,并从中了解量子力学在处理微观运动粒子问题中的一般处理方法。

21.5.1　一维无限深势阱中的粒子

质量为 m 的粒子被限制在$(0,a)$之间做一维运动,则粒子的势能函数为

$$U(x)=\begin{cases} 0, & 0<x<a \\ \infty, & x\leqslant 0, x\geqslant a \end{cases} \tag{21-39}$$

这样的势场称为**一维无限深势阱**,其势能曲线如图 21-8 所示。这是一个理想化的物理模型。

在 $x\leqslant 0, x\geqslant a$ 的区域,$U(x)=\infty$,即有限能量的粒子不可能在此区域出现,波函数 $\Psi(x)=0$。依据波函数的连续性条件可以确定势阱的边界处 $\Psi(0)=0$,$\Psi(a)=0$。

在 $0<x<a$ 的区域内,$U(x)=0$,由式(21-36)知,该区域的定态薛定谔方程为

图 21-8　一维无限深势阱
的势能曲线

$$\frac{\mathrm{d}^2\Psi(x)}{\mathrm{d}x^2}+\frac{2mE}{\hbar^2}\Psi(x)=0 \tag{21-40}$$

令$k^2=\dfrac{2mE}{\hbar^2}$,则方程写为

$$\frac{\mathrm{d}^2\Psi(x)}{\mathrm{d}x^2}+k^2\Psi(x)=0 \tag{21-41}$$

该方程的通解为

$$\Psi(x)=A\sin kx+B\cos kx \tag{21-42}$$

式中,A、B 为待定系数。

由于波函数的连续性,且在势阱的边界上满足 $\Psi(0)=0$,$\Psi(a)=0$,因此将 $x=0$ 代入式(21-42),可得 $B=0$,则

$$\Psi(x)=A\sin kx \tag{21-43}$$

将 $x=a$ 代入式(21-43),利用 $\Psi(a)=0$ 可得

$$k=\frac{n\pi}{a}, \quad n=1,2,3,\cdots \tag{21-44}$$

将式(21-44)代入$k^2=\dfrac{2mE}{\hbar^2}$,可得到势阱中粒子的能量为

$$E_n = n^2 \frac{\pi^2 \hbar^2}{2ma^2}, \quad n = 1, 2, 3, \cdots \qquad (21\text{-}45)$$

式(21-45)表明:粒子的能量是量子化的,其取值是一系列不连续的分立值,n 称为**量子数**。这是求解薛定谔方程过程中得到的自然结果,与早期量子论的量子化人为设定不同。能量最低的状态是 $n=1$ 的状态,称为**基态**。基态能量 E_1 不为零,说明势阱中的粒子不可能静止,而是总处于运动状态。这也是不确定关系所要求的:粒子被束缚势阱中,则粒子位置的不确定量 $\Delta x = a$,动量的不确定量 $\Delta p_x \geqslant \frac{\hbar}{2a} \neq 0$,所以粒子的动能不可能为零。

从式(21-45)中,我们可以计算相邻两个能级之差,即

$$\Delta E_n = E_{n+1} - E_n = (2n+1)\frac{\pi^2 \hbar^2}{2ma} \qquad (21\text{-}46)$$

上式表明,能级间隔决定于分母中 m 和 a 的乘积,只有当它与分子中 $\hbar$ 的数量级(10^{-34})相仿时,能量的量子化才能体现出来。当 n 一定时,若 $a \to \infty$,则 $\Delta E_n \to 0$,当势阱的宽度 a 很大(宏观尺度)时,能量是连续的,这就回到了宏观领域能量连续的情形。同理,对宏观物体(m)也一样。

接下来,我们确定待定系数 A。根据波函数的归一化条件,有

$$\int_{-\infty}^{+\infty} |\Psi(x)|^2 \, dx = \int_0^a A^2 \sin^2 \frac{n\pi}{a} x \, dx = 1$$
$$(21\text{-}47)$$

可得 $A = \sqrt{\dfrac{2}{a}}$ 。这样,对应于每一个能量值 E_n 的粒子的波函数为

$$\Psi_n(x) = \sqrt{\frac{2}{a}} \sin \frac{n\pi}{a} x, \quad n = 1, 2, 3, \cdots; 0 < x < a$$
$$(21\text{-}48)$$

根据波函数的意义,粒子出现在势阱中各点的概率密度为

$$|\Psi_n(x)|^2 = \frac{2}{a} \sin^2 \frac{n\pi}{a} x, \quad n = 1, 2, 3, \cdots; 0 < x < a$$
$$(21\text{-}49)$$

这一概率密度是随 x 变化的,而且与粒子所处的状态(量子数不同时,粒子状态也就不同)有关,图21-9

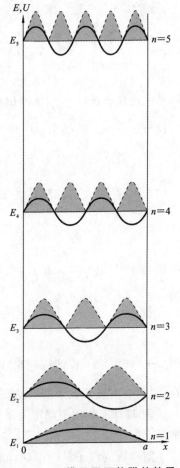

图 21-9 一维无限深势阱的粒子的能级、波函数(实线)和概率(虚线)密度

所示的是波函数 $\Psi(x)$（实线）和概率密度 $|\Psi(x)|^2$（虚线）与 x 的关系曲线。可见，当粒子处于基态 $n=1$ 时，它在势阱中间 $\left(x=\dfrac{a}{2}\right)$ 出现的概率最大，而在接近阱壁处的概率趋近零。这个结果与经典的观点完全不同。根据经典的概念，在势阱内各处粒子出现的概率是相同的。由图 21-9 中发现随着量子数 n 的增加，出现概率极大值的个数也就增加，相邻峰值之间的距离也就越近。由此可推断当 $n\to\infty$ 时，概率密度 $|\Psi(x)|^2$ 随 x 的分布将趋于均匀，这就回到了经典情形中。

对于粒子处于较强的束缚作用下的情形，比如被束缚在金属内部的自由电子、被束缚在原子中的电子，或者被束缚在原子核中的质子、中子等，我们都可以利用一维无限深势阱这一理想化的势场模型对粒子的运动状态进行粗粒化分析。

例 21-5　已知一维无限深势阱中微观粒子的定态波函数为

$$\Psi_n(x)=\begin{cases}\sqrt{\dfrac{2}{a}}\sin\dfrac{n\pi}{a}x, & 0\leqslant x\leqslant a\\[2mm] 0, & x<0,x>a\end{cases}$$

试求微观粒子在 $\left[0,\dfrac{a}{4}\right]$ 区间出现的概率，n 为何值时概率最大？当 $n\to\infty$ 时，该概率的极限是多少？其结果说明什么？

解　微观粒子在 $\left[0,\dfrac{a}{4}\right]$ 区间出现的概率：

$$P=\int_0^{\frac{a}{4}}|\Psi(x)|^2\mathrm{d}x=\int_0^{\frac{a}{4}}\dfrac{2}{a}\sin^2\dfrac{n\pi}{a}x\,\mathrm{d}x$$

$$=\dfrac{1}{a}\int_0^{\frac{a}{4}}\left(1-\cos\dfrac{2n\pi}{a}x\right)\mathrm{d}x=\dfrac{1}{4}-\dfrac{1}{2n\pi}\sin\dfrac{n\pi}{2}$$

可见，概率与量子数 n 有关，当 $n=3,7,11,\cdots$ 时，$\sin\dfrac{n\pi}{2}=-1$，当 $n=3$ 时，P 为最大值，即

$$P_{\max}=\dfrac{1}{4}+\dfrac{1}{6\pi}$$

当 $n\to\infty$ 时，粒子在该区间出现的概率极限为 $P=\dfrac{1}{4}$，粒子在该区间各处等概率出现，说明此时微观粒子的波动性表现得不明显。

例 21-6　利用不确定关系估计在宽度为 a 的一维无限深势阱中自由运动粒子的基态能量。

解　因为粒子只能在 $(0,a)$ 区间内自由运动，所以粒子的位置不确定量 $\Delta x=a$，根据海森伯不确定关系知，粒子的动量的不确定量：

$$\Delta p_x\geqslant\dfrac{\hbar}{2a}$$

当粒子静止时,粒子的动量为零,那么动量的不确定量 Δp_x 就是粒子动量的最小值,即

$$p \geqslant \frac{\hbar}{2a}$$

假设粒子速度远小于光速,则粒子动能的最小值:

$$E_k = \frac{p^2}{2m} \geqslant \frac{\hbar^2}{8ma^2}$$

因为粒子在势阱中势能为零,粒子的能量就是粒子动能,所以粒子的基态能量为

$$E = \frac{\hbar^2}{8ma^2}$$

21.5.2 一维势垒中的粒子

与势阱相对的另一个势场就是势垒,设其势能函数为

$$U(x) = \begin{cases} U_0, & 0 < x < a \\ 0, & x \leqslant 0, x \geqslant a \end{cases} \tag{21-50}$$

其中,常数 $U_0 > 0$ 为势垒高度。势能曲线如图 21-10 所示。

具有一定能量 $E(E < U_0)$ 的粒子由势垒左方($x <$
0)向右方运动。

在势垒左侧区域($x < 0$)和势垒右侧区域($x > a$),
$U = 0$,则定态薛定谔方程具有与一位无限深势阱中相
同的形式,即

$$\frac{d^2 \Psi(x)}{dx^2} + \frac{2mE}{\hbar^2} \Psi(x) = 0 \tag{21-51}$$

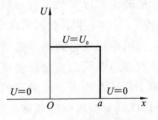

图 21-10　一维方势垒的
势能曲线

而在势垒中($0 \leqslant x \leqslant a$),$U = U_0$,则定态薛定谔方程可
写为

$$\frac{d^2 \Psi(x)}{dx^2} + \frac{2m(E - U_0)}{\hbar^2} \Psi(x) = 0 \tag{21-52}$$

用 $\Psi_1(x)$、$\Psi_2(x)$、$\Psi_3(x)$ 分别表示势垒左侧、势垒中部和势垒右侧三个区域中的波函

数。设 $k_1^2 = \dfrac{2mE}{\hbar^2}$,$k_2^2 = \dfrac{2m(U_0 - E)}{\hbar^2}$,可得三个波函数的表达式,即

$$\begin{cases} \Psi_1(x) = a_1 e^{ik_1 x} + b_1 e^{-ik_1 x} \\ \Psi_2(x) = a_2 e^{k_2 x} + b_2 e^{-k_2 x} \\ \Psi_3(x) = a_3 e^{ik_1 x} + b_3 e^{-ik_1 x} \end{cases} \tag{21-53}$$

其中,$a_i, b_i (i = 1, 2, 3)$ 是待定系数,它们的确定依据波函数的标准条件,即波函数连
续,$\Psi_1(0) = \Psi_2(0)$,$\Psi_2(a) = \Psi_3(a)$;以及波函数的一阶导数连续,$\Psi_1'(0) = \Psi_2'(0)$,
$\Psi_2'(a) = \Psi_3'(a)$;再结合波函数的归一化条件,即可求解式(21-53)中的待定系数,其

计算过程这里略去,供读者作为练习推导。由此,可以画出波函数 $\Psi(x)$ 与 x 的关系曲线,如图 21-11 所示。

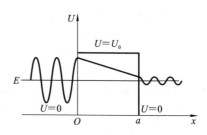

图 21-11 一维方势垒的两侧和势垒中的波函数

从图 21-11 中发现,$\Psi_2(x)$ 和 $\Psi_3(x)$ 都不为零,说明粒子由势垒左侧向右侧运动时,有透过势垒进入势垒的右侧的可能性。但在经典力学看来,这种可能性是不存在的。因为粒子的能量 $E < U_0$,粒子一旦进入势垒($0 \leqslant x \leqslant a$),由于 $E_k = E - U_0 < 0$,粒子的动能将成为负值,这在经典力学中是不可理解的。

将微观粒子能够穿透比其总能量更高的势垒的现象称为**隧道效应**。隧道效应是微观粒子的一种量子效应,是量子力学特有的现象,源于微观粒子的波粒二象性。这一现象已经被许多实验所证实,如 α 粒子从放射性核中释放出来、电子的场致发射(电子在强电场作用下从金属逸出)、半导体中的隧道二极管和超导体中的隧道结等都是隧道效应的结果。1981 年,德国物理学家宾尼希和瑞士物理学家罗雷尔利用电子的隧道效应发明了扫描隧道显微镜(STM),他们与发明电子显微镜的卢斯卡一起分享了 1986 年诺贝尔物理学奖。STM 的工作原理是将原子尺度的探针和样品表面之间的距离缩小到纳米数量级时,在一定电压下,电子可以穿过势垒形成隧道电流,通过隧道电流的变化反映样品表面原子结构。STM 是人类第一次能够实时地观察单个原子在物质表面的排列状态和与表面电子行为有关的物化性质,在表面科学、材料科学、生命科学等领域的研究中有着重大的意义和广泛的应用前景,被国际科学界公认为是 20 世纪 80 年代世界十大科技成就之一。

*21.6 一维谐振子

谐振子在经典物理和量子物理中都是一个很重要的物理模型,因为许多实际问题都可以简化为谐振动来研究,例如,经典物理中的简谐振动,普朗克黑体辐射理论中发射电磁波的物质视为线性谐振子的集合,量子力学中分子的振动、晶格的振动等。

设一质量为 m 的粒子在一维空间中运动,其势能函数为

$$U(x) = \frac{1}{2}k x^2 = \frac{1}{2}m \omega^2 x^2 \tag{21-54}$$

式中,$\omega = \sqrt{\dfrac{k}{m}}$ 是谐振子(粒子)的固有频率,m 是谐振子的质量,x 是谐振子离开平衡位置的位移。这样的体系称为一维谐振子。一维谐振子的势能函数与时间无关,属

于定态问题。

一维谐振子的定态薛定谔方程为

$$\frac{\mathrm{d}^2\Psi(x)}{\mathrm{d}x^2}+\frac{2m}{\hbar^2}\left(E-\frac{1}{2}m\omega^2 x^2\right)\Psi(x)=0 \tag{21-55}$$

这是一个变系数的二阶常微分方程,其求解过程相对复杂,这里不再详细展开,仅给出结果并对其进行物理分析。

根据波函数的单值、连续、有限的标准条件以及归一化条件,求解可得到谐振子的总能量:

$$E_n=\left(n+\frac{1}{2}\right)\hbar\omega=\left(n+\frac{1}{2}\right)h\nu, \quad n=0,1,2,\cdots \tag{21-56}$$

上式表明:谐振子的能量也是量子化的,只能取一系列分立的值。n 是量子数,当 $n=0,1,2,\cdots$ 时,谐振子的能量分别为 $\frac{h\nu}{2},\frac{3h\nu}{2},\frac{5h\nu}{2},\cdots$。与无限深势阱中的粒子不同,谐振子的能级是等间距的,相邻两个能级差 $\Delta E=h\nu$。谐振子的最低能量(基态)为 $E_0=\frac{h\nu}{2}$。在经典力学中,谐振子的最低能量可以为零,相当于谐振子静止的状态。而量子力学得出的结论是谐振子的最低能量不为零,说明谐振子(粒子)不可能完全静止,所以微观粒子总是处于运动状态,这也是微观粒子波粒二象性的表现。

图 21-12 所示的是谐振子的势能曲线、能级以及概率密度 $|\Psi(x)|^2$ 与 x 的关系曲线。我们发现,在任一能级 E_n 上,在势能曲线 $U(x)$ 以外的区域,$|\Psi(x)|^2$ 并不为零,说明微观粒子有可能出现在经典理论认为不可能出现的地方。

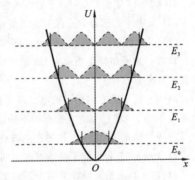

图 21-12　谐振子的能级与概率密度

思　考　题

21-1　波函数的物理意义是什么?它必须满足哪些条件?

21-2　物质波与经典波有何区别?为什么说物质波是一种概率波?

21-3　怎样理解不确定关系,它和在宏观上测量的误差有何本质的不同?

21-4　波函数必须满足的三个标准条件是什么?

21-5　什么是德布罗意波?哪些实验证明微观粒子具有波动性?

21-6　按照德布罗意假设,一切物体都具有波粒二象性,但我们却没有观测到宏观物体的波动性,这是为什么?

21-7　如何理解德布罗意的物质波,它与电磁波有何异同?如何理解物质波的统计意义?

21-8 薛定谔方程的意义是什么？它的特征是什么？

21-9 假设描述微观粒子运动的波函数为 $\Psi(r,t)$，则 $\Psi\Psi^*$ 表示什么物理意义？$\Psi(r,t)$ 必须满足哪些条件？

习 题

21-1 在一电子束中，电子的动能为 200 eV，则电子的德布罗意波长为多少？当该电子遇到直径为 1 mm 的孔或障碍物时，它表现出来的是粒子性，还是波动性？

21-2 若一个电子的动能等于它的静能，求该电子的德布罗意波长。

21-3 已知电子的德布罗意波长恰与电子的康普顿波长相等，求电子的运动速度。

21-4 分别计算动能为 100 eV 的电子和光子的波长。

21-5 在电子双缝干涉实验中，电子的加速电压为 50 kV，双缝间距为 2 nm，屏到双缝间距离为 35 cm，计算电子的波长和屏上干涉条纹间距。

21-6 (1) 室温(300 K)下的中子称为热中子，求热中子的德布罗意波长；

(2) 某中子的德布罗意波长为 0.2 nm，它的动能是多少？

(3) 以上两问是否需要考虑相对论效应，为什么？

21-7 光子和静止质量为 1 g 的实物粒子的波长都为 0.01 nm，求它们各自的动量 p、动能 ε_k、总能 ε 和速度 v。

21-8 沿 x 轴方向运动的电子和子弹(质量为 10 g)的速率都是 800 m·s^{-1}，且速率的不确定度都为 0.01%，求它们的 x 坐标的不确定量。

21-9 设光波为 40 m 长的正弦波列，光波波长为 400 nm，求其波长的不确定量。

21-10 一个电子处于某能态的时间为 10^{-8} s，此能态能量的最小不确定量是多少？

21-11 在一维无限深势阱中运动的粒子，当 $n=2$ 时，其能量为多少？概率密度极大值的位置在哪里？在 $0 \leqslant x \leqslant \dfrac{L}{3}$ 区间内找到粒子的概率为多少？

21-12 一维运动的粒子其波函数：

$$\Psi(x) = \begin{cases} Axe^{-\lambda x}, & x \geqslant 0, \lambda > 0 \\ 0, & x < 0 \end{cases}$$

求：(1) 粒子的归一化波函数；

(2) 粒子运动的概率分布函数。

21-13 如果电子的运动被限制在 x 与 $x+\Delta x$ 之间，设 $\Delta x = 0.05$ nm。求电子动量在 x 轴方向上的不确定量。

21-14 电子位置的不确定量为 0.05 nm 时，其速率的不确定量是多少？

21-15 一光子的波长为 300 nm，如果测定次波长的精确度为 10^{-6}，求光子的不确定量。

21-16 质量为 m 的自由粒子，沿 x 轴正方向以速度 $v(v \ll c)$ 运动，求其薛定谔方程及其解。

21-17 质量为 m、电荷量为 q_1 的粒子，在点电荷 q_2 所产生的电场中运动，求其薛定谔方程。

第22章　原子中的电子

通过前两章的学习,我们知道玻尔的氢原子理论是半经典半量子化的,这也导致了其局限性。它只能解释氢原子和类氢离子的光谱规律,对于复杂原子的光谱规律的解释有点捉襟见肘,更无法解释光谱线的细节问题,例如,光谱线的精细结构和偏振等问题。而我们也学习了了基于波粒二象性的薛定谔方程,在求解薛定谔方程时,量子化的结果获得是如此的自然。那么,一个显而易见的问题是:能否用薛定谔方程处理氢原子问题呢?

本章,我们将从氢原子的量子力学基础出发,分析量子化条件和电子自旋,最后阐述多电子原子的壳层结构。

22.1　氢原子的量子理论

22.1.1　氢原子的薛定谔方程

氢原子由一个带正电的原子核和一个电子所组成,由于原子核的质量远大于核外电子的质量。为了方便起见,我们假设原子核是静止的,电子在核库仑力作用下运动。电子的势能函数为

$$U(r) = -\frac{e^2}{4\pi\varepsilon_0 r} \qquad (22\text{-}1)$$

式中,r 是电子离核的距离。以核的位置为坐标原点,电子的定态薛定谔方程为

$$\nabla^2\Psi + \frac{2m}{\hbar^2}\left(E + \frac{e^2}{4\pi\varepsilon_0 r}\right)\Psi = 0 \qquad (22\text{-}2)$$

由于势函数 $U(r)$ 具有球对称性,采用球坐标求解更为方便。令电子的球坐标为 (r,θ,φ),如图 22-1 所示。

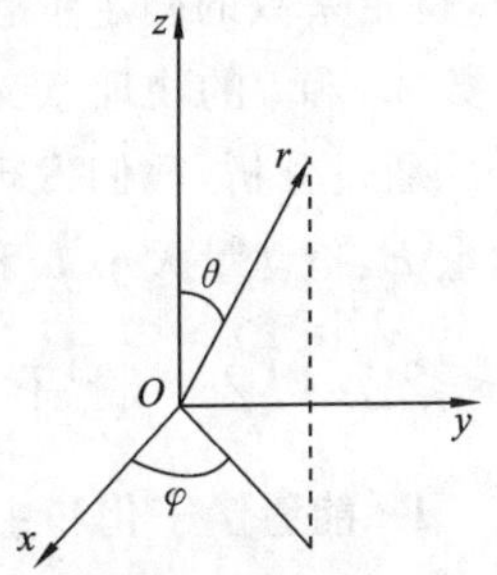

图 22-1　电子的球坐标

式(22-2)在球坐标系中化为

$$\frac{1}{r^2}\frac{\partial}{\partial r}\left(r^2\frac{\partial\Psi}{\partial r}\right) + \frac{1}{r^2\sin\theta}\frac{\partial}{\partial\theta}\left(\sin\theta\frac{\partial\Psi}{\partial\theta}\right) + \frac{1}{r^2\sin^2\theta}\frac{\partial^2\Psi}{\partial\varphi^2} + \frac{2m}{\hbar^2}\left(E + \frac{e^2}{4\pi\varepsilon_0 r}\right)\Psi = 0$$

$$(22\text{-}3)$$

该微分方程的解可以分离变量为三个函数的乘积,即

$$\Psi(r,\theta,\varphi) = R(r)\Theta(\theta)\Phi(\varphi) \qquad (22\text{-}4)$$

式中，$R(r)$ 为 r 的函数，$\Theta(\theta)$ 为 θ 的函数，$\Phi(\varphi)$ 为 φ 的函数。

将式(22-4)代入式(22-3)，分离变量得

$$-\frac{1}{\Phi}\frac{\mathrm{d}^2\Phi}{\mathrm{d}\varphi^2}=\frac{\sin^2\theta}{R(r)}\frac{\mathrm{d}}{\mathrm{d}r}\left(r^2\frac{\mathrm{d}R(r)}{\mathrm{d}r}\right)+\frac{2m}{\hbar^2}r^2\sin^2\theta\left(E+\frac{e^2}{4\pi\varepsilon_0 r}\right)+\frac{1}{\Theta(\theta)}\sin\theta\frac{\mathrm{d}}{\mathrm{d}\theta}\left(\sin\theta\frac{\mathrm{d}\Theta(\theta)}{\mathrm{d}\theta}\right)$$

$$(22\text{-}5)$$

令式(22-5)两端的常数为 m_l^2，则可写为

$$-\frac{1}{\Phi}\frac{\mathrm{d}^2\Phi}{\mathrm{d}\varphi^2}=m_l^2 \tag{22-6}$$

$$\frac{\sin^2\theta}{R(r)}\frac{\mathrm{d}}{\mathrm{d}r}\left(r^2\frac{\mathrm{d}R(r)}{\mathrm{d}r}\right)+\frac{2m}{\hbar^2}r^2\sin^2\theta\left(E+\frac{e^2}{4\pi\varepsilon_0 r}\right)+\frac{1}{\Theta(\theta)}\sin\theta\frac{\mathrm{d}}{\mathrm{d}\theta}\left(\sin\theta\frac{\mathrm{d}\Theta(\theta)}{\mathrm{d}\theta}\right)=m_l^2$$

$$(22\text{-}7)$$

再对式(22-7)进行分离变量，可得

$$\frac{1}{R(r)}\frac{\mathrm{d}}{\mathrm{d}r}\left(r^2\frac{\mathrm{d}R(r)}{\mathrm{d}r}\right)+\frac{2m}{\hbar^2}r^2\left(E+\frac{e^2}{4\pi\varepsilon_0 r}\right)=\frac{m_l^2}{\sin^2\theta}-\frac{1}{\Theta(\theta)\sin\theta}\frac{\mathrm{d}}{\mathrm{d}\theta}\left(\sin\theta\frac{\mathrm{d}\Theta(\theta)}{\mathrm{d}\theta}\right)$$

$$(22\text{-}8)$$

令式(22-8)两端的常数为 $l(l+1)$，则

$$\frac{1}{R(r)}\frac{\mathrm{d}}{\mathrm{d}r}\left(r^2\frac{\mathrm{d}R(r)}{\mathrm{d}r}\right)+\frac{2m}{\hbar^2}r^2\left(E+\frac{e^2}{4\pi\varepsilon_0 r}\right)=l(l+1) \tag{22-9}$$

$$\frac{m_l^2}{\sin^2\theta}-\frac{1}{\Theta(\theta)\sin\theta}\frac{\mathrm{d}}{\mathrm{d}\theta}\left(\sin\theta\frac{\mathrm{d}\Theta(\theta)}{\mathrm{d}\theta}\right)=l(l+1) \tag{22-10}$$

这样，通过求解式(22-6)、式(22-9)和式(22-10)便可得氢原子的波函数。其中，待定系数的确定依赖于波函数满足的标准条件和归一化条件。这里，我们定义的常数 m_l 和 l 的物理意义将在下面进行阐述。

通过分析，我们发现氢原子中的电子运动存在一系列定态，在这些定态上，电子能量 E、角动量大小 L 和角动量在 z 轴方向的分量 L_z 都是守恒量，且具有确定值。

22.1.2　量子化条件和量子数

1. 能量量子化和主量子数

在求解关于 $R(r)$ 的方程时，得到电子(整个氢原子)的能量为

$$E_n=-\frac{1}{n^2}\frac{me^4}{(4\pi\varepsilon_0)^2 2\hbar^2}=-\frac{13.6}{n^2}\ (\mathrm{eV}) \tag{22-11}$$

式中，$n=1,2,3,\cdots$ 称为**主量子数**，其决定了氢原子的能级。氢原子的能量是量子化的，呈现为分立的能级。由量子力学得到的氢原子能级公式与玻尔理论完全一致。这里的能量量子化是在求解薛定谔方程中自然得到的。

2. 轨道角动量量子化及角量子数

在求解关于 $R(r)$ 和 $\Theta(\theta)$ 的方程式时，可得到电子绕核运动的轨道角动量 L 为

$$L=\sqrt{l(l+1)}\hbar, \quad l=0,1,2,\cdots,n-1 \tag{22-12}$$

式中，l 称为轨道角量子数，简称**角量子数**。对于指定的 n 值，l 有 n 个不同的取值。式(22-12)表明轨道角动量也是量子化的，但与玻尔的氢原子理论不同，电子的轨道角动量并不是 $\hbar$ 的整数倍。

3. 角动量空间量子化和磁量子数

在求解关于 $\Phi(\varphi)$ 的方程式，可得到电子的轨道角动量 L 在空间任一方向(如 z 轴)上的分量也是量子化的，即空间量子化，则有

$$L_z=m_l\hbar, \quad m_l=0,\pm1,\pm2,\cdots,\pm l \tag{22-13}$$

式中，m_l 称为**轨道磁量子数**，简称**磁量子数**，共有 $2l+1$ 个不同的取值。图 22-2 所示的是 $L=\sqrt{2}\hbar$ 和 $L=\sqrt{6}\hbar$ 时，电子的轨道角动量空间取向量子化的示意图。

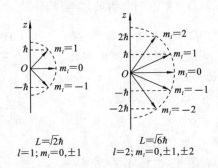

图 22-2　角动量空间取向量子化的示意图

1896 年，荷兰物理学家塞曼发现了光源的光谱在强磁场中会发生分裂现象，称之为**塞曼效应**。后来，H. A. 洛伦兹用经典电磁理论对其进行了分析，从实验上证明了角动量空间取向量子化，他们也因此于 1902 年获得了诺贝尔物理学奖。

4. 本征波函数

氢原子中电子的定态波函数

$$\Psi_{nlm_l}(r,\theta,\varphi)=R_{nl}(r)\Theta_{lm_l}(\theta)\Phi_{m_l}(\varphi) \tag{22-14}$$

是与量子数为 (n,l,m_l) 的本征能量 E_n、本征角动量 L 和角动量分量 L_z 相应的本征函数。氢原子的电子状态(定态)是通过一组量子数 (n,l,m_l) 来描述的。

$R_{nl}(r)$ 仅与 r 有关，称为 r **径向波函数**，我们把波函数中与角度有关的部分记为 $Y_{lm_l}(\theta,\varphi)=\Theta_{lm_l}(\theta)\Phi_{m_l}(\varphi)$。下面列出前面的几个本征函数：

$$R_{10}(r)=\frac{2}{\sqrt{a_1^3}}\mathrm{e}^{-\frac{r}{a_1}}$$

$$R_{20}(r)=\frac{1}{\sqrt{8a_1^3}}\left(2-\frac{r}{a_1}\right)\mathrm{e}^{-\frac{r}{2a_1}}$$

$$R_{21}(r)=\frac{2}{\sqrt{24a_1^3}}\frac{r}{a_1}\mathrm{e}^{-\frac{r}{2a_1}}$$

$$R_{30}(r) = \frac{2}{\sqrt{27a_1^3}}\left[2 - \frac{4r}{3a_1} + \frac{4}{27}\left(\frac{r}{a_1}\right)^2\right]e^{-\frac{r}{3a_1}}$$

$$Y_{00}(\theta,\varphi) = \frac{1}{\sqrt{4\pi}}$$

$$Y_{10}(\theta,\varphi) = \sqrt{\frac{3}{4\pi}}\cos\theta$$

$$Y_{1\pm1}(\theta,\varphi) = \sqrt{\frac{3}{8\pi}}\sin\theta\, e^{-i\varphi}$$

$$Y_{20}(\theta,\varphi) = \sqrt{\frac{5}{16\pi}}(3\cos^2\theta - 1)$$

式中, $a_1 = \frac{4\pi\varepsilon_0 h^2}{4\pi^2 me^2} = 0.529177 \times 10^{-10}$ m, 为玻尔半径。

例 22-1 $l=2$ 时的电子轨道角动量为多少, 处于外磁场时轨道角动量有哪些空间取向, 请做出轨道角动量空间取向的示意图。

解 $l=2$ 时, 电子轨道角动量 $L = \sqrt{2(2+1)}\hbar = \sqrt{6}\hbar$, m_l 的取值为 $0, \pm1, \pm2$, 轨道角动量在 z 轴方向的投影 L_z 的值分别为 $0, \pm\hbar$, $\pm2\hbar$, 如图 22-3 所示, 它在外磁场中有 5 种取向。

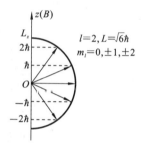

图 22-3 L 的空间取向及其
分量 L_z 示意图

22.1.3 电子在核外空间的概率分布

通过求解氢原子的薛定谔方程, 我们可以得到氢原子核外电子的波函数:

$$\Psi_{n,l,m_l}(r,\theta,\varphi) = R_{n,l}(r)\Theta_{l,m_l}(\theta)\Phi_{m_l}(\varphi) \tag{22-15}$$

电子处于 (n,l,m_l) 的定态时, 在空间 (r,θ,ϕ) 各点的概率密度为

$$|\Psi_{n,l,m_l}(r,\theta,\varphi)|^2 = |R_{n,l}(r)|^2 |\Theta_{l,m_l}(\theta)|^2 |\Phi_{m_l}(\varphi)|^2 \tag{22-16}$$

其中, $|R_{n,l}(r)|^2$、$|\Theta_{l,m_l}(\theta)|^2$ 和 $|\Phi_{m_l}(\varphi)|^2$ 分别给出电子的概率密度随 r、θ、φ 的变化。计算结果可以表明以下几点。

(1) $|\Phi_{m_l}(\varphi)|^2$ 对 φ 是常数, 即电子的概率分布与 φ 角无关, 也就是说, 概率分布关于 z 轴是对称的。

(2) $|\Theta_{l,m_l}(\theta)|^2$ 与 l, m_l 有关。图 22-4 表示了在各种 l, m_l 的态中 $|\Theta_{l,m_l}(\theta)|^2$ 与 θ 角的关系。例如, $l=0$, $m_l=0$ 时, $|\Theta_{l,m_l}(\theta)|^2$ 与 θ 无关, 电子的概率分布具有球对称性; $l=1$, $m_l=0$ 时, 电子的概率分布在 $\theta=0$ 时有最大值, 在 $\theta=\frac{\pi}{2}$ 时为零; $l=1$, $m_l=\pm1$ 时, 电子的概率分布在 $\theta=0$ 时为零, 在 $\theta=\frac{\pi}{2}$ 时为最大值。

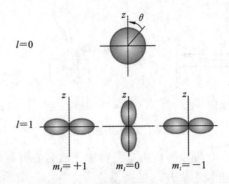

$l=0$

$l=1$

$m_l=+1$ $m_l=0$ $m_l=-1$

图 22-4   电子的概率分布与 θ 角的关系

（3）$|R_{n,l}(r)|^2$ 也称为**径向概率密度**，我们以图 22-5 所示的 $n=1$ 和 $n=2$ 的电子的 $|R_{n,l}(r)|^2 \sim r$ 关系说明电子出现概率按距核远近的分布。可以看出，当 $n=1$，$l=0$ 时，$|R_{n,l}(r)|^2$ 在 $r_1=0.053$ nm 处有最大值，该值正是按玻尔理论得到的基态轨道半径的值；$n=2$ 有两种状态，其中当 $l=1$ 时，$|R_{n,l}(r)|^2$ 的最大值出现在 $4 r_1$ 处，与玻尔理论中的第一激发态轨道半径相一致。

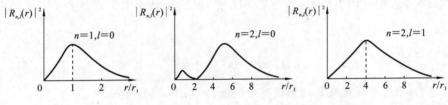

图 22-5 $n=1$ 和 $n=2$ 的电子的 $|R_{n,l}(r)|^2 \sim r$ 关系

通常我们用点的疏密程度（称为"电子云"）来形象描述电子在核外空间的概率分布，概率密度大的地方点比较稠密，概率密度小的地方点比较稀疏。

22.2　电子自旋

斯特恩-盖拉赫实验是德国物理学家斯特恩（O. Stern）和盖拉赫（W. Gerlach）于 1921 年完成的一个著名实验。该实验通过观察银原子蒸汽通过狭缝形成的细原子束经过不均匀磁场的现象，实验装置的示意图如图 22-6 所示。通过实验发现原子射线束通过非均匀磁场后由一束变成两束的现象。这一现象证实了原子具有磁矩和原子角动量空间取向的量子化。

根据电磁理论，绕核运动的电子相当于一个圆电流，产生电子轨道磁矩 μ，μ 与电子轨道运动的角动量 L 的关系是

$$\mu = -\frac{e}{2m}L \tag{22-17}$$

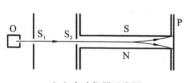

| （a）实验仪器示意图 | （b）磁场区域 | （c）底片上沉积的原子痕迹 |

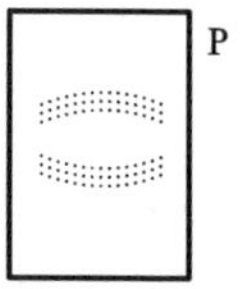

图 22-6　斯特恩-盖拉赫实验

其中，e、m 分别为电子的电荷和静止质量。将原子放置在外磁场 B 中，B 设为 z 轴正方向，则 μ 与 L 在 z 轴上投影 μ_z 与 L_z 的关系是

$$\mu_z = -\frac{e}{2m}L_z = -\frac{e}{2m}m_l\hbar = -m_l\mu_B \qquad (22\text{-}18)$$

式中，$\mu_B = \dfrac{e\hbar}{2m}$ 称为**玻尔磁矩**，大小为 9.2740×10^{-24} J·T^{-1}。

具有磁矩 μ 的原子在磁场 B 中的势能为

$$E_{P_m} = -\mu \cdot B = -\mu_z B \qquad (22\text{-}19)$$

如果磁场在 z 轴方向不均匀，有一个梯度 $\dfrac{\partial B}{\partial z}$，原子在磁场中受到一个 z 方向的力作用，即

$$f_z = -\frac{\partial E_{P_m}}{\partial z} = -\mu_z\frac{\partial B}{\partial z} \qquad (22\text{-}20)$$

上式表明，原子射线束在非均匀磁场中的偏转与 μ_z 的取值有关。

按照经典理论，原子的磁矩（角动量）在外磁场中可以任意取向，那么原子射线束的偏转应该是连续的，在屏上应观察到连成一片的原子沉积。但实验结果却并不是这样的。

若是从电子轨道角动量空间取向量子化的角度来看，由于 s 态的电子 $l=0$，电子的轨道角动量 $L=0$，原子射线束不会分裂；若原子射线束有分裂，也只能分裂成 $2l+1$ 奇数条，在屏上应观察到奇数条原子沉积，而不是两条。这也与实验结果相矛盾。

1925 年，荷兰物理学家乌伦贝克（G. Uhlenbeck）和高德斯密特（S. Goudsmit）提出了电子自旋的假说。他们认为电子除绕核运动外，还有绕本身轴线的自旋运动，即电子还具有自旋角动量（磁矩）。自旋的存在标志着电子除了轨道运动的三个自由度 (n, l, m_l) 以外，还有一个自旋自由度，如图 22-7 所示。

自旋是电子的内禀属性，电子自旋角动量 S 的量子化完全类似于轨道运动的情况。如果电子自旋角动量大小为 S，自旋角量子数为 s，自旋角动量在外磁场 B（z 轴正方向）的投影为 S_z，自旋磁量子数为 m_s，则有

$$S = \sqrt{s(s+1)}\hbar, \quad S_z = m_s\hbar \qquad (22\text{-}21)$$

实验表明，S_z 只有两个取值，即 $2s+1=2$，得到**自旋角量子数** $s=\dfrac{1}{2}$，自旋磁量子数 $m_s=\pm\dfrac{1}{2}$，将 s 和 m_s 的值代入式 (22-21) 中，可得电子自旋角动量及其在 z 轴（外磁场）方向的投影分别为

$$S=\frac{\sqrt{3}}{2}\hbar, \quad S_z=\pm\frac{\hbar}{2} \qquad (22-22)$$

电子的自旋磁矩 μ_s 与电子自旋角动量 S 的关系为

$$\mu_s=-\frac{e}{m}S \qquad (22-23)$$

它在 z 轴（外磁场）方向的投影为

$$\mu_{s,z}=-\frac{e}{m}S_z=\mp\frac{e\hbar}{2m}=\mp\mu_B \qquad (22-24)$$

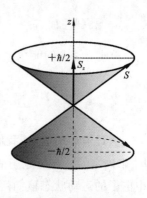

图 22-7　电子自旋的经典矢量图示

电子自旋假设不仅解释了施特恩-盖拉赫实验，同时对原子光谱的精细结构也给出了合理解释。自旋现象是人类认识微观世界的一大进步。事实上，质子、中子和光子都存在自旋，但自旋量子数并不全是 $\dfrac{1}{2}$，例如光子的自旋量子数为 1。依据粒子自旋状态，可以把粒子分为两类，即自旋量子数为半整数的费米子和自旋量子数为整数的玻色子。

正如前文所述，我们对氢原子核外电子的状态可由 (n,l,m_l,m_s) 四个量子数决定：

(1) 主量子数 $n(n=1,2,3,\cdots)$，决定了氢原子核外电子的能量 E_n；

(2) 角量子数 $l(l=0,1,2,\cdots,n-1)$，决定电子绕核运动的轨道角动量的大小，即 $L=\sqrt{l(l+1)}\hbar$；

(3) 磁量子数 $m_l(m_l=0,\pm1,\pm2,\cdots,\pm l)$，决定轨道角动量 L 的空间取向的 L_z 的大小，即 $L_z=m_l\hbar$；

(4) 自旋磁量子数 $m_s\left(m_s=\pm\dfrac{1}{2}\right)$，决定自旋角动量 S 的空间取向的 S_z 的大小，即 $S_z=m_s\hbar$。

例 22-2　用 (n,l,m_l,m_s) 这四个量子数表示 $n=2$ 时的电子状态。

解　依据四个量子数之间的关系，可知

$n=2,l=0$ 时，$m_l=0$，$m_s=\pm\dfrac{1}{2}$，电子态为 $\left(2,0,0,\pm\dfrac{1}{2}\right)$；

$n=2,l=1$ 时，$m_l=0$，$m_s=\pm\dfrac{1}{2}$，电子态为 $\left(2,1,0,\pm\dfrac{1}{2}\right)$；

$n=2,l=1$ 时，$m_l=1$，$m_s=\pm\dfrac{1}{2}$，电子态为 $\left(2,1,1,\pm\dfrac{1}{2}\right)$；

$n=2, l=1$ 时，$m_l = -1$，$m_s = \pm \dfrac{1}{2}$，电子态为 $\left(2, 1, -1, \pm \dfrac{1}{2}\right)$。

综上，$n=2$ 的能级上共有 8 个电子态。

22.3 原子的壳层结构

通过前面的学习，我们知道氢原子中电子的运动状态是由四个量子数 n, l, m_l，m_s 来确定的。在氢原子的组态下，电子处于最低的能量态。那么，在更复杂的原子中电子的运动状态该如何描述呢？它们应该处于怎样的组态呢？

1916 年，柯塞尔提出了原子的壳层结构模型。他认为原子的核外电子组成了许多壳层。根据电子能量和轨道角动量的空间取向量子化又分为主壳层和次壳层（或支壳层）。主量子数组成主壳层，主量子数相同的电子属于同一个主壳层，人们用大写字母 K，L，M，N，O，P，… 分别对应于主量子数 $n=1, 2, 3, 4, 5, 6, \cdots$；同一主壳层 n 上角量子数 l 组成次壳层，角量子数相同的电子属于同一个次壳层，人们用小写字母 s，p，d，f，g，… 分别对应于角量子数 $l=0, 1, 2, 3, 4, 5, \cdots$。电子的状态可用 n, l 来表示。例如 L 壳层中 p 次壳层上的电子用 2p 表示其电子态。

人们将原子中电子所属的主壳层和次壳层用组合 n, l 表示。这样对原子中电子的描述称为原子的电子组态。例如，钠的一个电子组态是 $1s^2 2s^2 2p^6 3s^1$，可知 $1s(n=1, l=0)$ 和 $2s(n=2, l=0)$ 支壳层上各有 2 个电子，$2p(n=2, l=1)$ 支壳层上有 6 个电子，$3s(n=3, l=0)$ 支壳层上有一个电子。最外层的电子离核较远而受核的束缚较弱，所以钠原子很容易失去这个电子而与其他原子结合，例如与氯原子结合。这就是钠原子化学活性很强的原因。

有了原子内电子组态后，一个很显然的问题是，这些电子组态遵循的规律是什么？这两个规律是泡利不相容原理和能量最小原理。

1925 年，奥地利物理学家泡利通过对原子光谱的研究得到了原子中电子组态所遵循的规律，即**在一个原子中不可能有两个或两个以上的电子处于相同的状态**，也就是说一个原子中不可能有两个或两个以上的电子具有一组完全相同的四个量子数 n, l, m_l, m_s。这就是**泡利不相容原理**。

根据泡利不相容原理，对于给定的主量子数 n，角量子数 l 的可能取值有 n 个，它们是 $0, 1, 2, \cdots, n-1$；而对应于任意一个角量子数 l，磁量子数 m_l 的可能取值有 $2l+1$ 个，它们是 $0, \pm 1, \pm 2, \cdots, \pm l$；当 n, l, m_l 都确定后，自旋磁量子数 m_s 的可能取值有两个，它们是 $\pm \dfrac{1}{2}$。由此，我们可以计算在主量子数为 n 的壳层上最多容纳的电子数目是

$$N_n = \sum_{l=0}^{n-1} 2l(l+1) = 2n^2 \qquad (22\text{-}25)$$

例如,当 $n=1$,$l=0$ 时,K 壳层上可能有 2 个电子,这个组态用 $1s^2$ 表示,其中 $1s^2$ 是光谱学符号。当 $n=2$,$l=0$ 时(L 主壳层,s 次壳层),可能有 2 个电子,组态以 $2s^2$ 表示;当 $n=2$,$l=1$ 时(L 主壳层,p 次壳层),可能有 6 个电子,组态以 $2p^6$ 表示。表 22-1 列出了原子内部主壳层和次壳层上可容纳的最多电子数。

表 22-1 原子主壳层和次壳层上最多可能容纳的电子数目

n \ l	0 (s)	1 (p)	2 (d)	3 (f)	4 (g)	5 (h)	6 (i)	z_n
1(K)	2(1s)							2
2(L)	2(2s)	6(2p)						8
3(M)	2(3s)	6(3p)	10(3d)					18
4(N)	2(4s)	6(4p)	10(4d)	14(4f)				32
5(O)	2(5s)	6(5p)	10(5d)	14(5f)	18(5g)			50
6(P)	2(6s)	6(6p)	10(6d)	14(6f)	18(6g)	22(6h)		72
7(Q)	2(7s)	6(7p)	10(7d)	14(7f)	18(7g)	22(7h)	26(7i)	98

我们学习了原子中电子组态分布规律,那么,满足泡利不相容原理的这些电子又是如何占据这些壳层的呢? 为了系统的稳定性,这些电子还应遵循**能量最小原理**,即每一个电子趋于占据最低的能级。当原子中每一个电子的能量最小时,整个原子系统的能量是最小的,原子也是最稳定的。电子能级的高低取决于主量子数 n,n 越小,其能级越低,也就越接近原子核。因此,靠近原子核的壳层优先被电子占据。同一主壳层,电子的能量还取决于其角量子数 l,l 越小,其能级越低。但是也存在某些特殊情况,如 n 较大而 l 较小的能级比 n 较小而 l 较大的能级要低,从而出现 n 较小的壳层还未被填满就被 n 较大的壳层捷足先登的情形。为了解决这个问题,我国科学家徐光宪给出了**徐光宪定则**,即对于原子中的外层电子,能级高低由 $n+0.7l$ 来决定。例如,4s 和 3d 两个状态,4s 的 $(n+0.7l)=4$,3d 的 $(n+0.7l)=4.4$,所以 4s 的能级低于 3d 的能级,这样,4s 态应比 3d 态先为电子占有。

1869 年,俄国化学家门捷列夫按原子序数的次序排列起来时,化学性质、物理性质相似的元素按照有规则的间隔重复出现,从而编制出第一张元素周期表。元素周期表中一百多种元素排成 7 个周期,每个周期的元素个数依次为 2、8、8、18、18、32、32,这个与每个主壳层可容纳的电子数并不完全吻合。这是因为能级不完全由主量子数 n 决定,它也与角量子数 l 有关。元素在周期表中的位置不仅反映了元素的原子结构,也显示了元素性质的递变规律和元素之间的内在联系,使其构成了一个完整的体系。它被称为化学发展的重要里程碑之一。

思 考 题

22-1 为什么说原子内电子的运动用轨道来描述是错误的。

22-2 描述原子中电子定态需要哪几个量子数？取值范围如何？它们各代表什么含义？

22-3 $n=3$ 的壳层内有几个次壳层,各次壳层可容纳多少电子?

习　　题

22-1 求角量子数 $l=2$ 的体系中 L 和 L_z 的值。

22-2 计算氢原子中 $l=4$ 的电子的角动量及其在外磁场方向上的投影值。

22-3 设氢原子中的电子处于 $n=4$、$l=3$ 的状态。问:

(1) 该电子角动量 L 的值为多少?

(2) 该角动量 L 在 z 轴的分量有哪些可能的值?

22-4 写出第 18 号元素 Ar 和 20 号元素 Ca 的原子在基态时的电子组态。

22-5 钴($Z=27$)有两个电子在 4s 态,没有其他 $n \geqslant 4$ 的电子,则在 3d 态的电子共有几个?

第 23 章　固体中的电子

固体是重要的物质形态之一,是由紧密地束缚在一起的原子、离子或分子组成的。固体物理是研究固体的物理性质、微观结构、固体中各种粒子运动形态和规律及它们相互关系的学科。自 1927 年开始,量子力学理论被用于研究固体物理,从而打开了对固体材料、半导体、超导、激光等研究的大门。

固体分为晶体和非晶体两类。晶体具有规则的、高度对称的几何外形,且具有一定的熔点;长程有序是晶体的定义性特征,而非晶体呈现短程有序。从微观结构看,单晶体的分子、原子或离子的排列形成点阵结构。晶体的宏观性质与内在的周期性排列是密切相关的。

23.1　固体的能带结构

对于氢原子等孤立原子而言,电子被束缚在原子核内运动。那么电子是如何在多个原子组成的系统中运动呢? 简单起见,我们以只有一个价电子的原子为例进行分析。电子在离子电场中运动,单个原子的势能曲线如图 23-1(a)所示。当两个原子靠得很近时,每个价电子将同时受到两个离子电场的作用,这时的势能曲线如图 23-1(b)中的实线所示。当大量原子形成晶体时,晶体内形成了如图 23-1(c)所示的周期性势场,周期性势场的势能曲线具有和晶格相同的周期性,即在 N 个离子的范围内,U 是以晶格间距 d 为周期的函数。实际的晶体是三维点阵,势场也具有三维周期性。

在三维势场中,能量不同的电子在势场中的运动情形也不同。若电子的能量很小,如图 23-1(c)所示的 E_1,势场可看作很宽的势垒,电子穿透势垒的概率很小,电子被束缚在各自原子核周围运动。若电子能量很大,如图 23-1(c)所示的 E_3,其能量超过了势场势垒高度,电子可以在晶体中自由运动;还有一些能量 E_2 接近势垒高度的电子,将会因隧道效应而穿越势垒进入另一个原子中。在晶体内部就出现了这样一批属于整个晶体原子所共有的电子,称为**电子共有化**。价电子受母原子的束缚最弱,共有化程度最为显著;内层电子的共有化程度小,与孤立原子的情况相近。

晶体中电子共有化的结果就是使晶体内电子的能量状态不同于孤立原子中的电子,晶体内电子的能量可以处于一些允许的范围之内,这些允许的范围称为**能带**,而不能处于两个能带之间的区域,称为**禁带**。

接下来,我们以一维线性晶体点阵为例,利用薛定谔方程来阐述能带的形成。电

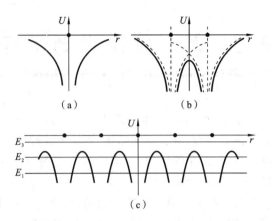

图 23-1　电子在原子和晶体中的势场

子受到周期性势场作用,在电子能量较大即接近自由电子的情况下,电子的薛定谔方程为

$$\frac{\partial^2 \psi(x)}{\partial x^2} + \frac{2m}{\hbar^2}[E - U(x)]\psi(x) = 0 \tag{23-1}$$

式中,势能 $U(x)$ 具有周期性,即

$$U(x) = U(x + nd), \quad n = 1, 2, 3, \cdots \tag{23-2}$$

因此,依据平移不变性,具有同样能量本征值的波函数满足

$$\psi(x + d) = a(d)\psi(x) \tag{23-3}$$

式中, $a(d)$ 称为平移不变因子。经过平移操作,我们得到 $a(d)$ 满足

$$|a(d)|^2 = 1$$

和

$$a(nd) = a(d)^n$$

因此, $a(d)$ 具有如下形式:

$$a(d) = e^{ikd}$$

式中, k 代表波数。因此,这个问题的薛定谔方程的解具有下面的特殊形式:

$$\psi(x + d) = \psi(x)e^{ikd} \tag{23-4}$$

我们将图 23-1(c)所示的周期性势场作简化近似成矩形势场,如图 23-2 所示,有

$$\psi(a < x < a + b) = \psi(-b < x < 0)e^{ik(a+b)} \tag{23-5}$$

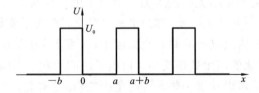

图 23-2　矩形周期性势场

进一步可以得到波数-能量关系

$$\cos ka = \frac{mab}{\hbar^2} U_0 \frac{\sin k_0 a}{k_0 a} + \cos k_0 a \qquad (23\text{-}6)$$

式中，$k_0 = \sqrt{2mE/\hbar^2}$。

对式(23-6)进行分析，余弦函数的周期性和有界性对能量 $E(k_0)$ 的取值范围有一定限制。如图 23-3 所示，在某些 k 值处，如 $ka = \pm\pi, \pm2\pi, \pm3\pi, \cdots$，由于曲线"打开了缺口"，而缺口对应的能量是不允许的，由此构成了禁带。

我们也从晶体中各个原子能级之间的相互影响来概要说明能带的形成。如图 23-3 所示，在单个原子中，电子具有分离的能级如 1s、2s、2p 等，如果晶体内含有 N 个相同的原子，那么原先每个原子中具有相同能量的所有价电子现在处于共有化状态。这些被共有化的外层电子，由于泡利不相容原理的限制，不能再处于相同的能级上，这就使得原来相同的能级分裂成 N 个与原能级相近的新能级。由于 N 很大，新能级中相邻两能级的能量差仅为 10^{-22} eV，几乎可以看成是连续的。N 个新能级具有一定的能量范围，称之为能带，通常采用与原子能级相同的符号来表示能带，例如 1s、2p 等。

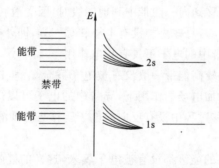

图 23-3　晶体中能级分类成能带示意图

晶体中含有大量的价电子，这些电子不仅受着库仑力的作用，还会与其他粒子交换能量。它们在能级之间不停地交换着，在不同能级上的分布也满足一定的统计规律。量子统计分析表明：在热平衡状态下，金属中的电子在能级中的分布遵从费米-狄拉克分布，即在温度 T 时，金属中某一能级 E 被电子填充的概率为

$$f(E) = \frac{1}{e^{(E-E_F)/kT} + 1} \qquad (26\text{-}7)$$

式中，E_F 为费米能级。当 $T = 0$ K 时（见图 23-4(a)），电子完全占据费米能级以下的所有能级，而费米能级以上的能级则没有被任何电子占据；若 T 为常温（见图 23-4(b)），电子占据费米能级的概率是 1/2，即费米能级一半被电子占据，一半空着。

不同的晶体有不同的导电性，这与晶体内的电子在能带中的填充和运动情况有关。

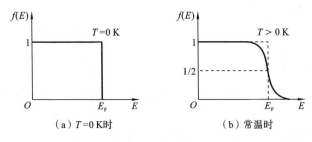

图 23-4　不同温度下的 $f(E)$ 分布

23.2　导体　绝缘体　半导体

　　能带中的能级数取决于组成晶体的原子数 N,电子在能带中各个能级的分布同样满足泡利不相容原理和能量最小原理。能带的性质决定了晶体的导电特性。按照填充电子的情况,能带可分为满带、导带和禁带。

　　晶体中能带的各个能级都被电子填满,这样的能带称为**满带**。当满带中的电子从它原来占据的能级转移到同一能带中其他能级时,因叉泡利不相容原理的限制,必有另一个电子做相反转移,总效果与没有电子转移一样,即外电场不能改变电子在满带中的分布。所以,满带中的电子不具有导电作用。

　　由价电子所占据的较高能带一般没有被电子完全填满,这种未填满电子的能带称为**导带或价带**。在外加电场的作用下,导带中的电子可以进入同一能带中未被填充的较高能级,这个转移过程中没有反向的电子转移与之抵消。所以,导带中的电子具有导电作用。

　　若一个能带中所有的能级都没有被电子填入,这样的能带称为**空带**。与各原子的激发态能级相对应的能带,在未被激发的正常情况下就是空带。空带中若有被激发的电子进入,则空带就变成了导带。

　　两个相邻能带之间的间隔称为**禁带**,禁带中不存在电子的定态。禁带的宽度对晶体的导电性起着重要的作用。

　　依据导电性能,可将晶体分为导体、半导体和绝缘体。从量子力学的角度分析,这是因为它们的能带的结构不同。

　　绝缘体的价带被电子充满形成满带,而且还具有很宽的禁带,禁带宽 ΔE_g 为 3～6 eV(见图 23-5(a))。在一般温度下,满带中的电子在外加电场作用下很难激发(越过禁带)到空带参与导电,其表现为电阻率很大。大多数离子晶体是绝缘体,如 NaCl 晶体,它的能带是由 Na^+ 和 Cl^- 离子的能级构成的,Na^+ 的最外壳层 2p 和 Cl^- 的最外壳层 3p,都已被电子填满,且最高满带与空带之间存在着很宽的禁带。

　　半导体的能带结构与绝缘体相似,只是禁带宽度 ΔE_g 很窄,约 0.1～1.5 eV(见

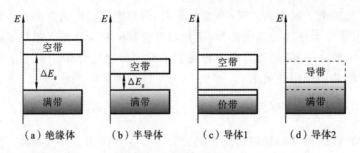

（a）绝缘体	（b）半导体	（c）导体1	（d）导体2

图 23-5　晶体能带简图

图 23-5(b))。在常温下,电子热激发能从满带跃迁到空带,使空带成为导带,同时在满带中产生空穴。空穴即当满带上的电子受到激发跃迁到空带后而留出的量子态空位。外加电场后,电子和空穴从低能级跃迁到高能级,从而形成电流,因此半导体具有导电性。例如,硅、硒、锗、硼等元素,硒、碲、硫的化合物,各种金属氧化物等物质都是半导体。

导体的能带结构分为两类,一类是价带未被电子填满而成为导带(见图 23-5(c)),例如钠、钾、铜等;一类是价带虽被电子填满成满带,但满带和导带交叠在一起形成导体(见图 23-5(d))。当有外加电场时,电子得到加速,动能增加,电子很容易从同一能带中较低的能级跃迁到较高的空能级,并形成电子流,它显示出很强的导电性。

23.3　半　导　体

1949 年晶体管的发明掀起了一场电子学革命,尤其是后来发展起来的半导体集成电路,它实现了元件、电路和系统的有机结合,促进了当代电子技术的微型化和超微型化。半导体技术在当今的计算机、电子技术、自动控制等现代科技中有着极其广泛的应用,而半导体物理学也已发展成为物理学的一个重要分支。那么,什么是半导体呢?

常用的半导体材料有硅和锗。它们的能带结构与绝缘体的相似,但是从价带到导带的禁带宽度较小。因此,通常情况下有一部分电子处于导带中。这些电子在外加电场作用下被加速形成电流,其介于导体和绝缘体之间,所以称为**半导体**。

23.3.1　半导体的导电机制

半导体与金属导电机制不同。在半导体内部除了导带内的电子作为载流子以外,还有另一种载流子——空穴。半导体价带中的一个电子跃入到导带后在价带上留下一个没有电子的量子态,这个空的量子态称为空穴。空穴的存在使得其旁边的电子松动,在外加电场作用下,这些电子能跃入这些空穴的同时又留下新的空穴,这些新的空穴旁的电子又会跃入其中,如此下去,就如空穴沿电场方向逐步移位。理论分析表明,电子在半导体中这种逐步、依次填补空穴的移动与带正电粒子沿反方向移动产生的导电效果一样,这就是**空穴导电**。半导体导电是导带中的电子导电和价带中的空穴导电共同作用的效果。

23.3.2 本征半导体和杂质半导体

依据半导体的掺杂和缺陷情况将其分为本征半导体和杂质半导体。完全不含杂质且无晶格缺陷的纯净半导体称为**本征半导体**,也称为**纯净半导体**。主要常见的代表有硅、锗这两种元素的单晶体结构。但实际半导体不可能是绝对的纯净,此类半导体称为**杂质半导体**。

杂质半导体是在纯净半导体中用扩散的方法掺入少量其他元素的原子(杂质)的半导体。杂质半导体的性质与本征半导体有很大差异,这主要是因为杂质在半导体所起的作用。杂质半导体又分成电子导电为主的 N 型半导体和以空穴导电为主的 P 型半导体。

如图 23-6 所示,我们以在四价元素半导体(如硅)中掺入五价元素杂质(如砷)为例阐述 N 型半导体。当砷代替硅原子时,就多出一个电子,其受砷原子的束缚较弱而能在晶格原子之间游动成为自由电子。从能级上分析,这个电子在满带和导带之间产生一个离导带很近的附加能级,称为**杂质能级**。当受到激发时,杂质价电子极易向空带跃迁,并向导带供给自由电子,而在杂质能级上留下空穴,故这种杂质能级又称为**施主能级**。由于施主能级上的空穴不能定向移动,常温下能导电的空穴数远小于电子数。这种半导体的导电作用主要依赖进入导带的电子,称为 N **型半导体**,也称为**电子型半导体**。

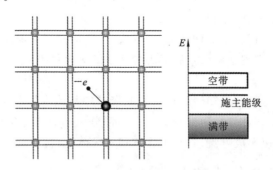

图 23-6 N 型半导体示意图

若将三价元素硼杂质掺入硅中,如图 23-7 所示,这时杂质能级离满带很近,满带的电子只要很小的能量就可以激发到这个杂质能级上,使满带中产生空穴。这种杂质能级是接受电子的,所以称为**受主能级**。受主能级上的电子不能做定向移动,在常温下导电电子数远小于空穴数,因此空穴是多数载流子,电子是少数载流子。这种杂质半导体称为**空穴型半导体**,也称为 P 型半导体。

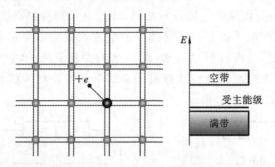

图 23-7 P 型半导体示意图

我们可以利用霍尔效应来判别杂质半导体的类型。将一通电的薄片半导体放在匀强磁场中,由于运动的电荷(电子或空穴)受到洛伦兹力的作用,就会在半导体薄片的两侧面间形成霍尔电势差。根据霍尔电势差的极性来判断杂质半导体是 N 型还是 P 型。

采用不同的掺杂工艺,通过扩散作用,将 P 型半导体与 N 型半导体制作在同一块半导体(例如硅或锗)基片上,在它们的交界面就形成空间电荷区,称为 P-N 结。电子和空穴在接触面两边的密度不同,因此电子将向 P 区扩散,空穴将向 N 区扩散。电子和空穴扩散的结果是在交界处形成正负电荷的积累,这些电荷在交界处形成一个电偶层或阻挡层,这样就出现由 N 区指向 P 区的电场,这个电场将遏止电子和空穴继续扩散。当扩散迁移和电场的阻碍作用最后达到动态平衡时,电偶层的厚度不再增加,处于稳定状态,此时电偶层的厚度即为 P-N 结厚度,约 10^{-7} m。在结的两端存在接触电势差,进而在两区之间形成一个对电子和空穴的势垒,阻止它们继续扩散,如图 23-8 所示。

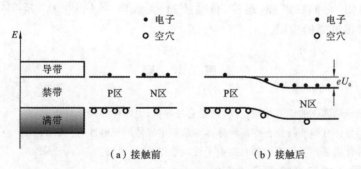

图 23-8 P 型和 N 型半导体接触前后的能带示意图

电压加到 P-N 结上会引起阻挡层电势差的变化。当将正极与 P 型端连接(正向连接)时(见图 23-9(a)),外电场与电偶层的电场方向相反,外加电压使势垒高度降低,即电偶层减薄。于是 N 型半导体中的电子和 P 型半导体中的空穴的扩散加剧,形成由 P 型到 N 型的正向宏观电流。当将负极与 P 型端连接(反向连接)时(见图 23-9(b)),外电场与电偶层的电场方向相同,外加电压使势垒高度提高,即电偶层加厚。N 型半导体中的电子和 P 型半导体中的空穴就更难以穿越电偶层。但是 P 区中的少数载流子(电子)将向 N 区运动,而 N 区的少数载流子(空穴)将向 P 区运动,进而形成很小的反向电流。当少数载流子全部参与导电时,反向电流将达到饱和。PN 结的伏安特性如图 23-10 所示。

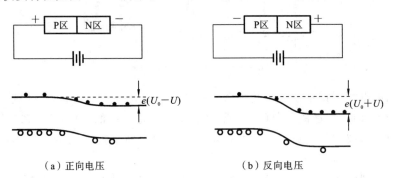

(a) 正向电压   (b) 反向电压

图 23-9 P-N 结的整流效应

因此,当 P-N 结两端加上正向电压时,电流容易通过,这就是 P-N 结的单向导电性且具有整流效应。

P-N 结是许多半导体器件的核心,以它为基础可以做成许多具有独特功能的器件。例如,具有整流、检波、控制等功能的晶体二极管,具有放大功能的晶体三极管和场效应管,具有各种功能的集成电路等。半导体也具有光敏特性和热敏特性,可以制成热敏电阻和光敏电阻,它们在遥测、遥控、自动控制、无线电技术中都有很重要的应用。

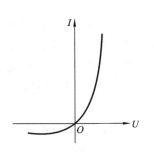

图 23-10 P-N 结的伏安特性曲线

思 考 题

23-1 怎样从固体的能带结构出发,判断它是导体、绝缘体还是半导体?

23-2 半导体有哪些特性?本征半导体与杂质半导体的导电性有何区别?

23-3 在什么条件下金属中的自由电子可以看作是"自由"的?

23-4 什么是能带、禁带、导带、价带?

23-5 导体、绝缘体和半导体的能带结构有什么区别?

23-6 硅晶体掺入磷原子后变成什么型的半导体?这种半导体中的电子和空穴哪个多?这种半导体是带正电、带负电,还是不带电?

23-7 本征半导体与单一的杂质半导体是否均与 P-N 结一样具有单向导电性?

计 算 题

23-1 金刚石的禁带宽度按 5.5 eV 计算。问：

(1) 禁带顶和底的能级上的电子数的比值是多少(设温度为 300 K)？

(2) 使电子越过禁带上升到导带需要的光子的最大波长是多少？

23-2 纯硅晶体中自由电子密度 n_0 约为 10^{16} m^{-3}。如果要用掺磷的方法使其自由电子数密度增大 10^6 倍，请问：

(1) 多大比例的硅原子应被磷原子取代(已知硅的密度为 2.33 g/cm^3)？

(2) 若有 1.0 g 硅，那么需要掺多少磷？

23-3 硅晶体的禁带宽度为 1.2 eV。适量掺入磷后，施主能级和硅的导带底的能级差为 $\Delta E_0 = 0.045$ eV，试计算此掺杂半导体能吸收的光子的最大波长。

23-4 已知 CdS 和 PbS 的禁带宽度分别是 2.42 eV 和 0.30 eV，则它们的光电导的吸收上限波长各有多大？各在什么波段？